杨晓红 张抗抗 刘理争 贾富萍 孟媛媛 编著

Access
数据库技术与应用

U0293282

清华大学出版社

北 京

内 容 简 介

本书以 Access 2016 为操作平台,共分 10 章,介绍了数据库基础理论、数据库设计基本方法、Access 数据库创建、数据表操作、查询设计、关系数据库结构化查询语言(SQL)、窗体设计、报表设计、宏和模块设计、数据库安全管理。书中加入了大数据应用技术的知识,以使学生了解数据管理的最新技术,提供了丰富的例题和难度不同的课后习题及实验,并附有习题及实验的答案,以方便教学。

本书可作为高等学校财经类、文科类和其他非计算机专业的计算机公共基础课教材,也可作为全国计算机等级考试二级考试(Access 数据库程序设计)培训教材。

图书在版编目(CIP)数据

Access 数据库技术与应用/杨晓红等编著.—北京:清华大学出版社,2020.3(2023.8重印)
ISBN 978-7-302-54667-2

Ⅰ.①A… Ⅱ.①杨… Ⅲ.①关系数据库系统—教材 Ⅳ.①TP311.138

中国版本图书馆 CIP 数据核字(2020)第 000693 号

责任编辑:郭 赛 常建丽
封面设计:常雪影
责任校对:焦丽丽
责任印制:刘海龙

出版发行:清华大学出版社
    网   址:http://www.tup.com.cn,http://www.wqbook.com
    地   址:北京清华大学学研大厦 A 座   邮   编:100084
    社 总 机:010-83470000   邮   购:010-62786544
    投稿与读者服务:010-62776969,c-service@tup.tsinghua.edu.cn
    质量反馈:010-62772015,zhiliang@tup.tsinghua.edu.cn
    课件下载:http://www.tup.com.cn,010-83470236
印 装 者:三河市君旺印务有限公司
经   销:全国新华书店
开   本:185mm×260mm   印   张:21.25   字   数:490 千字
版   次:2020 年 3 月第 1 版   印   次:2023 年 8 月第 5 次印刷
定   价:59.90 元

产品编号:084044-02

前　言

党的二十大报告提出"实施科教兴国战略,强化现代化建设人才支撑"。深入实施人才强国战略,培养造就大批德才兼备的高素质人才,是国家和民族长远发展的大计。为贯彻落实党的二十大精神,筑牢政治思想之魂,编者在牢牢把握这个原则的基础上编写了本书。

当前,数据库技术已被广泛应用于社会的各个领域,是数据管理的核心技术,数据库也成为支撑社会运转的基础设施。对数据的认识及管理数据的能力是大学生必备的知识和能力。

Access 是微软公司推出的基于 Windows 的关系数据库管理系统,它不仅提供了数据管理功能,而且提供了多种数据库操作的智能工具,具有高效可靠且方便易用的特点。同时,Access 还嵌入了 VBA 面向对象程序设计环境,使学生在同一平台能综合学习数据库管理和程序设计知识,具备开发小型数据库应用系统的能力。

本书以 Access 2016 为操作平台,共 10 章,内容涵盖数据库技术基础理论、数据库和表、关系数据库结构化查询语言、窗体、报表、宏、VBA 模块与数据库编程、数据库的安全与保护、大数据技术及应用基础。

本书的编写注重基础性,较系统地介绍了数据和信息管理的基础理论和方法,力图引导学生初步建立数据思维;注重实用性,根据财经和文科专业学生的特点,设计了从易到难的讲解案例和实验内容,以案例引导方式全面介绍数据库的基本理论、关系数据库操作方法及编程技术;考虑到数据管理技术的最新发展、大数据和云计算技术在各行各业的普及和应用,在教材中加入了大数据应用技术的知识,以使学生了解数据管理的最新技术,启发学生对数据应用的认识和兴趣,也使教材更具特色。

书中提供了丰富的例题和难度不同的课后习题及实验,适应不同层次的需求;实验内容前后衔接,使学生从数据库创建、数据库操作开始,逐步提高到建立简单的数据库应用系统的水平。本书的课后习题及实验附有答案,以方便学生自学。编者力求语言简洁、图文结合、操作过程清晰明了。

本书第 1 章由张抗抗编写,第 3、4、8 章由杨晓红编写,第 5 章由孟媛媛编写,第 6、9 章由刘理争编写,第 2、7、10 章由贾富萍编写,全书由杨晓红统稿,由张抗抗审定。

本书可作为高等学校财经类、文科类和其他非计算机专业的计算机公共基础课教材,也可作为全国计算机等级考试二级考试(Access 数据库程序设计)培训教材。参考教学学时为 68,其中实验学时为 34。

由于作者水平所限,书中难免出现错误和漏洞,敬请各位读者批评指正。

编　者
2023 年 8 月

目　录

第1章 数据库技术基础

学习目标

(1) 掌握数据、数据库、数据库管理系统和数据库系统的基本概念、理论及数据管理技术的发展过程。

(2) 掌握数据模型的概念，理解概念模型、逻辑模型。掌握关系模型、层次模型、网状模型的相关知识。

(3) 掌握关系运算、关系完整性约束的理论和知识。

(4) 了解关系规范化理论和数据库设计的基本方法和步骤。

数据库是数据管理的核心技术，是计算机科学的重要组成部分。当前，数据和信息已经成为绝大多数组织的重要组成，特别是互联网的飞速发展，更给数据和信息的管理提出了新的挑战。数据库技术从产生以来，由于其具有的巨大优点，迅速成为数据管理的主流技术，并持续发展。当今时代，数据库已经成为人们日常生活中不可缺少的基本组成部分，如银行存取款、车票预订、网上购物等活动，都涉及与后台数据库系统的交互访问。

Microsoft Office Access 是微软发布的关系数据库管理系统，是 Office 软件套件的组成部分，它把数据库引擎的图形用户界面和软件开发工具结合在一起，形成一个功能强大、界面直观并且易于学习使用的数据库应用开发集成环境。

本章将介绍数据库技术的基本理论、概念和基本知识。

1.1 数据、信息和数据处理

目前，数据处理已成为计算机的主要应用领域。数据库系统的核心任务是数据管理，涉及对数据的组织存储、使用和管理等诸多方面。数据管理是数据处理的一个重要方面。

1.1.1 数据和信息

数据(data)和信息(information)是数据处理中的两个基本概念，很多情况下对两者不作严格的区分，但实际上它们的含义存在差别。

所谓数据，是指可以用符号记录的对现实事物的描述。这种符号可以有多种形式，如数字、文本、图形、图像、音频、视频等，所有这些符号经数字化处理后存入计算机，成为可以由计算机进行处理的数据。对数据的理解，需要区分其具体的表达形式，如符号"93"是一个数据，可以理解为数字 93，也可以理解为文本"93"，需要根据实际应用情况进行区分。

仅数据的表达形式并不能完整地表明数据描述的内容,还需要对数据的含义做出解释。例如,93 这个数据可能有很多种含义,如果将其理解为一个数字,它可以是学生某一门课程考试的分数,可以是一个人的体重,也可以是一个班级的人数;如果将其理解为文本,可以是一条道路的编号,也可以是汽油的标号等,如图 1-1 所示。

图 1-1　数据的含义

数据的含义称为数据的语义,数据与其语义是不可分的。信息是指数据中所包含的意义。通俗地说,信息就是经过加工处理而被赋予一定意义的数据,它以数据的表达形式作为载体,是数据及其语义的有机整体。原始的数据记录只有通过加工处理转变为信息,才能对人类的社会活动产生决策影响,从而成为具有重要价值的社会资源。

1.1.2　数据处理

早期的计算机由于软硬件发展水平的限制,其应用领域非常狭窄,主要用于科学计算,其处理的数据是整数、浮点数等数值型数据。现代计算机中存储的数据越来越复杂多样,数据处理的含义也得到非常广泛的扩展。

数据处理是将数据进行加工,从大量杂乱无章的数据中整理出对人类社会活动具有意义的数据(即信息)的过程。数据管理是数据处理的一个关键环节,是数据处理的基础,包括对数据的搜集、分类、组织、编码、存储、检索和维护等操作。

1.2　数据库和数据库管理系统

当前,数据库已经成为数据管理的主流技术。随着计算机硬件、软件技术的不断发展,数据管理技术也经历了一个从无到有、从低级到高级的逐步发展过程。

1.2.1　计算机数据管理技术的产生和发展

数据管理技术的发展主要经历了 3 个阶段:人工管理阶段、文件系统阶段和数据库阶段。

1. 人工管理阶段

20 世纪 50 年代中期之前,计算机硬件和系统软件发展还都比较初级,主机内存很小,没有外部存储设备,也没有对计算机进行集中管理的操作系统等系统软件。此时的计算机主要用于科学计算,对数据的管理是由程序员个人进行的,数据的逻辑结构、物理结构以及输入输出等都需要由程序员考虑并体现在处理程序的算法设计中。在这个阶段,数据的管理具有以下3个特点:

(1) 数据一般不长期保存。由于缺乏外部直接存取设备,因此计算机主要用于科学计算,数据一般不进行长期保存,计算某一课题时输入,计算完成即撤走。

(2) 数据不共享。数据是由应用程序管理的,一组数据只能对应一个应用程序,数据的结构由应用程序各自定义,无法相互利用,程序和程序之间存在大量的数据冗余。

(3) 数据独立性差。数据完全依赖于应用程序而存在,当数据的逻辑结构和物理结构需要变化时,必须对应用程序进行相应的修改,数据缺乏独立性。

在人工管理阶段,应用程序和数据集是一一对应的,如图1-2所示。

2. 文件系统阶段

20世纪50年代中期到60年代中期,计算机硬件、软件技术都得到了较快的发展。硬件方面,磁盘、磁鼓等直接存取设备已经开始应用;软件方面,操作系统已经出现,并且其中包含专门针对数据管理的文件系统,数据管理技术进入文件系统阶段。

相比于手工管理,文件系统对数据的管理发生了一些变化:

(1) 数据可以长期保存。由于外部存储设备的发展,数据可以实现长期保存,计算机的功能也由单一的科学计算扩展到数据处理。

(2) 文件系统接管了数据的底层存储和输入输出管理。文件系统的出现一定程度上减少了应用程序员的工作,但是,在逻辑层面上,数据仍然是面向应用程序的,数据之间的共享仍然比较困难,数据冗余比较大。

(3) 数据独立性差。由于文件系统的存在,数据具有一定的独立性,但若数据的逻辑结构发生变化,仍然需要对应用程序进行修改,因此数据对应用程序依然具有很大的依赖性。数据独立性较差。

文件系统阶段应用程序与文件的对应关系如图1-3所示。

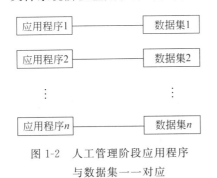

图1-2 人工管理阶段应用程序
与数据集一一对应

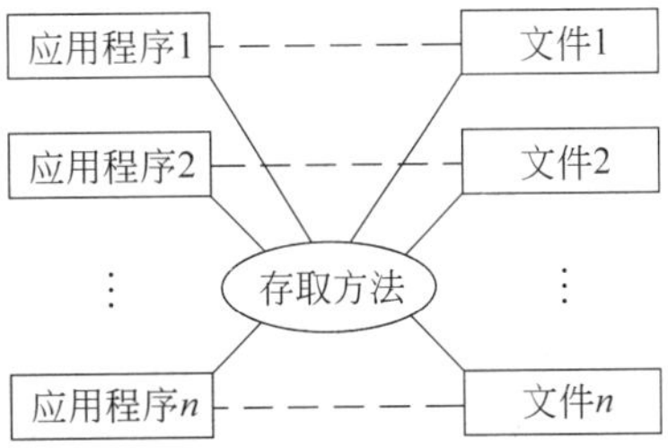

图1-3 文件系统阶段应用程序
与文件的对应关系

3. 数据库阶段

20世纪60年代中期以后,计算机的应用范围越来越广泛,数据量急剧增长,对数据共享性的要求也越来越高。大容量磁盘等直接存储设备已经出现,硬件价格下降,与之相应的,软件的价格则步步攀升,编写和维护软件的成本大大增加。此时,文件系统作为数据管理的手段已经无法满足应用的需求,迫切需要一种能够满足多用户、多应用数据共享、较高的数据独立性、支持联机实时业务处理的新型数据管理技术,数据库技术应运而生。

数据库是通过一定的统一数据结构组织起来的数据集,通过专门的数据管理软件——数据库管理系统进行集中统一管理。数据库的出现是数据管理技术的重大进步。相比于人工管理和文件系统,数据库系统的特点主要体现在以下 3 个方面。

(1) 数据结构化。数据库是按照统一的数据模型组织起来的,具有自描述的数据结构。数据库中不仅包含结构化了的数据,还包含数据之间的联系,并且这些都由数据库管理系统进行维护,从而大大减少了应用程序员的工作量。

(2) 数据共享,冗余度低。数据库是面向整个系统的,从整体角度看待和描述数据以及数据之间的联系,可以被多个用户、多个应用共享,从而大大减少数据的冗余程度。而在数据库产生之前的数据管理手段中,数据是面向应用程序的,程序与程序之间存在大量的重复数据,冗余度高,共享性差。

冗余度的降低还可以大大降低产生数据不一致性的可能。数据的一致性问题是数据管理中的一个关键问题。所谓数据的不一致性,是指描述同一事物的数据的不同副本的值不一样。在数据冗余的状态下,由于数据被重复存储,当不同的应用使用和修改不同的数据副本时,就容易造成数据的不一致性。

(3) 数据独立性高。所谓数据独立性,是指应用程序和数据之间是独立的,应用程序不依赖于数据,不必随着数据存储结构的改变而修改,这是数据库系统的一个重要概念和优点。

数据库中的数据独立性包括逻辑独立性和物理独立性。逻辑独立性是指用户的应用程序与数据库中数据的逻辑结构之间是相互独立的,数据逻辑结构发生改变,应用程序可以不变。物理独立性是指用户的应用程序与数据库中数据的物理存储结构和组织方法之间是相互独立的,数据的物理结构发生变化,应用程序也可以不变。数据独立性是通过数据库体系结构中模式的映像实现的,通过数据独立性,数据的定义、组织和存取从应用程序中分离出来,减少了修改和维护应用程序的工作量。

(4) 通过数据库管理系统对数据进行统一的管理和控制。所有用户和应用程序对数据库的访问都必须经过数据库管理系统进行。除了基本的数据存取,数据库管理系统中还提供了安全性保护、完整性控制、并发控制以及数据库恢复等功能,保证系统的可用性和可靠性。

数据库阶段,应用程序和数据库之间的对应关系可以用图 1-4 表示。

1.2.2 数据库

数据库(DataBase,DB),是指按照一定的数据模型组织起来、存放在计算机的外部存储器上、能够为多个用户和应用程序共享的大量数据的集合。

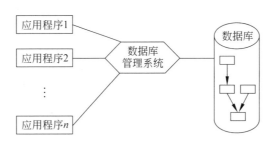

图 1-4 应用程序与数据库之间的对应关系

数据库中的数据按照一定的数据模型组织、描述和存储,因此数据库中的数据是结构化数据,外部存储器的存储特性保证数据库中的数据可以长期存储。数据库中的数据具有较小的冗余度、较高的数据独立性和易扩展性,可以实现共享。

概括来说,数据库中的数据具有统一组织和管理、结构化、较高独立性和可共享几个基本特点。

1.2.3 数据库管理系统

数据库管理系统(DataBase Management System,DBMS)是介于用户和操作系统之间的一层专门的数据管理软件,所有对数据库的操作和管理都通过数据库管理系统完成。引入数据库的计算机系统层次结构如图 1-5 所示。

数据库管理系统的主要功能包括以下 5 个方面。

(1) 数据定义。数据库管理系统提供数据定义语言(Data Definition Language,DDL),用户可以通过它对数据库中的各种数据对象进行结构定义。

(2) 存储管理。数据库管理系统要进行数据在磁盘上的组织、存储、压缩、索引等工作,提高存储空间利用率和存取效率。

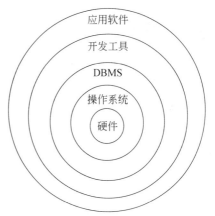

图 1-5 引入数据库的计算机系统层次结构

(3) 数据操纵。数据库管理系统提供数据操纵语言(Data Manipulation Language,DML),实现对数据的插入、删除、修改和查询。

(4) 运行控制和事务管理。数据库管理系统要在数据库运行期间提供数据库的安全性、完整性、多用户并发处理的控制以及故障消除,以保证数据库的正确安全运行。

(5) 数据库维护。包括数据库的转储备份、还原功能,性能监视、分析等。

1.2.4 数据库系统

数据库系统(DataBase System,DBS)通常由数据库、数据库管理系统、数据库运行所需的硬件和软件环境以及各类数据库用户共同组成。软件除了包含数据库管理系统外，还包含操作系统、各种开发设计语言和工具、实用程序以及应用软件，数据库用户包括普通终端用户、开发设计人员以及数据库管理员（DataBase Administrator，DBA），其中数据库管理员负责整个数据库的创建、监控和维护等工作，由专业的技术人员担任。

数据库系统的总体架构如图 1-6 所示。

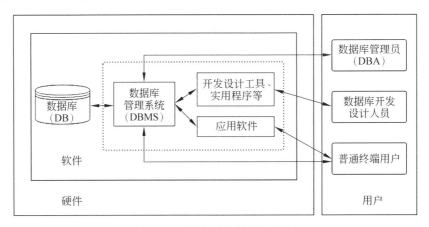

图 1-6　数据库系统的总体架构

1.3　数据模型

人类对现实世界的理解是通过对现实世界事物共性的归纳、总结和抽象进行的，模型就是对现实世界的一种抽象。一个好的模型需要能够包含建模对象的所有主要特征，同时又对建模对象进行一定程度的简化，省略一些不重要的部分。

数据库是现实世界在计算机中的一种实现，由于计算机不能直接处理现实世界中的具体事物，因此人们必须使用数据模型对现实世界中具体的人、物、活动等概念进行抽象，转换成计算机可以处理的数据。

1.3.1　数据模型概述

数据模型（data model）是对现实世界事物的数据特征进行的抽象。人类在对现实世界数据化存入计算机的过程中经历了从概念认知到数据表示的逐级抽象的过程，首先把现实世界中的各种事物通过人的认知和理解抽象为某种信息结构，这种结构不依赖于具体的计算机系统，通常称为概念模型，然后再把概念模型转换为计算机中某一数据库管理系统支持的数据模型（包括逻辑模型和物理模型），即首先把现实世界抽象为信息世界，再转换为机器世界。这个过程如图 1-7 所示。

因此，根据不同的数据抽象阶段，数据模型可以分成两大类：第一类是概念模型；第二类是逻辑模型和物理模型，它们分别属于两个不同的层次，具有不同的功能和目的。

概念模型（conceptual model）是按照用户的观点对现实世界进行的信息建模，是现实世界在人脑中的反映,是对客观世界中的事物及其之间的关系的一种抽象描述。概念模型主要用于数据库设计。

逻辑模型(logic model)是从计算机系统的角度对现实世界的建模,主要用于数据库系统的实现。逻辑模型主要包括层次模型、网状模型、关系模型、面向对象模型等。

物理模型(physical model)是指数据库在计算机系统内的表示方法、存储结构、存取方法等,面向具体的计算机系统。物理模型由数据库管理系统具体实现,一般用户无须关心实现细节。

从现实世界到概念模型的抽象一般是数据库设计人员和用户配合共同完成的,从概念模型到逻辑模型的转换主要由数据库开发设计人员完成,从逻辑模型到物理模型的转换则主要由数据库管理系统完成。

图 1-7 现实世界抽象为信息世界和机器世界的过程

1.3.2 概念模型

概念模型是从现实世界到机器世界的一个中间层次,因而具有承上启下的作用。一般来说,概念模型要具有以下几个方面的特点:一方面,概念模型要具有较强的表达能力,能够方便直观地表达现实世界中的各种事物及其联系,同时还要简单、直观、便于理解、易于修改,方便不具有计算机专业知识的用户理解和沟通;另一方面,概念模型可以方便地转换为计算机中可以实现的逻辑模型。

1. 概念模型中涉及的概念

1) 实体

现实世界中任何可以识别和区分的事物都是实体(entity)。实体可以指具体的人、事、物,如学生、教师、职工、书本、部门等,也可以指抽象的事件或联系,如体育赛事、电影演出、客户订单等。

2) 属性

对实体的刻画是通过对实体的一系列特征的描述进行的。例如,一个学生可以有学号、姓名、出生日期、性别、所属系部、入学年份等特征。实体的特征称为属性(attribute),属性上取值的组合就表征了一个实体,如(201901235,李思,1999-12-25,男,计算机,2019)就代表了一个学生实体。由于实体是可以区分的,因此不可能存在两个所有属性取值完全相同的实体。

3）键

能够唯一标识实体的属性集称为键（key）。例如，学号是学生实体的键，所有学生在学号属性上都具有不同的值。

4）实体型

同一类型的实体具有相同的属性，用实体的名字和属性集合表示同类实体，称为实体型（entity type）。例如，学生(学号,姓名,出生日期,性别,所属系部,入学年份)就是一个实体型。与之相应的概念是实体值（entity value），一个具体的实体就是一个实体值，是实体型属性取值的集合，如上文所述的学生李思,(201901235,李思,1999-12-25,男,计算机,2019)。

5）实体集

同一实体型的实体的集合称为实体集（entity set），如全体学生构成了学生实体集。

6）联系

现实世界中，事物不是孤立存在的，事物和事物之间是存在联系的。在概念模型中，联系（relationship）通常是指实体集之间的联系，这种联系是指一个实体集中的一个实体能够与另外一个实体集中的几个实体之间存在关联。一般可以将实体之间的联系分为三类：一对一联系、一对多联系和多对多联系，如图 1-8 所示。

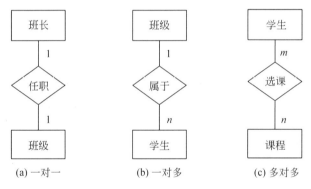

图 1-8　实体间的联系

一对一联系（1∶1）。如果对于实体集 A 中的一个实体，实体集 B 中至多有一个实体与之联系，反之亦然，则称实体集 A 和 B 之间是一对一联系。如图 1-8(a)所示，一个班级的班长最多有一个，一个学生也最多在一个班级担任班长。

一对多联系（1∶n）。如果对于实体集 A 中的一个实体，实体集 B 中可以有多个实体与之联系；反之，对于实体集 B 中的一个实体，实体集 A 中至多只有一个实体与之联系，则称实体集 A 和 B 之间是一对多联系。如图 1-8(b)所示，一个班级可以包括多个学生，一个学生只能属于一个班级。

多对多联系（$m∶n$）。如果对于实体集 A 中的一个实体，实体集 B 中可以有多个实体与之联系；反之，对于实体集 B 中的一个实体，实体集 A 中也可以有多个实体与之联系，则称实体集 A 和 B 之间是多对多联系。如图 1-8(c)所示，一个学生可以选修多门课程，一门课程也可以有多个学生选修。

2. 概念模型的表示方法：实体-联系方法

概念模型的常用表示方法是实体-联系方法（Entity-Relationship Approach），该方法使用 E-R 图（Entity-Relationship Diagram，E-R 图）表示实体和实体之间的联系。使用 E-R 图建立的概念模型一般也称为 E-R 模型。

基本的 E-R 图中一般包含 3 种基本元素，矩形表示实体，椭圆表示实体的属性，菱形表示实体间的联系，实体名、属性名和联系名分别写在相应的框里，并使用线段将对应的框连接起来。图 1-9 是学生选课系统中对学生、课程以及选课联系建立起的 E-R 图。

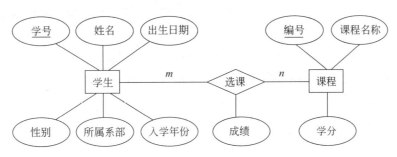

图 1-9 学生选课系统中对学生、课程以及选课联系建立起的 E-R 图

1.3.3 逻辑模型

概念模型是对信息世界的建模，是独立于具体的计算机系统的。通常所说的数据模型是指数据库中支持的逻辑数据模型。概念模型需要转换为逻辑模型，才能在计算机中实现，这就需要对系统的静态特性、动态特性和数据的完整性约束条件进行严格定义。本小节首先介绍数据模型的三要素，然后介绍几种常用的数据模型。

1. 数据模型的三要素

数据模型由数据结构、数据操作和数据完整性约束 3 个基本要素组成。

（1）数据结构。数据结构描述数据库中的数据对象以及对象之间的联系，是数据库中对象类型的集合，体现的是数据库的静态特性，如关系模型中的属性、域、关系以及主键、外键等。数据结构刻画的是数据模型的最基本的部分，其他两个基本要素都是基于数据结构建立的，因此常常使用数据结构的类型命名数据模型。例如，层次结构、网状结构和关系结构的数据模型分别命名为层次模型、网状模型和关系模型。

（2）数据操作。数据操作描述数据库的动态方面，是对数据库中各种对象（型）的实例（值）所允许执行的操作的集合，包括操作的类型及其操作规则。对数据库的操作主要包括数据查询和更新（插入、删除、修改）两大类，数据模型需要定义这些操作的确切含义、操作符号、操作规则以及实现语言。

（3）数据完整性约束。所谓的数据完整性，是指数据的正确性、有效性和相容性。数据完整性约束条件是一组完整性规则的集合,用来规定数据模型中数据及其联系具有的制约和依存规则,从而使数据库的状态和状态变化符合一定的限制条件,以保证数据正确、有效和相容。例如,关系模型中,关系需要满足实体完整性和参照完整性两类约束条件。

2. 常用的数据模型

(1) 层次模型(hierarchical model)。层次模型是最早出现的数据模型,采用层次模型建立的数据库系统称为层次数据库。在层次模型中,使用树结构表示实体和实体之间的联系,一个结点表示一个实体类型(记录类型),记录类型之间的联系用结点之间的有向边表示。现实世界中的很多事物都是按照层次结构(如一对多的联系)组织起来的,如一个学校中,系部、教研室、教师、学生等,就可以组织成为一个层次结构。

层次模型的优点是,数据结构简单清晰,实现容易,并且查询效率比较高;缺点是,对现实世界中很多非层次的联系无法表示,并且严格的层次关系使得数据的插入和删除操作的限制比较多,实现复杂。

(2) 网状模型(network model)。网状模型是一种比层次模型更具有普遍性的模型,使用网状结构表示实体及其之间的联系。它解除了层次模型无法表示复杂联系的限制,因而也使得数据库的结构变得更加复杂。

(3) 关系模型(relational model)。关系模型是最重要的一种数据模型。关系数据库采用关系模型作为数据的组织方式。关系数据库是当前最主流的一种数据库类型,20 世纪 80 年代以来,所有的数据库系统几乎都支持关系模型,本书讨论的 Access 数据库就是一种关系数据库。

1.4 关系数据库基础

1970 年,美国 IBM 公司的 E. F. Codd 首次提出了数据库系统的关系模型,开创了关系数据理论,为关系数据库技术的发展奠定了理论基础,并为此获得了 1981 年的 ACM 图灵奖[①]。

1.4.1 基本概念

关系模型是建立在严格的数学概念基础之上的,借助集合代数等概念和方法存储和处理数据库中的数据。关系(relation)是元组的集合。从用户角度看,关系模型由一组关系构成,每个关系的结构是一张规范化的二维表。如表 1-1 所示的学生登记表就构成了一个学生关系。

---

① 阿兰·图灵(Alan Mathison Turing,1912.6.23—1954.6.7),英国数学家、逻辑学家,计算机科学之父。以他名字命名的图灵奖是计算机科学界的最高奖项。

表 1-1 学生登记表

学号	姓名	出生日期	性别	所属系部	入学年份
201901231	张珊	2001-10-2	女	计算机	2019
201901235	李思	1999-12-25	男	计算机	2019
201902301	王晓尔	2000-6-5	男	外国语	2019
…	…	…	…	…	…

1.4.2 关系术语

下面以表 1-1 为例介绍关系模型中的部分关键术语。

- 关系(relation)：一个关系即一张二维表,通常情况下,它对应概念模型中一类实体的集合,在数据库系统的具体实现中,它对应一张数据表。每个关系都有一个名字,称为关系名。
- 元组(tuple)：表中的一行即一个元组,或称为一条记录,它表示概念模型中的一个具体的实体。一个关系中不能包含两个完全一样的元组。
- 属性(attribute)：表中的一列即一个属性,给每个属性起一个名称即属性名。
- 键(key)：表中的某个属性或属性组,其取值可以唯一地标识一个元组。如表 1-1 中的学号属性,可以唯一确定一个学生,因而也就成了关系的键。一个表中可能有多个键,这些键称为候选键。
- 主键：从候选键中指定一个作为用户使用的键,称为主键,每个表只能有一个主键。
- 外键(foreign key)：两个关系 R 和 S,如果 F 是关系 R 的属性(或属性组),且 F 对应关系 S 的主键 K,则称 F 为关系 R 的外键。
- 域(domain)：每个属性都有一个取值范围,称为域。关系中不同元组的同一个属性的取值来源于同一个域,如学生性别的域为(男,女),所属系部的域为学校所有系部的集合。
- 分量：元组中的一个属性的值。
- 关系模式：对关系的描述。一般使用关系名和属性列表表示一个关系模式。如表 1-1 的关系,其模式可以表示为

学生 (学号,姓名,出生日期,性别,所属系部,入学年份)

其中,学号是主键。

关系模型要求关系必须是规范化的,规范化最基本的要求是关系的每个分量都必须是一个不可再分的数据项。如表 1-2 所示的员工工资表,工资和扣除是可以再分的数据项,工资又分为岗位工资、薪级工资和绩效工资,扣除部分又分为社保、住房公积金和个人所得税。因此,该员工的工资表就不符合关系的基本要求。

表 1-2　员工工资表

员工编号	姓名	职称	工　　资			扣　　除			实发
			岗位工资	薪级工资	绩效工资	社保	住房公积金	个人所得税	
20190	马志	工程师	1500	750	2300	150	270	23	4107
…	…	…	…	…	…	…	…	…	…

将现实世界、概念模型术语、关系模型术语以及一般表格中的术语做一个对比,见表 1-3。

表 1-3　术语对比

现实世界	概念模型术语	关系模型术语	一般表格中的术语
事物	实体	元组	记录或行
相同的一类事物描述	实体型	关系模式	表头
同类事物的集合	实体集	关系	二维表
事物的某一方面特性	属性	属性	列
事物名	实体名	关系名	表名

1.4.3　关系运算

关系模型中利用关系代数定义了一组运算,用来实现对数据的增加、删除、修改和查询操作,其中查询是基础,即从关系中筛选出需要的数据。主要的关系运算包括并、交、差、选择、投影和连接等。其中,并、交、差为基本的集合运算,这里不赘述,下面对选择、投影和连接作简要的介绍。

(1)选择(selection)。从一个表中找出满足一定条件的记录行形成一个新表的操作称为选择。选择是从行的角度对原关系进行的操作,新表的关系模式不变,是原关系的一个子集。选择运算如图 1-10 所示。

例如,在学生关系中,选择"计算机"系的学生信息。表 1-4 所示就是表 1-1 中学生关系根据条件进行选择操作得到的新的关系。

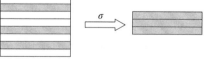

图 1-10　选择运算

表 1-4　计算机系学生

学号	姓名	出生日期	性别	所属系部	入学年份
201901231	张珊	2001-10-2	女	计算机	2019
201901235	李思	1999-12-25	男	计算机	2019

（2）投影（projection）。有时候元组的查询只需要部分属性，这时候就用到另一种运算——投影。投影运算是指从一个表中找出若干列形成一个新表的操作。投影运算是从列的角度对关系进行的操作。投影运算如图 1-11 所示。

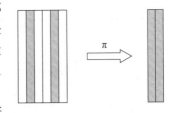

图 1-11　投影运算

例如，在学生关系中查询所有学生的学号、姓名和所属系部，结果见表 1-5。

表 1-5　投影后的学生表

学号	姓名	所属系部
201901231	张珊	计算机
201901235	李思	计算机
201902301	王晓尔	外国语
...	...	...

投影后的关系不仅取消了原关系中的某些列，还有可能取消某些行，因为取消了原关系中的某些列之后，就有可能出现完全相同的行，投影运算需要取消掉这些重复行，才能使得投影之后的关系满足关系的基本性质。

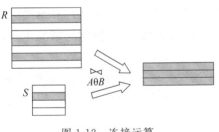

图 1-12　连接运算

（3）连接（join）。选择和投影都是对单个关系进行的操作。有些情况下，需要从两个表中选择满足条件的记录的信息，这时就需要用到连接操作。连接是按照一定的条件将两个表中的行进行横向拼接，形成一个新表。连接运算如图 1-12 所示，$A\theta B$ 即连接条件。

例如，假定学生选课系统中的另外一个关系"选课"，用来记录学生选修某一门课程及其成绩，其关系模式为选课（学号，课程号，成绩），见表 1-6。如果要查询学生的姓名和他（她）所选课程的成绩，就需要利用连接操作将学生表和选课表拼接成一个新表，为了保证拼接后的新表的记录确实是某个学生及其所选课程的成绩，连接条件需要设置为"学生.学号＝选课.学号"。获得连接后的新关系，再根据查询要求进行后续的投影或选择操作。学生表和选课表连接后的新关系见表 1-7。

表 1-6　选课表

学号	课程号	成绩
201901231	C01	90
201901231	C02	85
201901235	C01	95
...	...	...

表 1-7　学生表和选课表连接后的新关系

学生.学号	姓名	出生日期	性别	所属系部	入学年份	选课.学号	课程号	成绩
201901231	张珊	2001-10-2	女	计算机	2019	201901231	C01	90
201901231	张珊	2001-10-2	女	计算机	2019	201901231	C02	85
201901235	李思	1999-12-25	男	计算机	2019	201901235	C01	95
…	…	…	…	…	…	…	…	…

1.4.4　关系的数据完整性约束

关系的完整性约束是指关系的值需要满足的一些约束条件,一般分为实体完整性约束、域完整性约束、参照完整性约束以及用户定义的完整性约束。

(1) 实体完整性约束。要求关系数据库中每个元组应该是唯一的、可区分的,这种约束条件用实体完整性保证。关系模型中,使用主键作为实体的唯一性标识,因此实体完整性要求关系的主键不能取空值(NULL),也不能重复。如果关系的主键是由多个属性共同组成的,那么这些属性都不能取空值。

例如,上文所述的学生关系,学号属性用来唯一区分每个学生实体,因此,使用学号属性作为学生关系的主键,该属性不能取空值。选课关系中,只有学号和课程号都确定了,才能唯一地确定一条选课记录和成绩,因此使用(学号,课程号)作为选课关系的主键,这两个属性都不能取空值。

(2) 域完整性约束。域完整性约束是对关系中属性的取值范围的约束,它保证属性具有一个合法的取值,一个属性的取值都应该来自该属性的域。另外,属性是否可以取空值也是域完整性约束的内容。

(3) 参照完整性约束。参照完整性约束也叫引用完整性约束,它是不同关系之间或者同一个关系内不同元组之间的约束,它规定不能引用不存在的元组。参照完整性约束主要通过外键实现。参照完整性对外键的取值有两种约束:

① 可以取空值。

② 如果不为空,则一定是主键中出现过的值。

例如,考虑学生选课系统中还存在另外一个关系,系部(系部名,系主任,办公地址),此时,学生关系中"所属系部"属性即外键,它的取值必须满足要么是空值,要么是系部表中存在的值。此约束保证学生不能属于一个不存在的系。

(4) 用户定义的完整性约束。除了以上 3 类完整性约束,不同的系统还根据实际的应用需求,提供了满足应用需求的数据完整性约束,用来保证字段和记录的数据有效性。

1.5　数据库设计概述

数据库很少独立存在,它一般是一个以数据库为核心的信息管理系统的一部分,如银行系统、电子商务系统、办公自动化系统等。因此,广义的数据库设计是数据库及其应用系统设计,但由于数据库设计本身具有其自身的设计内容、方法和特点,因此,这里主要讨论狭义的数据库设计,即设计数据库本身。

1.5.1 数据库设计的特点

数据库设计(database design)是指对于给定的应用环境,设计优化的数据库模式,建立数据库及其应用系统,使之能够有效地存储和管理数据,满足应用需求。数据库设计的目标是为用户和各种应用系统提供一个高效的信息基础设施和运行环境。效率的体现包括数据存取效率、存储空间的利用率以及运行管理效率。

数据库是信息系统的核心和基础,数据库设计是信息系统开发和建设的重要组成部分,它涉及数据库应用系统从设计、实施、运行和维护的全过程,是一个涉及多个学科的综合性工程,虽然与一般的软件系统的设计开发和运行维护有一些相似,但更有其自身的特点。

1. 数据库设计是技术、管理和基础数据三方面的紧密结合

数据库建设过程不仅涉及技术,还涉及应用部门的业务管理,相比来说,管理更重要。一个应用部门数据库建设的过程实际上是一个部门管理模式改革和提高的过程。除此之外,基础数据的收集、整理和更新也是数据库建设中的重要环节,其重要程度甚至超过技术和管理。

2. 数据库设计应该与应用系统设计密切结合

数据库系统建设的目的是满足应用系统的数据处理需求,因此数据库的结构设计(数据设计)应该与应用系统的行为设计(处理设计)相互参照和配合,共同完善。早期的应用系统设计和数据库结构设计相互割裂的设计方法已经不能很好地满足应用需求。

1.5.2 数据库设计过程

数据库设计一般采用生命周期(Life Cycle)法,它将整个数据库系统建设过程分解为六个阶段。

1. 需求分析阶段

通过与用户充分沟通,准确了解和分析用户的数据与处理需求,形成详细的需求分析报告。需求分析是整个系统建设的基础,也是最困难和最消耗时间的阶段,需求分析是否充分和完善,决定了最终数据库的建设进度和质量。

2. 概念设计阶段

概念设计是整个设计过程的关键,它通过对用户需求的归纳、总结和抽象,形成一个独立于具体的数据库管理系统的概念模型。

目前常用的方法是利用 E-R 方法对数据库进行概念结构建模,将系统中涉及的实体及其联系用 E-R 图表示出来,形成完整的 E-R 概念模型。

3. 逻辑设计阶段

将概念模型转换为某个 DBMS 支持的数据模型,并进行优化。

目前最主流的逻辑数据模型是关系模型,因此,本阶段的主要工作是将 E-R 模型转变为关系模型,并以关系规范化理论为指导,对获得的关系模型进行优化处理。

将 E-R 模型转换为关系模型的一般性原则包括以下 6 点。

(1) 一个实体型转换为一个关系模式,关系的属性就是实体的属性,关系的键就是实体的键。

(2) 一个 1∶1 的联系可以转换为一个独立的关系模式,也可以与任意一端对应的关系模式合并。如果转换为一个独立的关系模式,则与该联系相连的各实体的键以及联系本身的属性都作为新关系的属性,各实体的键都可以作为新关系的键。如果与一端合并,则在合并端加入另一端关系的键和联系本身的属性。一般情况下,为了减少关系的数量,采用第 2 种方法。

(3) 一个 1∶n 的联系可以转换为一个独立的关系模式,也可以与 n 端对应的关系模式合并。如果转换为一个独立的关系模式,则与该联系相连的各实体的键以及联系本身的属性都作为新关系的属性,n 端的关系模式的键作为新关系的键。如果合并到 n 端,则将另一端关系的键和联系本身的属性加入,关系的键不变。同样,为减少关系的数量,一般情况下也采用第 2 种方法。

(4) 对于 m∶n 的联系,必须转换为一个独立的关系模式。两端的实体的键和联系自身的属性组成新关系的属性,各实体的键共同组成新关系的键。

(5) 3 个或 3 个以上实体间的联系可以转换为一个独立的关系模式,转换过程与 m∶n 类型的联系相似。

(6) 具有相同键的关系模式可以合并。

通过以上步骤转换获得的关系,可以使用关系规范化的理论和方法进行规范化,以获得更加优化的关系模式。

4. 物理设计阶段

物理设计阶段的主要工作是为逻辑模型选取一个最适合的应用环境的物理结构,包括硬件环境、操作系统、具体的数据库系统,并设计数据库的存储形式和存取路径,如文件结构、索引设计等,使数据库的运行获得最优的性能。

5. 数据库实施阶段

利用 DBMS 提供的数据语言、工具以及应用开发语言,根据逻辑设计和物理设计的结果,将数据库和应用程序进行实现、调试和部署,组织基本数据入库,并进行试运行。

6. 数据库运行和维护阶段

数据库应用系统进行试运行,调试正常后即可进入正式运行阶段,在其运行阶段仍然需要根据实际情况对其进行调整和维护。

1.5.3 关系规范化

规范化程度不高的数据库模式通常会存在一些问题,如数据冗余大、数据修改困难以及数据的插入和修改存在异常等。为了解决这些问题,需要利用关系数据库的规范化理论对数据库模式进行规范化。

1. 范式

满足一定规范化条件的关系模式称为范式(Normal Form,NF),规范化理论中定义了一组从低到高的范式评判关系模式的规范化程度,主要包括第一范式(1NF)、第二范式(2NF)、第三范式(3NF)、BC范式(BCNF)、第四范式(4NF)等,各级范式之间是一张真包含的关系,即满足高一级范式的关系模式一定是满足低一级范式的,反之则不然。范式之间的高低关系可以用以下式子表示:

$$1NF \supset 2NF \supset 3NF \supset BCNF \supset 4NF$$

规范化的过程就是通过模式分解,将一个满足低级范式的关系模式分解为多个满足高级范式的关系模式的过程。关系规范化思想的核心是使每个基本关系都独立地表示一个实体,并且尽量减少数据冗余。

(1)第一范式(1NF)。如果一个关系,它的每一个数据项都是不可再分的,则此关系模式属于1NF。第一范式是一个合法关系的最基本要求。

(2)第二范式(2NF)。如果一个关系满足1NF,并且其所有的非主键属性都完全依赖于主键,则此关系模式属于2NF。

(3)第三范式(3NF)。如果一个关系满足2NF,并且所有的非主键属性都直接依赖于主键,则此关系模式属于3NF。

关于关系规范化的理论性探讨,此处不再深入展开,有兴趣的读者可以参考相关书籍。下面通过一个简单的例子说明规范化程度比较低的关系模式中可能存在的问题以及关系模式分解的过程。

2. 关系规范化示例

假定建立一个描述学校教学管理系统的数据库,该数据库涉及的数据包括学生的学号(Sno)、学生所在的系部(Sdept)、系主任的姓名(Dean)、学生选修的课程号(Cno)、学生选修课程的成绩(Score)。该应用场景中,数据之间的语义联系包括以下几点。

- 一个学生只属于一个系部,一个系可以包含多个学生。
- 一个系只有一名负责人。
- 一个学生可以选修多门课程,一门课程也可以有多名学生选修。

• 每个学生选修每门课程有一个成绩。

假设使用一个单一的关系模式 Student 表示以上应用场景,包含以上所有属性,则获得以下关系模式。

`Student(Sno,Sdept,Dean,Cno,Score)`

通过分析以上语义联系发现,Sno 的值可以决定 Sdept 的值,Sdept 的值可以决定 Dean 的值,(Sno,Cno)的值可以决定 Score 的值,因此,关系模式 Student 的主键是(Sno,Cno)。

通过以上关系模式及其示例数据(见表 1-8)可以看出,关系 Student 的所有数据项都是不可再分的,满足 1NF 的要求。但是,该关系模式存在以下问题:

(1) 数据冗余。例如,每个系的系主任名字重复出现,重复次数与该系所有学生的所有课程成绩个数相同;此外,每个学生所属的系部数也重复出现,出现次数与每个学生选课的次数相同。这将浪费大量空间。

(2) 数据更新异常。由于数据冗余,因此,当更新数据时,系统需要进行大量的数据维护工作,否则存在数据不一致的可能。例如,更新某个系的系主任,需要修改与该系相关的所有元组。

(3) 数据插入异常。如果新建一个系,该系还没有学生,由于主键数据空缺,因此相关信息插入不进去。同样,新加入一个学生,该学生还没有选课,信息也插入不进去。

(4) 数据删除异常。如果删除掉某个系学生的所有选课信息,则该系所有学生的信息和系部的信息也都丢失了。

表 1-8　Student 表

Sno	Sdept	Dean	Cno	Score
S1	计算机	张敏	C1	95
S1	计算机	张敏	C2	90
S2	计算机	张敏	C1	96
S3	外国语	黎明	C2	87
…	…	…	…	…

通过以上分析可以得出结论,关系 Student 不是一个好的关系模式,关系模式 Student 存在的问题是规范化程度太低。按照对 2NF 和 3NF 的描述可以发现,在 Student 关系中,非主键属性 Sdept 是由 Sno 决定的,因此它不完全依赖于主键(Sno,Cno),称为部分依赖。非主键属性 Dean 是由 Sdept 决定的,因此,它也不直接依赖于主键(Sno,Cno),称为传递依赖。

事实上,关系模式 Student 中包含了多个主题:学生、系部和选课成绩,因此使得关系的结构过于庞杂,职责不单一。解决办法是利用规范化理论对关系模式进行分解,提高关系的规范化程度。

在以上例子中,就可以将关系 Student 分解为 3 个关系,分别为

```
Student(Sno,Sdept)
Department(Sdept,Dean)
Sc(Sno,Cno,Score)
```

分解完成后的 3 个关系都不会出现插入、删除和更新的异常,数据冗余得到了控制,见表 1-9～表 1-11 所示。

表 1-9　**Student 表**

Sno	Sdept
S1	计算机
S2	计算机
S3	外国语
…	…

表 1-10　**Department 表**

Sdept	Dean
计算机	张敏
外国语	黎明
…	…

表 1-11　**SC 表**

Sno	Cno	Score
S1	C1	95
S1	C2	90
S2	C1	96
S3	C2	87
…	…	…

习题 1

一、选择题

1. 数据库(DB)、数据库系统(DBS)和数据库管理系统(DBMS)三者之间的关系是(　　)。

    A. DBS 包括 DB 和 DBMS　　　　　B. DBMS 包括 DB 和 DBS

    C. DB 包括 DBS 和 DBMS　　　　　D. 三者没有包含关系

2. 反映现实世界中实体及实体间联系的信息模型是(　　)。

    A. 关系模型　　　　B. 层次模型　　　　C. 网状模型　　　　D. E-R 模型

3. 关系模型的基本数据结构是(　　)。

    A. 树　　　　　　B. 图　　　　　　C. 集合　　　　　D. 环

4. 一个公司里有员工和部门两类实体,一个员工只属于一个部门,一个部门可以有多名员工,部门和员工之间的联系类型是(　　)。

    A. $1:1$　　　　　B. $1:n$　　　　　C. $n:1$　　　　　D. $m:n$

5. 有一个关系:学生(学号,姓名,性别),规定学号字段为主键,学号字段上的取值不能为空,这一规则属于(　　)。

    A. 实体完整性约束　　　　　　　　B. 域完整性约束

    C. 参照完整性约束　　　　　　　　D. 用户自定义完整性约束

6. (　　)是存储在计算机内有结构的数据的集合。

    A. 数据库系统　　　　　　　　　　B. 数据库

    C. 数据库管理系统　　　　　　　　D. 数据结构

7. 在数据管理技术的发展过程中,数据独立性最高的是(　　)。

    A. 人工管理　　　　　　　　　　　B. 文件系统

    C. 数据库系统　　　　　　　　　　D. 程序管理

8. 如果对一个关系进行一种关系运算后得到一个新的关系,而且新的关系中属性的个数少于原来关系中属性的个数,这说明进行的关系运算是(　　)。

    A. 投影　　　　　B. 连接　　　　　C. 并　　　　　D. 选择

9. 选修"计算机基础"的学生关系为 R,选修"数据库 Access"的学生关系为 S。求选修了"计算机基础"又选修了"数据库 Access"的学生,进行的运算是(　　)。

    A. $R \cup S$　　　　B. $R \cap S$　　　　C. $R - S$　　　　D. $R \times S$

10. 从关系中找出满足给定条件的元组的操作称为(　　)。

    A. 选择　　　　　B. 投影　　　　　C. 连接　　　　　D. 自然连接

11. 一个元组对应表中的(　　)。

    A. 一个字段　　　B. 一个域　　　　C. 一个记录　　　D. 多个记录

12. 关于数据库系统,描述不正确的是(　　)。

    A. 可以实现数据库共享、减少数据冗余

    B. 可以表示事物与事物之间的联系

    C. 支持抽象的数据模型

    D. 数据独立性较差

13. 在关系数据库中,关系是指(　　)。

    A. 各条记录之间有一定关系　　　　B. 各个字段之间有一定关系

    C. 各个表之间有一定关系　　　　　D. 满足一定条件的二维表

14. 从学生关系中查询学生的姓名和年龄所进行的查询操作属于(　　)。

    A. 选择　　　　　B. 投影　　　　　C. 连接　　　　　D. 自然连接

15. 关于数据库系统对比文件系统的优点,下列说法错误的是(　　)。

    A. 提高了数据的共享性,使多个用户能够同时访问数据库中的数据

    B. 消除了数据冗余现象

    C. 提高了数据的一致性和完整性

    D. 提供数据与应用程序的独立性

16. 在关系数据模型中,域是指(　　)。

    A. 元组　　　　　　　　　　　B. 属性

    C. 元组的个数　　　　　　　　D. 属性的取值范围

17. 在企业中,职工的"工资级别"与职工个人"工资"的联系是(　　)。

    A. 一对一联系　　B. 一对多联系　　C. 多对多联系　　D. 无联系

18. 层次型、网状型和关系型数据库划分的原则是(　　)。

    A. 记录长度　　　　　　　　　B. 文件的大小

    C. 联系的复杂程度　　　　　　D. 数据之间的联系方式

19. 假设一个书店用(书号,书名,作者,出版社,出版日期,库存数)一组属性描述图书,可以作为"关键字"的是(　　)。

    A. 书号　　　　　B. 书名　　　　　C. 作者　　　　　D. 出版社

20. 将 E-R 图转换到关系模式时,实体与联系都可以表示成(　　)。

    A. 属性　　　　　B. 关系　　　　　C. 记录　　　　　D. 码

二、填空题

1. 数据管理技术经历了_____、_____、_____ 3 个阶段。

2. 数据独立性是指_____和_____之间相互独立。

3. 数据模型包括_____、_____、_____ 3 个要素。

4. E-R 模型中使用矩形表示_____,使用_____表示联系。

5. 当前主流数据库系统中最常用的逻辑数据模型是_____。

6. 关系模型允许定义数据约束,包括_____、_____、_____和用户自定义的完整性约束。

7. 用树形结构表示实体类型及实体间联系的数据模型称为_____。

8. _____是从两个关系的笛卡儿积中选取属性间满足一定条件的元组。

9. 在关系模型中,数据组织成多个二维表,每个二维表称为一个_____。

10. 实体完整性是为了确保关系中实体的_____。

11. 参照完整性是为了确保关系之间_____的正确性。

12. _____是对现实世界进行的信息建模。

13. 关系数据库中每个元组应该是唯一的、可区分的,这种约束条件用_____保证。

14. 数据库管理系统的主要功能包括数据定义、_____、_____、_____。

15. 关系模型中,使用_____作为实体的唯一性标识。

三、思考题

1. 什么是数据库管理系统? 它的主要功能是什么?

2. 数据管理的文件系统阶段和数据库系统阶段有哪些不同?

3. 举例说明关系的数据完整性约束。

4. 数据库设计的主要步骤以及各阶段完成的主要工作有哪些?

5. E-R 模型的作用是什么?

6. 关系运算包括哪些运算?

四、应用题

设某医院病房数据库中有 4 个实体集。一是"科室"实体集,属性有科名、科地址、科电话等;二是"病房"实体集,属性有病房号、床位数等;三是"医生"实体集,属性有姓名、职称、年龄、工作证号等;四是"病人"实体集,属性有病例号、姓名、性别、主管医生等。

其中,一个科室有多个病房,多个医生;一个病房可以住多名病人,但只能属于一个科室;一个医生只属于一个科室,但可负责多个病人的诊治;一个病人的主管医生只有一个。

(1) 试画出 E-R 图,并在图上注明属性、联系类型及实体的键。

(2) 将 E-R 图转换成关系模型,并说明主键。

第 2 章　数据库和表

学习目标

(1) 掌握数据库和表的概念、数据库的组成及对象、创建数据库的方法。

(2) 掌握 Access 数据类型、表结构的概念、创建表的多种方法、表结构的修改、表数据的编辑。

(3) 掌握定义主键、索引、有效性规则、建立表之间关系及设置参照完整性。

(4) 了解数据表视图下记录排序、记录筛选、汇总的方法，数据的导入和导出。

Access 是 Microsoft Office 套件的重要组成部分，是基于关系模型的数据库管理系统。自 1992 年 Microsoft 公司发布 Access 1.0 以来，Access 历经多次升级改版，先后推出 Access 2003、Access 2010、Access 2016 等多个版本，获得很大成功。

Access 将数据库操作、图形用户界面和面向对象可视化开发工具结合在一起，提供了功能强大的各种对象，全面支持各种数据库应用系统的开发，用户不写任何代码或仅写少量代码，即可在短时间内开发出功能强大、具有一定专业水平的数据库应用系统。

本章以 Access 2016 为操作背景，介绍 Access 系统数据库和表的操作方法，包括数据库的创建和使用、表的创建、输入和编辑记录、建立索引和关系、数据的导入和导出等。

2.1　Access 数据库管理系统概述

Access 的所有数据资源都存放在一个数据库文件中，该文件的扩展名为. accdb，Access 早期版本的数据库文件扩展名包括. mdb 和. mde，Access 2016 可以兼容它们。

Access 数据库由表、查询、窗体、报表、宏和模块 6 种对象组成，各种数据对象之间存在着某种特定的依赖关系，其中表用来存放原始数据，是数据库的核心和基础，也是其他各种对象的数据源。查询、窗体、报表都可以通过表获取数据，以满足用户检索、统计数据等特定需要。Access 还支持多种数据格式，可以将数据导出为不同格式的数据文件，也可以将电子表格或其他异构数据库文件导入 Access 数据库。

2.1.1　Access 的工作界面

启动 Access 2016 后，默认进入 Backstage 视图，如图 2-1 所示。

Backstage 视图对应 Access 工作界面中的"文件"选项卡，在 Backstage 视图里可以创建新数据库，也可以通过"打开"命令打开已有的数据库文件，还可以通过"选项"对话框设置数据库的个性化使用方式，单击图 2-1 中左上方的箭头，即可进入 Access 的工作界面,如图 2-2 所示。

图 2-1　Backstage 视图

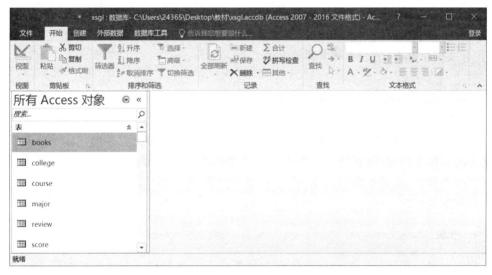

图 2-2　Access 的工作界面

　　功能区在 Access 顶部,每个选项卡可显示一个不同的功能区,每个选项卡的功能区都划分了多个群组,每个群组包含一个或多个相关的命令。各选项卡包含的命令简要介绍如下:

- 文件选项卡:包括新建、打开、关闭数据库命令,还包括部分维护数据库及数据库的设置命令。
- 开始选项卡:包括对数据表的查看和编辑命令,如切换视图、数据筛选和排序、数据格式设置、查找与替换等。

- 创建选项卡：包括创建各种对象的命令，可以不同方式创建对象。
- 外部数据选项卡：包括内部数据与外部数据交换的各类命令，如将当前数据表存成不同格式的文件，也可将外部数据文件导入为 Access 数据表。
- 数据库工具选项卡：包括各类对数据库的管理和控制命令，如设置数据库表之间的关系、管理 Access 加载项等。

2.1.2　Access 数据库对象简介

在 Access 中，数据库是数据及其他对象的容器，它不仅是数据表的集合，还包含各种不同类型的对象，如查询、窗体、报表、宏和模块。各类对象的功能和特点介绍如下。

1. 表

表用来存储原始数据。数据表由行和列组成，在数据库术语中，行也称为记录，列称为字段。为保证数据的正确性，数据表通常要符合关系数据库的完整性约束。

2. 查询

查询用于数据检索。数据库的主要功能由查询对象实现。查询对象能根据筛选条件从一个或多个表中提取数据，形成动态数据集，并能实现统计、增加、删除、修改等数据操作，还可以成为窗体、报表等对象的数据源。

3. 窗体

窗体对象允许用户以自定义的方式操作数据，它是定制化的交互界面，可使用户以独有的方式查询和操作数据。窗体也可以是数据库应用系统的各类界面。Access 提供了智能化的窗体生成过程，利用它可快速开发出 Windows 风格的应用程序，通过对窗体内各种控件的操作，完成数据的查询、录入、修改和删除等工作，增加了数据操作的趣味性、准确性和安全性。

4. 报表

报表对象的功能是将数据库中的明细数据或汇总数据格式化排版并打印为纸面文件。报表的数据可以有丰富的表现形式，如图表、标签等。使用报表可以更加直观清晰地展示数据，以供分析。

5. 宏

宏是一种批处理操作，用来自动执行一系列事先定义的数据库操作。Access 提供了常用数据库操作的各类宏命令，用户可以利用这些宏命令创建宏，以此实现一些日常工作的自动化，从而提高工作效率。即使不会编写代码的用户，也可以创建宏。

6. 模块

模块是利用 Access 内嵌的 VBA 开发环境编写的程序代码,它包含一个或多个过程或函数。与宏相比,模块通常用于完成更复杂的数据处理工作,并可以把各类对象整合在一起,实现功能更加丰富的数据库应用系统。

2.2 创建和使用数据库

在 Access 2016 中,可以用两种方法建立数据库:一种是直接建立空白数据库,其中不包含任何表;另一种是通过模板(Access 自带模板或者联机模板)建立数据库。通过模板建立的数据库通常会包含一些随之自动建立的表。建立数据库之后,即可向数据库中添加表、查询、窗体等对象。

2.2.1 创建数据库

1. 创建空白数据库

建立一个空白数据库的操作步骤如下:

(1)启动 Access 2016,进入 Backstage 视图,在左侧导航窗格中单击"新建",然后在中间窗格中单击"空白桌面数据库"选项,如图 2-1 所示。

(2)在右侧窗格中的"文件名"文本框中输入新建数据库文件的名称,也可以单击右侧的"文件夹"按钮改变数据库的存储位置,然后单击"创建"按钮,建立一个空白数据库,如图 2-3 所示。

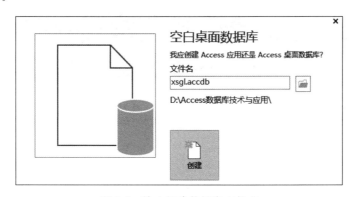

图 2-3　输入新建数据库文件名

(3)空白数据库创建后,系统会自动进入创建表的界面,表名默认为"表1"。

2. 利用模板创建数据库

Access 2016 提供了 12 个数据库模板,用于各类组织和不同情况下的数据管理。使用模板创建数据库时,用户只进行一系列简单操作,即可创建一个包含表、查询等数据库对象的数据库系统。

如果利用 Access 2016 中的模板创建一个"联系人"数据库,则具体操作步骤如下。

(1) 启动 Access 2016,在 Backstage 页面从列出的模板中选择需要的模板,如选择"联系人",如图 2-4 所示。

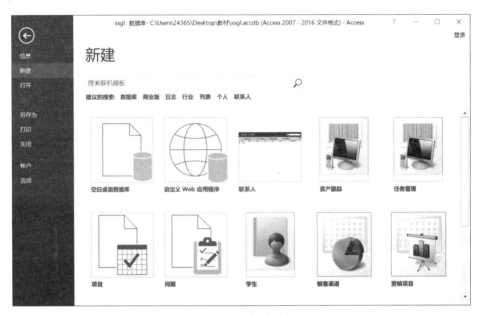

图 2-4　　数据库模板

(2) 在弹出窗口的"文件名"框中输入数据库文件名,如"联系人",单击"创建"按钮,即可完成数据库的创建。创建的"联系人"数据库如图 2-5 所示。

图 2-5　创建的"联系人"数据库

2.2.2 数据库操作

Access 数据库的基本操作包括打开、保存、关闭和备份数据库等。

1. 打开数据库

打开数据库最简单的方式是双击 Access 数据库文件名,也可以先启动 Access 软件,通过菜单打开数据库文件。

操作步骤如下:

(1) 启动 Access 2016,进入 Backstage 页面。

(2) 页面左侧有"最近使用的文件",右边列出最近访问的数据库文件名,单击文件名。

(3) 也可以选择"浏览"命令,打开计算机上其他位置的文件,如图 2-6 所示。

图 2-6 通过"最近使用的文件"打开

2. 保存数据库

在数据库的编辑修改过程中要随时保存数据库文件,及时保存是防止数据丢失的重要操作。

操作方法如下。

(1) 单击"文件"选项卡,在打开的 Backstage 视图中选择"保存"命令,即可保存数据库。

(2) 使用"另存为"命令,可用新的保存路径和文件名对数据库进行保存。具体操作是:在图 2-7 中选择"另存为"命令,单击下方的"另存为"按钮,打开"另存为"对话框,选择文件的保存路径,在"文件名"文本框中输入文件名,单击下方的"保存"按钮即可。

另外,还可以通过单击快速访问工具栏中的"保存"按钮或者按 Ctrl＋S 快捷键保存数据库。

3. 关闭数据库

关闭数据库的操作方法为下列操作之一。

(1) 单击 Access 窗口标题栏中的"关闭"命令,即可关闭数据库。

(2) 通过选择"文件"选项卡,在打开的 Backstage 视图中使用"关闭"命令关闭数据库,参见图 2-6 中的"关闭"命令。

4. 备份数据库

定期备份数据库文件是保障数据安全的方法。Access 还允许以多种方法、多种格式备份数据库,操作步骤如下。

(1) 打开某个 Access 数据库。在"文件"选项卡上单击"另存为"。

(2) 在中间窗格上选择"数据库另存为",在右边窗格上选择"备份数据库",如图 2-7 所示。

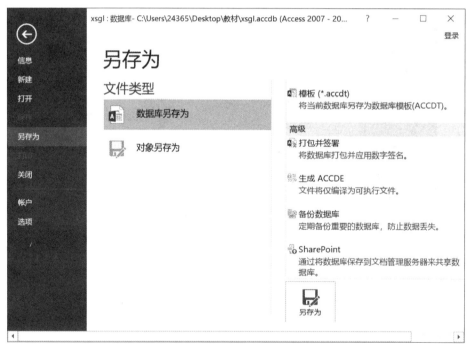

图 2-7　使用"另存为"命令

(3) 单击下方的"另存为"按钮。

此外,在 Windows 操作系统环境下,使用"复制"和"粘贴"命令,也可实现对数据库文件的备份工作。

2.3　创建表

在 Access 数据库管理系统中,表是存储和管理数据的对象,是其他数据库对象的数据源。表设计得是否规范合理,直接关系到数据库的整体性能。因此,建立表是建立数据库的基础工作。通常,一个表的数据与特定主题相关,如"学生""课程"等,要求对每个主题使用一个单独的表,表与现实世界的实体集一一对应。

表由表结构和表记录两部分组成。表结构是表的框架,通过字段名称、字段的数据类型以及相关的说明来描述。设计表时,字段在多个表中尽量不重复,既可减少不必要的数据冗余,也可避免多处存储导致的不一致性。表记录则是用户数据在表结构保证下的描述。

本节将详细介绍 Access 的字段数据类型、建立表结构、字段属性的设置以及表数据的录入等内容。

2.3.1　Access 的字段数据类型

一个表的同一列数据应具有相同的数据特征,称为字段的数据类型。数据类型决定了数据在数据库系统中的存储方式和使用方式。创建表的第一步是创建表结构,即为表的每个字段定义一种数据类型,并设置字段的大小、验证规则等属性。

1. 短文本

"短文本"数据类型是最常用的数据类型,允许输入任何字符,包括字母、汉字、各类符号,适用于如姓名、籍贯、家庭住址等字段。一些只作为字符用途的数字数据,如电话号码、学号、邮编等通常也用"短文本"类型存储。短文本类型最多存储 255 个字符,可通过"字段大小"属性设置短文本类型的最大字符数。英文字符、符号或汉字都占一个字符。Access 2016 之前版本中,此类型称为"文本"类型。

2. 长文本

"长文本"类型可存储字符量很大的数据,适用于如简历、备注、产品说明等,可存储带格式文本。超过 255 个字符的数据都应该定义为长文本类型,它最多可存储约 1GB 的数据。Access 2016 之前版本称为"备注"类型。

3. 数字

"数字"类型字段用来存储可以进行数值计算的数据,如成绩、年龄等。"数字"类型又细分为 7 种子类型,以便有效地处理不同值域的数值,详细情况见表 2-1。

4. 日期/时间

日期/时间字段大小固定为 8B,用于存储日期时间数据,如出生日期等。

表 2-1 "数字"类型的细分

子类型	取值范围	小数位数	占用字节
字节	0～255	无	1
整型	−32768～32767	无	2
长整型	−2147483648～2147483647	无	4
单精度	−3.4E38～3.4E38	7	4
双精度	−1.797E308～1.797E308	15	8
同步复制 ID	长整型或双精度型	N/A	16
小数	−1E28～1E28−1	28	12

5. 货币

货币类型字段大小固定为 8B,等同于双精度类型,在用于保存货币金额数据时,会自动显示千分位、货币符号、两位小数(超过两位小数,自动四舍五入)。其精度为整数部分 15 位,小数部分 4 位。

6. 自动编号

添加记录时,系统会为该类型字段自动赋一个唯一连续递增的值(每次递增 1)或随机数。有两个子类型,其一是长整型,存储 4B,其二为"同步复制 ID"(GUID),存储 16B。自动编号类型的字段可设置为主键,用户不能自行修改此类数据。

7. 是/否

是/否类型也称为布尔类型数据,用于保存只有两个可能值的数据。Access 存储数值 0 表示"假",−1 表示"真",但在表达式中可分别用 Yes/No,True/False,On/Off,−1/0表示"真"/"假",该数据类型的长度为 1B。

8. 超链接

超链接类型用于存储超链接地址,可链接到文件、Web 页、电子邮件等,最多存储 64000 个字符。

9. 计算

计算类型用于存放由表达式计算的结果值。字段大小与"结果类型"属性设置的数据类型一致,占 8B。

10. OLE 对象

OLE 对象类型用于存储链接或嵌入的对象,这些对象是独立的文件,其类型可以是 Office 文档、图像、声音、视频等文件,最大容量是 1GB。

11. 附件

此类型字段可将图像、电子表格文件、Word 文档、图表等文件作为附件存储到记录中,使用附件字段可将多个文件附加到一条记录中,数据总量最大约 2GB。与 OLE 类型相比,附件类型具有更大的灵活性。

12. 查阅向导

严格来说,查阅向导不是一种数据类型,而是一种数据输入方式。此类型字段允许用户使用下拉列表输入数据,数据可以来自其他表或一组列表值。当数据类型选择此项时,将启动向导进行定义,查阅字段的占用空间与对应的数据类型一致。

2.3.2 建立表结构

在创建表之前,要先设计好表的结构。建立表结构就是定义该表每个字段的字段名称、字段的数据类型并设置字段的属性。

1. 字段命名规则

数据表中的一列称为一个字段,每个字段均需定义一个名称,字段名称是表中一列的标识,在同一个表中字段名称不可重复。

在 Access 中,字段的命名必须遵循如下规则:

(1) 字段名称最长为 64 个字符。

(2) 字段名称可由字母、数字、下画线、空格组成,但不能包括句号(.)、感叹号(!)、重音符号(`)、单引号(')和方括号([ ])等特殊字符。字段名称中可以使用汉字。

(3) 字段名称不能以空格开头。

(4) 不能包含控制字符(即编号为 0～31 的 ASCII 码字符)。

注意: *虽然字段名中可以包含空格,但建议尽量不要使用空格,以免造成歧义。无论是用英文单词,还是用汉字命名字段,尽量做到词能达意。*

2. 创建表结构

创建表结构的方法包括:使用设计视图和使用数据表视图创建表。

1) 使用设计视图创建表

使用设计视图创建表的方法以例 2-1 为例说明。

【例 2-1】 使用"设计视图"创建 student 表。student 表结构如图 2-8 所示。

student

字段名称	数据类型	说明(可选)
ID	短文本	大小为10,标题"学号"
code	短文本	大小为2,标题"学院编号"
name	短文本	大小为15,标题"姓名"
sex	短文本	大小为1,标题"性别"
birthday	日期/时间	标题"生日"
nativeplace	短文本	大小为50,标题"籍贯"
p_number	短文本	大小为11,标题"电话"
resume	长文本	标题"简历"
photo	OLE 对象	标题"照片"

图 2-8 student 表结构

操作步骤如下：

（1）打开已创建的数据库 xsgl.accdb。

（2）选择"创建"→"表格"→"表设计"选项，进入表的设计视图，如图 2-9 所示。

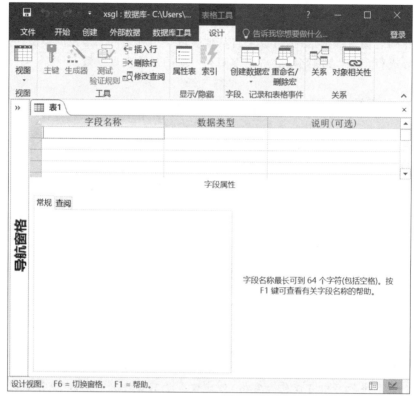

图 2-9　表的设计视图

（3）在"字段名称"栏中输入字段的名称；在"数据类型"下拉列表框中选择该字段的数据类型；"说明"栏中的输入为选择性的，可以不输入。

（4）在表设计视图的"字段属性"区域，为短文本类型数据设置"字段大小"属性，同时设置"标题"属性。"标题"将显示在数据表视图下的表头位置，如果不设置标题，则显示字段名。如图 2-10 所示，将 ID 字段大小设置为 10，标题设置为"学号"。

（5）依次输入所有字段的名称、大小和标题。

（6）单击"保存"按钮，弹出"另存为"对话框，在"表名称"文本框中输入 student，单击"确定"按钮，如图 2-11 所示。

（7）此时将弹出对话框，提示尚未定义主键，单击"否"按钮，暂时不设定主键。完成表结构的初步创建，之后可在表的设计视图中修改表的结构。

2）使用数据表视图创建表

Access 允许用户在数据表视图下创建表，选择"创建"→"表格"→"表"选项，即可在数据表视图下同时进行表结构的定义和数据的输入。

【例 2-2】　利用数据表视图创建 course 表。course 表结构如图 2-12 所示。

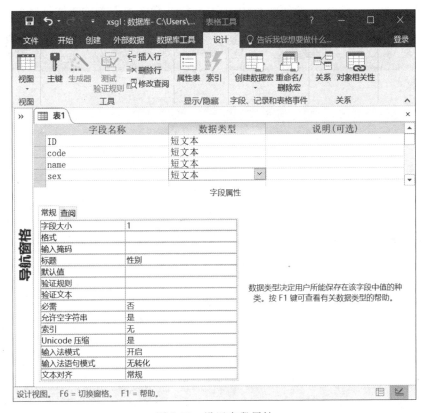

图 2-10　设置字段属性

图 2-11　"另存为"对话框

图 2-12　course 表结构

操作步骤如下。

（1）打开数据库 xsgl.accdb。

（2）切换到"创建"选项卡，选择"表格"→"表"选项，系统将自动创建名为"表 1"的新表,如图 2-13 所示。在表格中,第 1 行用于定义字段,第 2 行起为输入数据区域。

图 2-13　系统自动创建的"表 1"

(3) 选择"表格工具"→"字段"→"属性"选项,如图 2-13 所示,单击"名称和标题"按钮,打开"输入字段属性"对话框,输入字段名称和标题,如图 2-14 所示,之后单击"确定"按钮。

(4) 选中 c_code 字段,选择"表格工具"→"字段"→"格式"选项,在"添加和删除"组中选择数据类型"短文本",如图 2-13 所示,在"属性"组中设置"字段大小"的值为 15。

(5) 单击"单击以添加"单元格,弹出"字段类型"列表框,如图 2-15 所示,在其中选择字段的类型为"短文本",文本框中的字段名自动改为"字段 1",按照步骤(3)和步骤(4)的方法,将"字段 1"的名称更改为 C_name,标题更名为"课程名称"。

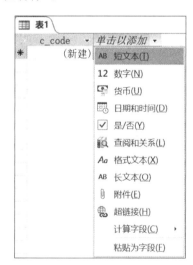

图 2-15　数据类型

图 2-14　"输入字段属性"对话框

(6) 重复步骤(5),添加"学分"字段。字段名为 credit,标题为"学分",数据类型设为"数字"类型。

（7）在快速访问工具栏中单击"保存"按钮，打开"另存为"对话框。输入表名 course，单击"确定"按钮完成表结构的创建。

2.3.3　设置主键

主键是表中的一个字段或多个字段的组合。主键能唯一标识数据表中的一条记录。一个数据表只能有一个主键，主键的值在数据表中不可重复，也不可为空（NULL）。

关于主键，需要说明以下 3 点。

（1）如果主键由多个字段组成，可以在表的设计视图下按住 Ctrl 或 Shift 键，在字段选定栏（见图 2-16）依次选中多个字段，然后单击工具栏上的"主键"按钮。

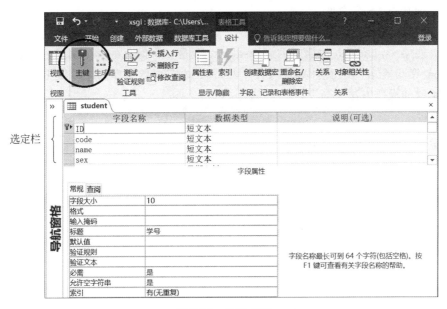

图 2-16　设置主键

（2）如果表中确实没有满足主键条件的字段或字段组合，可增加一个"自动编号"类型的字段，将其设置为主键。

（3）如果要更改主键设置，必须首先取消现有的主键。取消主键的操作方法是：在表设计视图下选中主键字段，再次单击工具栏上的"主键"按钮。能够取消主键的前提是没有建立任何"表关系"，如果此主键已和某个表建立关系，Access 会警告必须先删除该关系。

虽然 Access 中主键不是必需的，但最好为每个表都设置主键。主键的作用有以下 3 点。

- 保证实体完整性。
- 提高数据库的操作速度。
- 在表中添加新记录时，Access 会自动检查新记录的主键值，不允许该值与其他记录的主键值重复。

以 xsgl.accdb 数据库为例,student 表的 ID 字段值是唯一的,可以作为 student 表的主键。course 表中的 c_code 字段可以作为主键。

【例 2-3】 为 student 表定义主键。

操作步骤如下:

(1) 在导航窗格中右击 student 表,在快捷菜单中选择"设计视图"选项。

(2) 选定作为主键的字段 ID(若是多个字段组合作为主键,须同时选定这几个字段,方法是按住 Ctrl 键,单击每个字段的选定栏),如图 2-16 所示。

(3) 在"设计"选项卡的"工具"组中单击"主键"按钮,如图 2-16 所示,或者右击,从弹出的快捷菜单中选择"主键"命令,完成为数据表定义主键。

2.3.4 xsgl 数据库说明

本书使用 xsgl.accdb 数据库讲解,xsgl.accdb 是一个简化的学生信息管理数据库,包含 student 等 5 个表,各表结构见表 2-2～表 2-6。本节对数据库的结构做出说明,以便读者理解后续的操作方法和命令。

表 2-2　student 表结构说明(存放学生的基本信息)

字段名	数据类型	字段大小	字段标题	字段说明
ID	短文本	10	学号	由 10 位数字字符组成:第 1～4 位为入学年份,5～8 位为专业代码,5～6 位为学院代码,第 9～10 位为专业内序号。该字段为本表主键
code	短文本	2	学院代码	college 表的外键
name	短文本	10	姓名	
sex	短文本	1	性别	验证规则:必须是汉字"男"或"女"
birthday	日期/时间	固定	出生日期	
nativeplace	短文本	50	籍贯	
p_number	短文本	11	电话	
resume	长文本	固定	简历	
photo	OLE 对象	固定	照片	

表 2-3　college 表结构说明(存放学院的基本信息)

字段名	数据类型	字段大小	字段标题	字段说明
code	短文本	2	学院代码	主键
Name_c	短文本	20	学院名称	

表 2-4　**course** 表结构说明(存放开设课程的基本信息)

字段名	数据类型	字段大小	字段标题	字段说明
C_code	短文本	15	课程代码	主键
C_name	短文本	30	课程名称	
credit	数字	单精度	学分	

表 2-5　**score** 表结构说明(存放学生的成绩信息)

字段名	数据类型	字段大小	字段标题	字段说明
ID	短文本	10	学号	组合主键之一
C_code	短文本	15	课程代码	组合主键之一
score	数字	单精度	成绩	

表 2-6　**major** 表结构说明(存放专业的基本信息)

字段名	数据类型	字段大小	字段标题	字段说明
code	短文本	2	学院代码	外键
m_code	短文本	4	专业代码	主键,第 1~2 位为学院代码
M_name	短文本	15	专业名称	
e_system	短文本	1	学制	学制字段由 1 位数字字符组成:"4"代表四年制,"5"代表五年制

2.3.5 设置验证规则

1. 字段验证规则

Access 对输入数据提供了 3 层有效性验证,字段的数据类型定义提供了第一层验证,字段大小提供了第二层验证,字段的"验证规则"属性则提供了第三层验证。

字段属性的几种具体验证项目如图 2-17 所示,"必需"属性如果设置为"是",则强制用户在此字段中输入值;"验证规则"属性定义了字段值域,"验证文本"属性用来定义错误提示信息,"输入掩码"属性则通过输入格式进一步限制数据的取值范围。

验证规则(或称有效性规则)以一个逻辑表达式表示条件,用于对数据进行检查,当输入的数据违反有效性规则时,则显示验证文本所规定的提示文字。图 2-17 展示了表 student 中 sex 字段的验证规则和验证文本的设置。

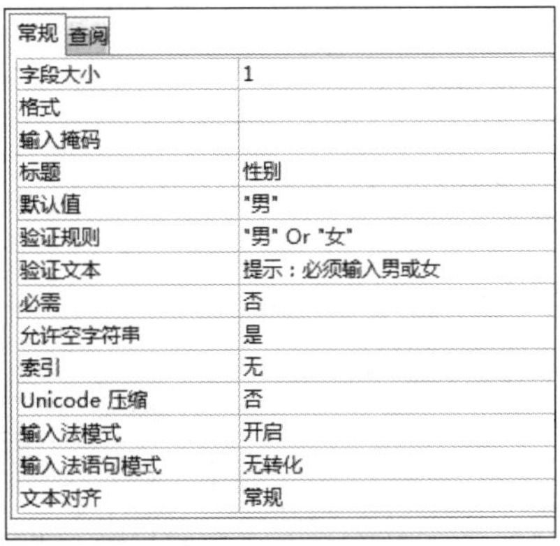

图 2-17　设置有效性规则

2. 表的验证规则

如果验证规则涉及 2 个以上字段时,需要在数据表的"属性表"窗口设置验证规则,而不是给某个字段设置验证规则。

打开数据表的"属性表"窗口的方法是:在表的设计视图下选择"设计"→"显示/隐藏"→"属性表",如图 2-16 所示。

如果要为 xsgl 数据库的 Major 表设置验证规则:"Left([m_code],2)=[code]",即专业代码前两位必须等于学院代码,可在 major 表的属性表里设置,如图 2-18 所示。

属性表	▾ ✕
所选内容的类型: 表属性	
常规	
断开连接时为只读	否
子数据表展开	否
子数据表高度	0cm
方向	从左到右
说明	
默认视图	数据表
验证规则	Left([m code],2)=[code]
验证文本	
筛选	
排序依据	
子数据表名称	[自动]
链接子字段	
链接主字段	
加载时的筛选器	否
加载时的排序方式	是

图 2-18 设置表的验证规则

内置函数 Left() 的作用是取一个字符串的左边子串,详细使用方法参照 3.2.3 节的内容。

2.3.6 设置输入掩码

输入掩码用于定义数据的输入格式,特别对于具有特定数据格式的字段,设置掩码可以提高用户的输入效率,减少出错率。该属性只对数字、文本、日期时间、货币类型数据有效。设置输入掩码须使用一系列 Access 规定的格式符,组成样式字符串。表 2-7 列出了部分常用的输入掩码格式符。例如,如果"年龄"字段最多允许输入 3 位数字,其输入掩码应该是"000"。

表 2-7 Access 输入掩码格式符

格式符	说　　明
0	只能输入一个数字 0~9
9	可以输入一个数字 0~9
♯	可以输入数字、空格、加号或减号,如果跳过,Access 会输入一个空格

格式符	说　明
L	只能输入字母 A～Z
A	只能输入字母或数字
a	可以输入一个字母或数字
&.	只能输入一个字符或空格
C	可以输入字符或空格
. , : ; - /	小数点占位符及千分位、日期与时间的分隔符
<	将其后的所有字符转换为小写
>	将其后的所有字符转换为大写
\	逐字显示紧随其后的字符
""	逐字显示括在双引号中的字符

　　输入掩码样式字符串中还可以包含不是格式符的字符,这种字符会在其位置原样输出,定义输入掩码时需要在字符前加"\"。例如,"电压"字段可以设置输入掩码为"000\V"。

　　如果输入掩码样式字符串中包含掩码格式符自身,则需要额外加双引号界定。例如,"电话号码"字段的输入掩码可以是""010"00000000"。

【例 2-4】　为 student 表中的 birthday 字段添加输入掩码。

操作步骤如下:

(1) 打开 xsgl.accdb 数据库,进入 student 表的设计视图,选择 birthday 字段。

(2) 在 birthday 字段的属性中单击"输入掩码"行右方的省略号按钮,弹出"输入掩码向导"对话框,选择"长日期"选项,如图 2-19 所示。

图 2-19　"输入掩码向导"对话框

单击"下一步"按钮,弹出如图 2-20 所示的对话框。

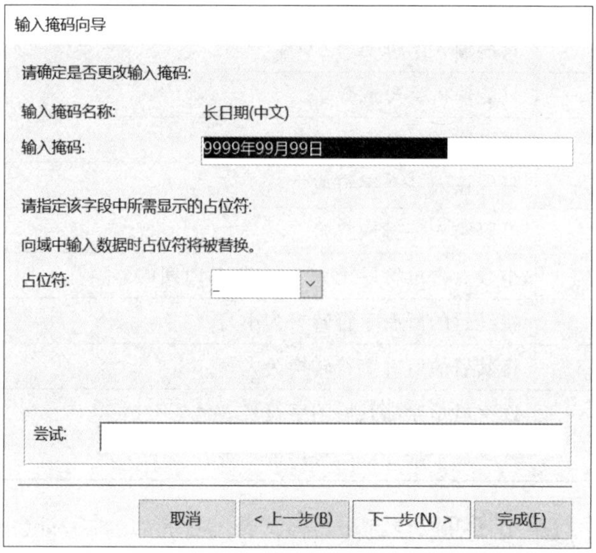

图 2-20　输入掩码的设置

（3）单击"下一步"按钮,完成输入掩码的输入并切换到"数据表视图"。

2.3.7　设置字段的其他属性

1. 设置字段的显示格式

设置字段的显示格式可以使数据按照用户要求的格式输出。"格式"属性的设置用于定义数据显示或打印格式,它只改变数据的显示格式,不改变存储在数据表中的数据。用户可以使用系统的预定义格式,也可以使用格式符设置自定义格式。

【例 2-5】　在 student 表中完成下列设置。

（1）设置 code 字段的数据右对齐。

（2）将 birthday 字段的显示格式设置为"长日期"。

操作步骤如下:

（1）打开数据库 xsgl. accdb,并打开表 student 的设计视图。

（2）单击"常规"选项卡,选中 code 字段,将"文本对齐"属性设置为"右"。

（3）选中 birthday 字段,在"格式"下拉列表框中选择"长日期",如图 2-21 所示。

2. 设置字段的小数位数

小数位数属性可以控制数值型和货币型的字段显示小数的位数。小数位数属性只影响数据显示的小数位数,不影响保存在表中的数据。小数位数为 0~15,系统的默认值为 2。

【例 2-6】　在 score 表中,设置 score 字段的小数位数为 2。

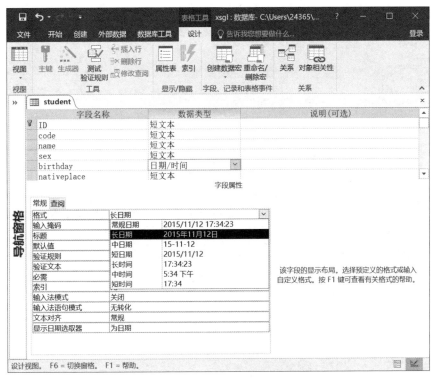

图 2-21　设置日期格式

操作步骤如下：

（1）打开数据库 xsgl.accdb，打开表 score 的设计视图。

（2）选中 score 字段，单击"常规"选项卡将"格式"属性设置为"固定"。

（3）将"小数位数"属性设置为 2。

3. 查阅属性

查阅属性用来设置字段输入数据时所用的方法，如可以用在下拉列表中选择数据代替输入数据，数字、文本、是/否类型数据均可设置查阅属性。

查阅属性设置可以通过字段的"查阅"选项卡实现，也可以通过查阅向导实现。

【例 2-7】　将 student 表的 sex 字段设置为组合框输入方式，下拉列表中显示"男"和"女"两项。

1）利用"查阅"选项卡

操作步骤如下：

（1）打开数据库 xsgl.accdb，打开表 student 表的设计视图。

（2）选中 sex 字段，选中"字段属性"区域的"查阅"选项卡，设置"显示控件"为"组合框"。

（3）选择"行来源类型"为"值列表"。

（4）在"行来源"处输入："男;女"，如图 2-22 所示。注意，选项之间用英文分号分隔。

图 2-22　查阅属性的设置

（5）保存表。

2）利用"查阅向导

操作步骤如下：

（1）在 student 表的设计视图中将 sex 字段的数据类型选为"查阅向导"，在弹出的对话框中选中"自行键入所需的值"，如图 2-23 所示。

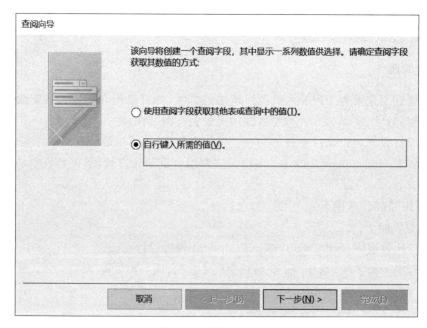

图 2-23　查阅向导之一

（2）单击"下一步"按钮,在弹出的对话框中键入组合框的列表值:"男"和"女",如图 2-24 所示。

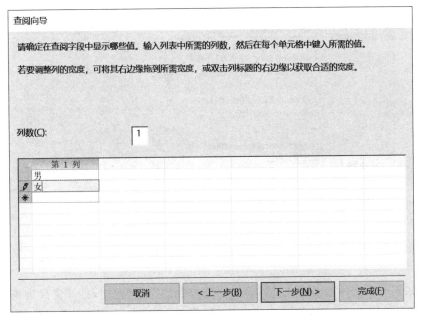

图 2-24　查阅向导之二

（3）单击"完成"按钮保存。

2.3.8　向表中输入数据

创建表结构后,就可以向表中输入数据了。输入数据时要符合数据类型、验证规则等要求。对不同类型的数据,数据的输入方法也有所不同。

1）日期/时间型

在表中输入数据时,日期型数据的输入格式为：yyyy-mm-dd 或 mm-dd-yyyy,其中 y 表示年,m 表示月,d 表示日。

2）自动编号型

数据由系统自动生成,不能人工输入或更改自动编号类型数据。如果删除了表中的某条记录,此记录中自动编号类型字段的值不会被再次生成和使用。

3）OLE 对象型

字段设置为 OLE 对象类型时,该字段不能在单元格中直接输入,需通过"插入对象"的方法实现。输入的步骤如下。

（1）右击 OLE 对象型字段的单元格,在快捷菜单中选择"插入对象",打开 Microsoft Access 插入对象对话框,如图 2-25 所示。

（2）如果对象文件不存在,则先选择插入对象的类型,选择"新建"单选按钮,打开与对象类型对应的软件工具创建新对象。例如,对象类型选择 Bitmap Image,并选定"新

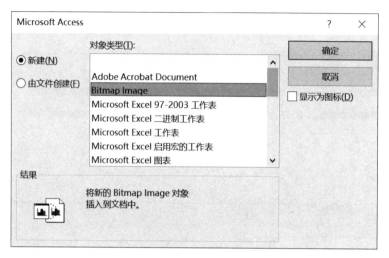

图 2-25　"插入对象"对话框

建"单选按钮,单击"确定"按钮,打开"画图"工具,用户可创建新的位图对象并插入记录中。

（3）如果对象文件已经存在,则选定"由文件创建"单选按钮,打开文件浏览或链接对话框,选择需要插入的文件,如图 2-26 所示,然后单击"确定"按钮,完成对象的插入,这时OLE 字段会显示插入文件的类型标识。

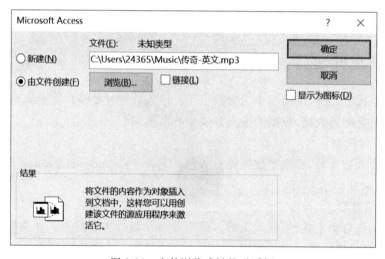

图 2-26　文件浏览或链接对话框

4）计算类型

其值由一个表达式计算生成,计算类型字段表达式可以引用本表内的字段,其数据会随所引用字段的数据变化自动更新,用户不能修改。

5）附件类型

在单元格处双击打开"附件"对话框,如图 2-27 所示,单击"添加"按钮,可加入多个附件。

图 2-27 "附件"对话框

6）超链接字段

方法一是直接在单元格输入超链接文本，方法二是在单元格右击，从快捷菜单中选择"超链接"→"编辑超链接"命令，打开"超链接"对话框输入。

7）其他类型字段直接在单元格输入。

2.4 操作表

2.4.1 打开和关闭表

1. 打开表

在 Access 中打开数据库后，打开表的步骤如下。

（1）单击导航窗格上数据库对象列表中的"表"。

（2）在展开的表对象列表中双击要打开的表，或者右击要打开的表，在快捷菜单中选择"打开"命令。

表打开后可以选择以不同视图显示表。

2. 关闭表

单击"表的名称"选项卡窗口右上角的"关闭"按钮，即可关闭该表。

2.4.2 修改表结构

修改表结构包括修改字段的各类属性、增加新字段、删除字段，这些操作中各类属性的设置只能在表设计视图下完成，增加和删除字段可以在表设计视图下完成，也可以在数据表视图下完成。

【例 2-8】 将 student 表备份一个 student1 表,将 student1 表按照下面要求修改表结构。

(1) 将 ID 字段的字段大小改为 12。

(2) 将 nativeplace 字段的名称改为"家庭所在地"。

(3) 将 resume 字段的类型改为短文本型。

(4) 在 photo 字段前面增加"宿舍地址"字段,数据类型为文本型,字段大小为 30。

(5) 删除 photo 字段。

操作步骤如下:

(1) 打开 xsgl. accdb 数据库,在导航窗口中选择 student 表右击,在快捷菜单中选择复制命令,之后在导航栏右击,从快捷菜单中选择"粘贴"命令,将复制的表命名为 student1。

(2) 打开表 student1 的设计视图。

(3) 选中 ID 字段,在"常规"属性选项中选择"字段大小",输入 12。

(4) 选中 nativeplace 字段,直接在"字段名称"中输入"家庭所在地"。

(5) 选中 resume 字段,在数据类型下拉列表框中选择"短文本"。

(6) 右击字段 photo,弹出快捷菜单,选择"插入行"选项,出现一个空行,将光标定位于该空白行,输入字段名"宿舍地址",选择数据类型为"短文本型",并将字段大小设置为 30。

(7) 右击 photo 字段,选择快捷菜单中的"删除行"命令。

(8) 关闭并保存表。

表结构修改完成后,要及时保存表。需要注意的是,修改表结构后,数据可能会由于无法转换类型造成丢失。

【例 2-9】 将 score 表备份一个 score1 表,将 score1 表增加一个计算型字段 grade,其计算表达式为:Int([score]/20),即 score 字段值除以 20 的整数部分。

说明:Int 是 Access 的标准函数,功能是将一个实数取整,详细使用方法请参照 3.2.3 节的内容。

操作步骤如下:

(1) 将 score 表备份一个 score1 表,方法同例 2-8。

(2) 打开 score1 的设计视图。

(3) 追加一个 grade 字段,数据类型选"计算",弹出"表达式生成器"对话框,如图 2-28 所示。

(4) 在对话框中输入表达式,注意所有符号均用英文符号,字段名加中括号作为定界符。

(5) 保存表,完成操作。

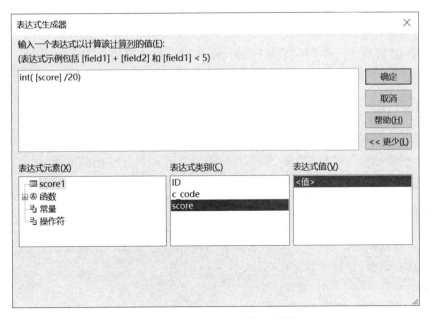

图 2-28 "表达式生成器"对话框

2.4.3 编辑表的数据

在数据库使用过程中,要根据情况的变化及时对表中的数据进行编辑修改。表数据的编辑包括记录的修改、复制、查找、替换、删除和插入记录等。记录的修改通常在数据表视图下完成,数据修改要符合字段的验证规则。

1. 记录的查找和替换

利用"查找|替换"功能可以成批修改数据。步骤如下。

(1)将光标定位于需要批量修改的列,选择"开始"→"查找"→"查找"命令,打开"查找和替换"对话框,如图 2-29 所示。

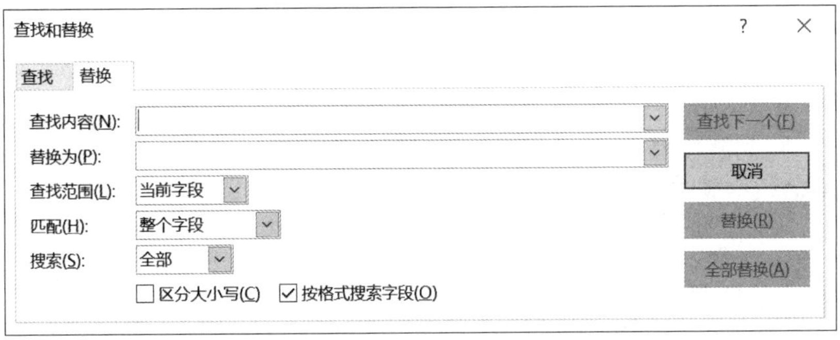

图 2-29 "查找和替换"对话框

（2）分别输入查找和替换的内容，需要时可设置"查找范围""匹配"方法和搜索范围等选项，以满足查找条件的要求。

（3）单击"查找下一个"和"替换"按钮，逐条记录确认是否修改当前字段。也可以选择"全部替换"按钮修改所有记录。

2. 复制记录

在数据表视图下，在数据区最左边的选定栏拖放鼠标，即可选择一条或多条记录，选择"开始"→"剪贴板"→"复制"命令，再选择"开始"→"粘贴"→"粘贴追加"命令，即可在数据表末尾追加所复制的记录。使用右键快捷菜单也可完成复制操作。

3. 删除记录

选定一条或多条记录，按下 Delete 键即可删除这些记录。删除记录时，系统会向用户弹出确认对话框，以防止数据误删除。

2.4.4 记录排序、筛选和汇总

1. 记录排序

数据表中的记录顺序是由记录的输入先后决定的，如果定义了主键，记录默认在数据表视图按主键值升序排列。为快速查找信息，有时需要设置记录的排序方法。排序需要设定排序关键字，排序关键字可由一个或多个字段组成，排序后的结果可以保存，再次打开时，数据表会自动按照上次的顺序显示记录。

在 Access 中，基于一个字段的简单排序可通过选项卡命令"开始"→"排序和筛选"→"升序/降序"完成（先将光标定位于该字段）。基于多个字段的排序则需要通过选项卡命令"开始"→"排序和筛选"→"高级"→"高级筛选/排序"实现。

记录的排序规则如下。

- 短文本类型的英文字母按照字母顺序排序，不区分大小写，中文字符按照拼音字母的顺序排序。
- 数字按照数值的大小排序。
- 日期/时间型数据按照日期的先后顺序进行排序，先前的日期小于后面的日期。
- 是否类型的值"真"小于"假"。
- 长文本、超链接型和 OLE 对象型的字段不能排序。

【例 2-10】 完成下列排序操作。

（1）在 student 表中按 ID 升序排列。

（2）在 score 中，先按照 C_code 升序排序，再按照 score 降序排列。

操作步骤如下：

（1）打开 xsgl.accdb 数据库中的 student 表，进入数据表视图。

（2）将光标定位于列 ID 的任何位置，选择选项卡"开始"→"排序和筛选"→"升序"命令,数据表中的记录即按照 ID 的升序排列。

（3）打开 score 表,选择"开始"→"排序和筛选"→"高级"→"高级筛选/排序"命令。

（4）打开"高级筛选/排序"对话框,如图 2-30 所示设置排序方式。

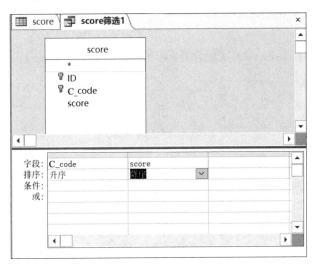

图 2-30　设置高级排序方式

（5）选择"开始"→"排序和筛选"→"切换筛选"命令,显示排序结果,或者选择"开始"→"排序和筛选"→"高级"→"高级筛选/排序"→"应用筛选/排序"命令显示排序结果。

2. 筛选

筛选是根据给定的条件选择满足条件的记录显示在数据表视图中。例如,显示所有计算机专业的女学生。

Access 2016 在数据表视图下提供了"选择筛选""按窗体筛选""高级筛选/排序""筛选器"4 种方法实现筛选。

1）选择筛选

选择筛选是基于当前光标所在位置的内容进行筛选,筛选条件包括等于、不等于、包含、不包含等,选择"开始"→"排序和筛选"→"选择"命令,弹出条件框,选择其中条件之一即可完成筛选。例如,当光标置于 student 表的第一条记录的、标题为"籍贯"的字段时,弹出条件框如图 2-31 所示。

2）按窗体筛选

按窗体筛选可以设置多个筛选条件,然后找出满足条件的记录并显示。

【例 2-11】　使用按窗体筛选功能,显示学院代码是"02"和"05"的男学生记录。

操作步骤如下。

（1）打开 xsgl. accdb 数据库中的 student 表进入数据表视图,选择"开始"→"排序和筛选"→"高级"命令。

（2）在下拉列表框中选择"按窗体筛选",进入按窗体筛选设置界面,如图 2-32 所示,按图示设置筛选条件。

图 2-31　选择筛选

图 2-32　第 1 个筛选条件

（3）单击窗口下方的"或"标签,进入第二个条件窗口,如图 2-33 所示,按图示设置筛选条件,与前一个窗口形成逻辑关系为"或"的条件。

图 2-33　第 2 个筛选条件

（4）单击"高级"按钮并选择"应用筛选/排序",显示筛选结果。

3）高级筛选/排序

高级筛选/排序可以完成复杂的筛选,可设置多个筛选条件,还可以设置表达式作为筛选条件,并可以对筛选的结果进行排序。

【例 2-12】　使用高级筛选选择 1998 年后出生的女学生,并按学号升序排列。

操作步骤如下：

（1）打开 xsgl.accdb 数据库中的 student 表，进入数据表视图，选择"开始"→"排序和筛选"→"高级"命令。

（2）在下拉列表框中选择"高级筛选/排序"，进入高级筛选设置界面，输入筛选条件，如图 2-34 所示。

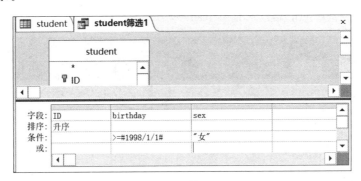

图 2-34　高级筛选的设置

（3）单击"高级"按钮并选择"应用筛选/排序"命令，显示结果如图 2-35 所示。

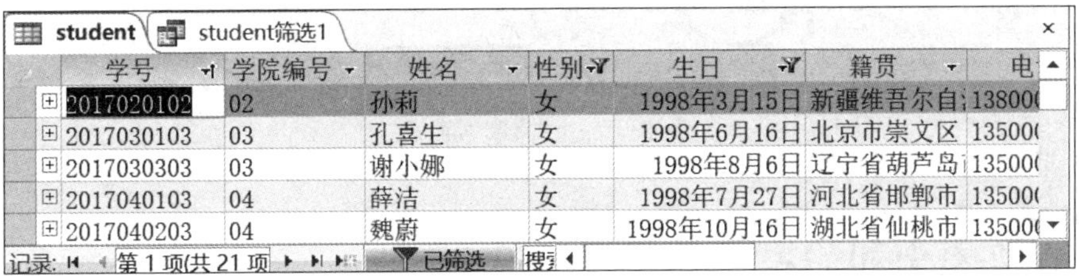

学号	学院编号	姓名	性别	生日	籍贯	电
2017020102	02	孙莉	女	1998年3月15日	新疆维吾尔自	138000
2017030103	03	孔喜生	女	1998年6月16日	北京市崇文区	135000
2017030303	03	谢小娜	女	1998年8月6日	辽宁省葫芦岛	135000
2017040103	04	薛洁	女	1998年7月27日	河北省邯郸市	135000
2017040203	04	魏蔚	女	1998年10月16日	湖北省仙桃市	135000

记录: ◄ 第1项(共21项) ► ►► ▼ 已筛选 搜

图 2-35　高级筛选的结果

说明：在高级筛选设置时，置于不同行的条件之间构成逻辑或的关系。

4）筛选器

筛选器是一种快速筛选方法，Access 对不同数据类型提供了多种筛选器，如"文本筛选器"适用于短文本和长文本字段，"数字筛选器"适用于数字型字段，"日期时间筛选器"适用于日期时间型字段。

【**例 2-13**】　使用筛选器查找学院代码是 01 和 04 的学生。

操作步骤如下：

（1）打开 student 表的数据表视图，将光标置于"学院编号"列，选择"开始"→"排序和筛选"→"筛选器"命令，弹出如图 2-36 所示的对话框。

（2）在下拉列表中选中值"01"和"04"。

图 2-36　文本筛选器

（3）单击"确定"按钮，显示结果。

3. 汇总

在数据表视图下可以进行记录的各类汇总，显示在数据表下方。方法是：选择"开始"→"记录"→∑命令，数据表窗口底端会增加"汇总"行，在某个字段下选择汇总方式即可，不同数据类型字段的汇总方式有所不同，如图 2-37 所示。

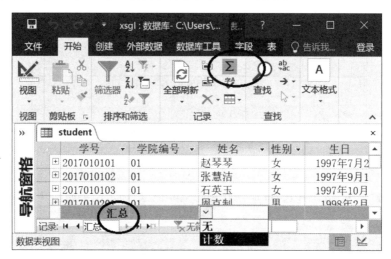

图 2-37　记录数据汇总

2.5　建立索引和关系

2.5.1　建立索引

索引就是按照数据表中某个关键字的值建立的排序。在数据库中，索引的作用如同书的目录，可以提高数据检索的速度。Access 可以基于单个或多个字段创建索引。通常对表中经常检索的字段、要排序的字段或在多表查询中作为连接条件的字段建立索引。

Access 支持的数据类型中，OLE 对象类型、附件类型、计算类型字段不能建立索引，其余类型字段均可以建立索引。

1. 索引的类别

1）主索引

Access 将表的主键自动设置为主索引，主键就是主索引。

2）唯一索引

该索引字段的值必须是唯一的，不能重复。在 Access 中，主索引只能有一个，但唯一索引可以有多个。

3）普通索引

该索引字段的值可以重复。

例如，在 student 表中，ID 字段被定义为主索引，在学生不存在重名的情况下，可以为 name 字段创建唯一索引，而 sex、birthday 等字段只能创建有重复值的普通索引。

以多个字段创建索引时，字段个数最多为 10 个。

2. 建立索引

单字段索引可以在表的设计视图下通过字段的"常规"→"索引"属性建立，多字段的索引（或称组合索引）必须在"索引设计器"对话框中建立。

【例 2-14】 在 student 表中按照 code 字段建立普通索引，按照 name 字段建立唯一索引。

操作步骤如下：

（1）打开 xsgl.accdb 数据库，打开 student 表的设计视图。

（2）选择 code 字段，设置字段的"索引"属性为"有（有重复）"，如图 2-38 所示。

图 2-38　设置 code 字段的"索引"属性

（3）采用同样的方法，设置 name 字段的"索引"属性为"有（无重复）"。

【例 2-15】 在 score 表中以 ID 和 C_code 两个字段建立组合索引，索引名为 PK。

操作步骤如下：

（1）打开 xsgl.accdb 数据库，打开 score 表。

（2）进入 score 表的设计视图，在"设计"选项卡下单击"索引"按钮，弹出索引设计器，如图 2-39 所示。

（3）在"索引名称"中输入定义的索引名 PK，在"字段名称"中依次选择 ID 字段和 C_code，排序次序均选择为"升序"。

（4）关闭索引设计器，即建立 ID 和 C_code 两个字段的组合索引，索引名为 PK。

图 2-39 索引设计器

2.5.2 建立表之间的关系及实施参照完整性

1. 表间关系的类型

表之间的关系是实体之间关系的反映。实体间的联系通常有 3 种,即"一对一""一对多"和"多对多",因此表之间的关系也分为 3 种。

1) 一对一关系

一对一关系是指 A 表中的一条记录仅对应 B 表中的一条记录,且 B 表中的一条记录也只对应 A 表中的一条记录。

两个表之间要建立一对一关系,两个表均需以关联字段建立主索引或唯一索引。

2) 一对多关系

一对多关系是指 A 表中的一条记录对应了 B 表中的多条记录,而 B 表中的一条记录只对应 A 表中的一条记录,A 称为主表,B 称为子表。

两个表之间要建立一对多关系,主表必须以关联字段建立索引或唯一索引,子表中要按照关联字段创建普通索引。

3) 多对多联系

多对多关系是指 A 表中的一条记录对应了 B 表中的多条记录,而 B 表中的一条记录也对应了 A 表中的多条记录。

关系型数据库管理系统不支持多对多关系,因此,在处理多对多的关系时需要将其转换为两个一对多的关系,即要找到一个连接表,两个多对多表与连接表之间均构成一对多关系,由此间接地建立多对多的关系。例如,在 xsgl 数据库中,student 和 course 表之间是多对多关系,因此利用 score 表作为中介,才能建立起多对多的关系。

2. 创建表间关系

表之间要建立关系,必须先建立相关索引,然后打开"关系"窗口,进行建立关系的操作。

打开"关系"窗口有以下两种方法:

(1) 选择"数据库工具"→"关系"→"关系"命令。

（2）选择"表格工具/表"选项卡中的"关系"组，单击"关系"按钮。

【例2-16】 为"xsgl. accdb"数据库的各表之间创建关系。

操作步骤如下：

（1）打开数据库xsgl. accdb，假设相关表已经按照关联字段创建了索引。

（2）打开"关系"窗口，右击从快捷菜单中选择"显示表"命令，打开"显示表"对话框，将5个表都添加到关系窗口中。

（3）将course表的C_code字段拖放到score表的C_code字段上，系统自动打开"编辑关系"对话框，如图2-40所示。

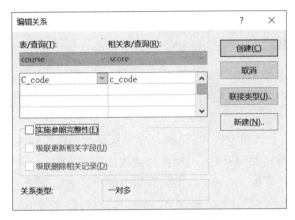

图2-40 "编辑关系"对话框

（4）在"编辑关系"对话框中，用户可以重新选择关联字段，单击"创建"按钮，创建关系完成。

（5）重复步骤（3）和（4），将表student与score按照ID字段建立关系。

（6）将表student与college按照code字段建立关系。

（7）将表college与major按照code字段建立关系。

（8）关闭关系窗口，保存数据库，完成表间关系的创建，如图2-41所示。

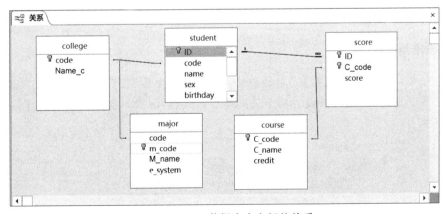

图2-41 xsgl数据库表之间的关系

3. 编辑表间关系

表之间创建关系后,可根据需要对关系进行修改,如更改关联字段、删除关系等。

1) 更改关联字段

打开"关系"窗口,右击关系连接线,选择"编辑关系"或直接双击关系连接线,打开"编辑关系"对话框,重新选择关联表和关联字段即可。

2) 删除关系

删除关系需要先关闭所有已打开的表,然后打开"关系"窗口,单击关系连接线,按Delete 键,或右击关系连线,在快捷菜单中选择"删除"命令删除关系。

4. 实施参照完整性

参照完整性是相关联的两个表之间的约束规则,当插入或修改、删除某个表中的数据时,系统会参照关联表中的数据使用规则约束当前表的操作,以保证关联表中数据的一致性和有效性。

具体说,如果实施了参照完整性,关联表之间将有下列操作约束。

(1) 当主表中没有相关记录时,不能将记录添加到子表中。

(2) 当子表中存在匹配的记录时,不能删除主表中的对应记录

(3) 当子表中有相关记录时,不能更改主表中的对应的主键值。

例如,在 course 表和 score 表之间建立了一对多的关系并实施参照完整性后,在score 表的 C_code 字段中不能输入 course 表中不存在的课程代码值,如果 score 表中存在与 course 表相匹配的记录,则不能从 course 表中删除这条记录,也不能更改 course 表中这个记录的课程代码的值。

实施参照完整性的方法是:首先在图 2-40 所示的对话框勾选"实施参照完整性"选项,之后可以激活此窗口中显示的两个实施选项,功能说明如下。

(1) 级联更新相关字段。当更改主表的某个主键值时,子表中匹配的记录均自动更新。

(2) 级联删除相关字段。删除主表的某条记录时,子表中匹配的记录均自动删除。

5. 连接类型

在图 2-40 所示的"编辑关系"对话框中单击"连接类型"按钮,弹出"连接属性"对话框,如图 2-42 所示,在此可以设置两个表的连接方式,对话框中各选项对应的连接方式说明见表 2-8。

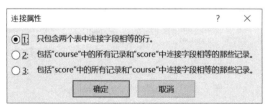

图 2-42　连接属性的设置

表 2-8   连接方式说明

选项	连接方式	说　　　　明
1	内部连接	连接结果中包含左右表中匹配连接条件的行
2	左连接	连接结果中包含左表中所有行及右表中匹配连接条件的行
3	右连接	连接结果中包含右表中所有行及左表中匹配连接条件的行

2.6   数据的导入导出

Access 的数据导入导出功能可实现与其他计算机应用系统之间的数据共享,例如,从其他文件中获取数据,或将 Access 数据表保存为其他格式的文件,以便在其他应用系统中使用。

2.6.1   数据导入

1. 导入数据

导入数据操作可选择选项卡"外部数据"→"导入并链接"组中的命令完成,如图 2-43所示。Access 可将多种数据类型的文件导入成数据表,例如,其他格式数据库文件、Excel 文件、TXT 文件、XML 文件等,单击"其他"按钮,可弹出更多 Access 支持的数据文件类型。导入数据时还可以选择多种导入方式,例如,只导入数据表结构、向某个现有的表追加记录等。

图 2-43   "导入并链接"命令组

【例 2-17】   将 Excel 工作簿"运动员表.xlsx"导入到数据库 xsgl.accdb 中。
操作步骤如下:
（1）打开 xsgl.accdb 数据库,选择"外部数据"→"导入并链接"→Excel,在弹出的"选择数据源和目标"对话框中选择"运动员表.xlsx"文件,选择导入方式为"将源数据导入当前数据库的新表中"。如图 2-44 所示,进入 Excel 文件导入向导。
（2）单击"下一步"按钮,选择工作簿中的一个要导入的工作表,本例的工作簿仅有一个工作表,将其选中。

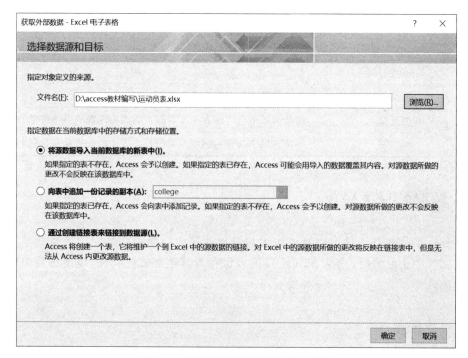

图 2-44 "选择数据源和目标"对话框

（3）单击"下一步"按钮，勾选"第一行包含列标题"选项，确定工作表的表头作为新建表的表结构，如图 2-45 所示。

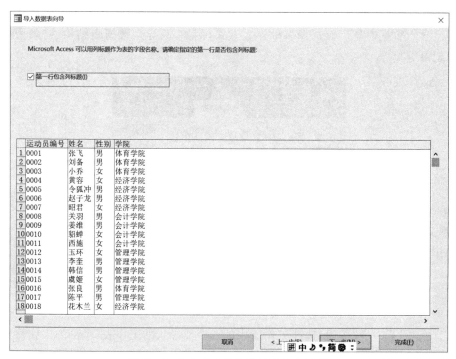

图 2-45 确定第一行作为新表的表结构

（4）单击"下一步"按钮，依次选中某些列并为其确定数据类型，如果选中某列时勾选了"不导入字段（跳过）"选项，则表示此字段不导入新建的表，如图 2-46 所示。

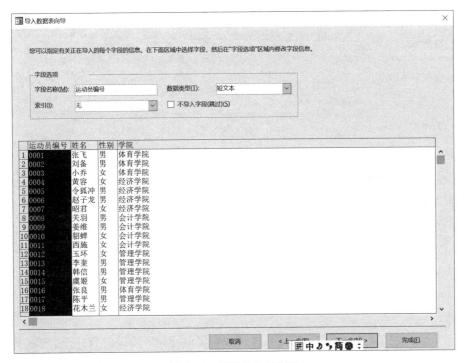

图 2-46　设置导入的字段

（5）单击"下一步"按钮，选择主键，也可以不设置主键。

（6）单击"确定"按钮，则在当前数据库中建立数据表——"运动员表"。

2. 链接数据

外部文件中的数据既可以导入到数据库中，也可以链接到数据库中。前者是将数据复制到当前数据库中，后者则是在数据库中建立外部文件的一个链接，当源文件被修改后，修改后的结果也会同步显示到目标文件中。

链接数据的方法是：在图 2-44 所示的对话框中选择"通过创建链接表来链接到数据源"选项，可将不同类型文件链接到当前数据库。

2.6.2　数据导出

数据导出可以将 Access 数据输出为其他格式的文件。导出数据要使用"外部数据"选项卡中"导出"组的操作命令，目标文件可以是另一个 Access 数据库、文本文件、Excel 文件等。

【例 2-18】　将 xsgl.accdb 数据库中的 course 表导出为一个 Excel 文件。

操作步骤如下：

（1）打开 xsgl.accdb 数据库，选中 course 表，选择"外部数据"→"导出"→Excel 命令，弹出"导出"对话框，如图 2-47 所示。

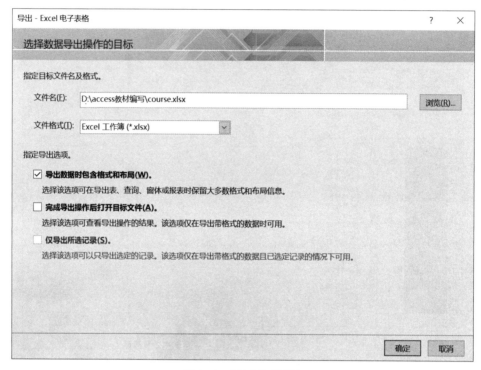

图 2-47　"导出"对话框

（2）将"文件格式"选为"Excel 工作簿（＊.xlsx）"，文件名定义为 course.xlsx，选择保存路径。

（3）勾选"导出数据时包含格式和布局"复选框，单击"确定"复选框，完成 course 表的导出。

2.7　数据表格式

数据表格式设置是指表的外观设计，包括设置行高、列宽、字体格式、隐藏和冻结字段等。

2.7.1　设置行高和列宽

Access 2016 中行高和列宽的设置分别通过在数据表视图的行选择区和字段标题区的快捷菜单实现。

【例 2-19】　在 student 表中，设置行高为 17.5，birthday 字段宽度为 16。

操作步骤如下：

（1）打开 xsgl.accdb 数据库，打开 student 表，进入该表的数据表视图。

（2）右击表左侧的行选定栏区域，在弹出的下拉菜单中选择"行高"命令，如图 2-48 所示。

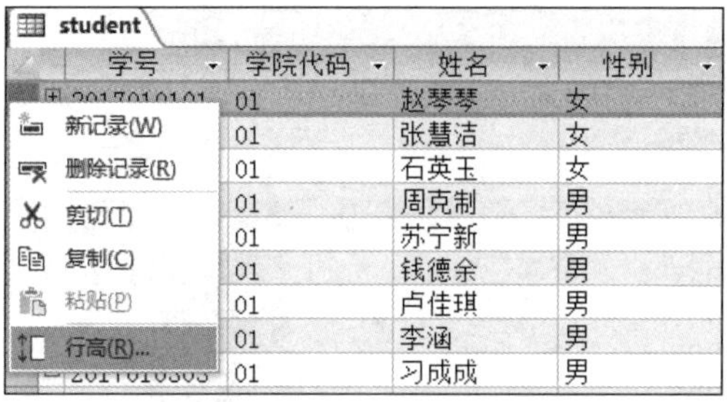

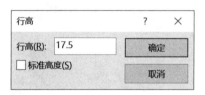

图 2-48　选择"行高"命令

（3）在弹出的"行高"对话框中输入要设置的行高数值 17.5，之后单击"确定"按钮，如图 2-49 所示。

图 2-49　设置"行高"

（4）在 birthday 字段标题上右击，在弹出的快捷菜单中选择"字段宽度"命令。

（5）在弹出的"列宽"对话框中输入列宽 16，单击"确定"按钮。

2.7.2　设置字体格式

Access 2016 中，字体的格式设置功能在"开始"选项卡下的"文本格式"组中实现，包括字体的格式、大小、颜色及对齐方式等按钮，如图 2-50 所示。

图 2-50　"文本格式"组

2.7.3　隐藏和冻结字段

字段的隐藏和冻结功能可通过在数据表视图的字段标题区的快捷菜单实现，方法是：在要隐藏或冻结的字段标题上右击，在弹出的快捷菜单中选择"隐藏字段"或"冻结字段"命令，如图 2-51 所示。

如果要隐藏或冻结相邻的多个字段，可同时选定多列数据，再进行隐藏或冻结操作。

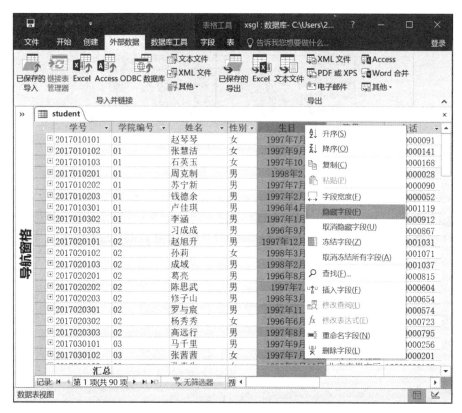

图 2-51　隐藏或冻结字段

如果要取消隐藏字段,将光标放在任一字段上右击,在弹出的快捷菜单中选择"取消隐藏字段"命令,之后在弹出的对话框中勾选需重新显示的字段名即可,如图 2-52 所示。

图 2-52　取消隐藏列

如果要取消冻结字段,可在已经冻结的字段标题上右击,在弹出的快捷菜单中选择"取消冻结所有字段"命令。

习题 2

说明：Access 2016 的数据类型中，"长文本"对应之前版本的"备注"类型，短文本对应之前版本的"文本"类型。

一、选择题

1. 在 Access 数据库中，为了保持表之间的关系，要求在子表中添加记录时，如果主表中没有与之相关的记录，则不能在子表中添加该记录，为此需要定义的是（　　）。

    A. 输入掩码　　　　B. 有效性规则　　　　C. 默认值　　　　　D. 参照完整性

2. 在 Access 数据库中可以定义"格式"属性的字段类型包括（　　）。

    A. 日期/时间、是/否、备注、数字

    B. 自动编号、文本、备注、OLE 对象

    C. 文本、货币、超级链接、查阅向导

    D. 日期/时间、是/否、OLE 对象、数字

3. 在建好的数据表中，若显示表中内容时，要使某些字段一直显示而不移动，可以使用的方法是（　　）。

    A. 排序　　　　　　B. 筛选　　　　　　　C. 隐藏　　　　　　D. 冻结

4. 邮政编码是由 6 位数字组成的字符串，为邮政编码设置输入掩码，正确的是（　　）。

    A. 000000　　　　　B. 999999　　　　　　C. CCCCCC　　　　　D. LLLLLL

5. 能够使用"输入掩码向导"创建输入掩码的数据类型是（　　）。

    A. 文本和货币　　　　　　　　　　B. 数字和文本

    C. 文本和日期/时间　　　　　　　D. 数字和日期/时间

6. 要求主表中没有相关记录时就不能将记录添加到相关表中，则应该在表关系中设置（　　）。

    A. 参照完整性　　　　　　　　　　B. 有效性规则

    C. 输入掩码　　　　　　　　　　　D. 级联更新相关字段

7. 下列关于 OLE 对象的叙述中，正确的是（　　）。

    A. 用于输入文本数据

    B. 用于处理超级链接数据

    C. 用于生成自动编号数据

    D. 用于链接或内嵌 Windows 支持的对象

8. 下列关于字段属性的说法中，错误的是（　　）。

    A. 选择不同字段类型，窗口下方"字段属性"选项区域中显示的属性表是相同的

    B. "必需"属性可用来设置该字段是否一定要输入数据，该属性只有"是"和"否"两种选择

    C. 一个数据表最多可以设置一个主键，但可以设置多个索引

D. "允许空字符串"属性可用来设置该字段是否可接受空字符串,该属性只有"是"和"否"两种选择

9. 不能进行索引的字段类型是(　　)。

    A. OLE 对象　　　　　B. 数值　　　　　　C. 字符　　　　　　D. 日期

10. 如果在创建表中建立字段"性别",并要求用汉字表示,其数据类型应当是(　　)。

    A. 是/否　　　　　　B. 数字　　　　　　C. 短文本　　　　　D. 备注

11. 字段的验证规则主要用于(　　)。

    A. 限定数据的类型　　　　　　　　B. 限定数据的格式

    C. 限定数据不能为空　　　　　　　D. 限定数据的取值范围

12. 设计数据表时,如果要求"成绩"字段的范围为 0～100,则应该设置的字段属性是(　　)。

    A. 默认值　　　　　　　　　　　B. 输入掩码

    C. 参照完整性　　　　　　　　　D. 验证规则

13. 在已经建立的"工资库"中,要在表中直接显示想看的记录为姓"李"的记录,可用(　　)方法。

    A. 排序　　　　　　B. 筛选　　　　　　C. 隐藏　　　　　　D. 冻结

14. 在一个单位的人事数据库,字段"简历"的数据类型应当为(　　)。

    A. 短文本型　　　　B. 数字型　　　　　C. 日期/时间型　　　D. 长文本型

15. 下面关于 Access 表的叙述中,错误的是(　　)。

    A. 在 Access 表中,不能对长文本型字段进行"验证规则"属性设置

    B. 删除表中含有自动编号型字段的一条记录后,Access 不会对表中自动编号型字段重新编号

    C. 创建表之间的关系时,应首先创建索引

    D. 可在 Access 表的设计视图"说明"列中对字段进行具体说明

16. 在数据库中,建立索引的主要作用是(　　)。

    A. 节省存储空间　　　　　　　　B. 提高查询速度

    C. 便于管理　　　　　　　　　　D. 防止数据丢失

17. 在 Access 数据库的表设计视图中,不能进行的操作是(　　)。

    A. 修改字段类型　　　　　　　　B. 设置索引

    C. 增加字段　　　　　　　　　　D. 删除记录

18. 在 Access 的数据表中删除一条记录,被删除的记录(　　)。

    A. 不能恢复　　　　　　　　　　B. 可恢复为第一条记录

    C. 恢复为最后一条记录　　　　　　D. 可恢复到原来设置

19. "教学管理"数据库中有学生表、课程表和选课表,为了有效地反映这 3 张表中数据之间的联系,在创建数据库时应设置(　　)。

    A. 索引　　　　　　B. 默认值　　　　　C. 验证规则　　　　D. 表之间的关系

20. 将文本文件"工资表.txt"的数据复制到 Access 建立的"工资库"数据库中,并可以在数据库中修改,最简便的方法是(　　)。

A. 导入成数据表　　　　　　B. 建立链接表

C. 建立新表并输入数据　　　D. 无方法

二、填空题

1. 字段名的最大长度为_____个字符。

2. 某学校学生的学号由 9 位数字组成,其中不能包含空格,则学号字段正确的输入掩码是_____。

3. 短文本字段存储的字符长度最大为_____。

4. 表的组成包括_____和_____。

5. Access 2016 提供了两种字段数据类型保存文本或文本和数字组合的数据,这两种数据类型是_____和_____。

6. 要建立两表之间的关系,条件是两表具有_____。

7. 输入掩码主要控制字段的_____格式,而格式属性主要控制字段的_____格式。

8. 如果一个表中没有字段或字段组合能够定义为主键,可以增加一个_____字段作为主键。

9. 是否类型字段的取值有_____个。

10. 计算型字段是存储一个表达式的值,表达式中可以引用_____中的字段,并可以随所引用字段值的改变_____。

11. 附件类型字段可以附加_____个不同类型的文件。

12. 设置了字段的查阅属性,则可以利用_____形式输入字段值。

13. 数值型数据类型包含有_____种子类型,其中属于整数类型的有_____、_____、_____。

14. 创建多字段索引必须通过表的_____对话框完成。

15. 在 Access 中,主索引只能有_____个,但唯一索引可以有_____个。

三、思考题

1. Access 2016 中有哪几种创建表的方法?

2. 为什么要建立表间关系? 表之间有哪几种关系?

3. 如何定义表的主键?

4. Access 2016 数据库字段的类型有哪几种?

5. 如何对记录进行排序?

6. 冻结列的作用是什么? 如何冻结列?

实验 2-1　创建数据库

实验目的

(1) 熟悉 Access 工作界面。

(2) 掌握在 Access 2016 中创建数据库的方法,包括创建空白数据库和利用模板创建数据库。

实验内容

(1) 操作 Access 工作界面,查看各选项卡的内容。

(2) 创建空数据库,建立 cpxsgl.accdb 数据库,并将建好的数据库文件保存在 access 文件夹中。

(3) 使用模板创建数据库,利用模板创建联系人 Web 数据库.accdb 数据库,保存在 access 文件夹中。

(4) 打开数据库,以独占方式打开 cpxsgl.accdb 数据库。

(5) 关闭数据库,关闭打开的 cpxsgl.accdb 数据库。

实验 2-2 创建数据表

实验目的

(1) 掌握在 Access 2016 中使用设计视图和数据表视图创建数据表的方法。

(2) 掌握设置字段属性(包括标题、验证规则、默认值、显示格式、输入掩码等)的方法。

(3) 掌握输入不同类型数据的方法。

实验内容

(1) 在 cpxsgl.accdb 数据库中创建 5 个表,可使用设计视图和数据表视图。表结构见表 2-9~表 2-13。

表 2-9 客户表结构说明(存放客户的基本信息)

字段名	数据类型	字段大小	字段说明
客户 ID	短文本	10	主键
公司名称	短文本	40	
地址	短文本	50	
城市	短文本	15	
地区	短文本	6	
电话	短文本	14	
客户资料	附件		字段标题属性:客户资料

表 2-10　雇员表结构说明(存放雇员的基本信息)

字段名	数据类型	字段大小	字段说明
雇员 ID	数字	字节型	主键
姓名	短文本	10	
性别	短文本	1	
婚否	是/否		
出生日期	日期时间		
雇佣日期	日期时间		
电话	短文本	11	
备注	长文本		
照片	OLE		

表 2-11　产品表结构说明(存放产品的基本信息)

字段名	数据类型	字段大小	字段说明
产品 ID	短文本	6	主键
产品名称	短文本	10	
包装单位	短文本	4	
规格	数字	单精度	
计量单位	短文本	4	
内装数量	数字	字节型	
单价	数字	单精度	
单件价	计算型	单价/内装数量	输入表达式:[单价]/[内装数量]

表 2-12　订单表结构说明(存放订单的基本信息)

字段名	数据类型	字段大小	字段说明
订单 ID	短文本	10	主键
客户 ID	短文本	10	
雇员 ID	数字	字节型	
订购日期	日期时间		
发货日期	日期时间		

表 2-13　订单明细表结构说明(存放订单的明细信息)

字段名	数据类型	字段大小	字段说明
序号	自动编号		主键
订单 ID	短文本	10	
产品 ID	短文本	6	
数量	数字	整型	
折扣	数字	单精度	

(2) 按照表结构中的说明为每个表设置主键。

(3) 打开产品表的设计视图:

① 将字段“包装单位”的“查阅”选项卡的“显示控件”属性设置为“组合框”。

② 将“行来源类型”设置为“值列表”。

③ 将“行来源”设置为:"箱";"袋"(注意各个标点符号都必须是英文标点符号)。

④ 将“单件价”字段的属性“结果类型”设置为“单精度型”,“格式”设置为“固定”,“小数位数”设置为 2。

(4) 打开订单表的设计视图:

① 将“订购日期”和“发货日期”字段的“格式”属性均设置为“长日期”。

② 将“订购日期”字段的默认值设置为系统日期“date()”。

③ 选择“表格工具”→“设计”→“显示/隐藏”→“属性表”命令,打开表的属性表。在“验证规则”属性中输入“[订购日期]<[发货日期]”,在“验证文本”属性中输入“输入错误,请重新输入”

(5) 打开订单明细表的设计视图:

① 选定“折扣”字段,将“验证规则”属性设置为“>0 and <1”,“验证文本”属性设置为“输入有误!”,“默认值”属性设置为 0。

② 将“数量”字段的“标题”属性设置为“订购数量”。

(6) 打开雇员表的设计视图:

① 将其“电话”字段的输入掩码设置为 00000000000。

② 选定“性别”字段,将“验证规则”属性设置为:“男”or“女”,“验证文本”属性设置为“输入有误!”。

(7) 在 5 个表中输入数据,如图 2-53～图 2-57 所示。

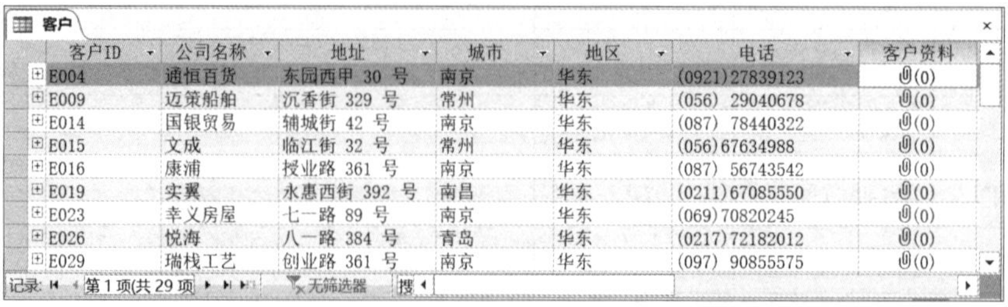

客户ID	公司名称	地址	城市	地区	电话	客户资料
E004	通恒百货	东园西甲 30 号	南京	华东	(0921)27839123	(0)
E009	迈策船舶	沉香街 329 号	常州	华东	(056) 29040678	(0)
E014	国银贸易	辅城街 42 号	南京	华东	(087) 78440322	(0)
E015	文成	临江街 32 号	常州	华东	(056)67634988	(0)
E016	康浦	授业路 361 号	南京	华东	(087) 56743542	(0)
E019	实翼	永惠西街 392 号	南昌	华东	(0211)67085550	(0)
E023	幸义房屋	七一路 89 号	南京	华东	(069)70820245	(0)
E026	悦海	八一路 384 号	青岛	华东	(0217)72182012	(0)
E029	瑞栈工艺	创业路 361 号	南京	华东	(097) 90855575	(0)

记录: 第1项(共29项)　无筛选器　搜索

图 2-53　客户表

图 2-54　产品表

产品ID	产品名称	包装单位	规格	计量单位	内装数量	单价	单件价
1_1	苹果汁	箱	1.2	l	24	65.00	2.71
1_10	绿茶	箱	250	ml	24	80.00	3.33
1_11	运动饮料	箱	350	ml	12	90.00	7.50
1_12	柳橙汁	箱	1	l	12	100.00	8.33
1_17	柠檬汁	箱	200	ml	24	35.00	1.46
1_8	沙茶	箱	200	ml	24	50.00	2.08
2_13	蚝油	箱	400	ml	12	80.00	6.67
2_14	海鲜酱	箱	100	ml	24	40.00	1.67
2_15	甜辣酱	箱	100	ml	24	43.90	1.83
2_16	海苔酱	箱	100	ml	24	31.05	1.29

记录: ᴴ ◀ 第 11 项(共 18 I ▶ ᴴ ▶*　　無筛选器　搜 ◀

图 2-55　雇员表

雇员ID	姓名	性别	婚否	出生日期	雇佣日期	电话	备注	照片
1	王颖	女	☐	1977/2/24	2000/7/18	13589077657	获北京大学心理学学	图片
2	李伟	男	☑	1970/5/8	2000/10/31	13166677881	获南京大学商业学士	图片
3	赵芳	女	☐	1981/11/16	2007/6/18	13922408899	获北京学院化学学士	
4	徐建杰	男	☑	1976/12/6	2001/7/20	13689994426	持有外国语学院英国	
5	刘军	男	☑	1973/5/21	2002/1/3	13723316743	毕业于复旦大学，获	图片
6	林琦	男	☑	1975/9/18	2002/1/3	13891016666	是交通大学（经济学	
7	苏士鹏	男	☑	1968/8/15	2002/3/21	13501011777	在完成他在交通大学	
8	张英玫	女	☐	1987/3/28	2012/5/22	13396555216	获得北京大学心理学	
9	程雪眉	女	☐	1977/9/18	2003/2/1	13044430558	获得科技大学英语学	

记录: ᴴ ◀ 第 9 项(共 9 项) ▶ ᴴ ▶*　　無筛选器　搜 ◀

图 2-55　雇员表

图 2-56　订单表

订单ID	客户ID	雇员ID	订购日期	发货日期
10248	N001	5	2010/3/13	2010/3/25
10249	N002	6	2010/3/14	2010/3/19
10267	S003	4	2010/4/7	2010/4/15
10268	E004	8	2010/4/8	2010/4/11
10269	N005	5	2010/4/9	2010/4/18
10270	N006	1	2010/4/10	2010/4/11
10271	S007	6	2010/4/10	2010/5/9
10272	S008	6	2010/4/11	2010/4/15
10273	E009	3	2010/4/14	2010/4/21

记录: ᴴ ◀ 第 12 项(共 83 I ▶ ᴴ ▶*　　無筛选器　搜 ◀

图 2-56　订单表

图 2-57　订单明细表

序号	订单ID	产品ID	数量	折扣
1	10248	2_4	12	0
2	10248	2_5	10	0
3	10248	2_2	5	0
4	10249	1_1	9	0
5	10249	1_8	40	0
6	10267	1_10	50	0
7	10267	1_11	70	0.15
8	10267	1_12	15	0.15
9	10268	2_13	10	0
10	10268	2_14	4	0

图 2-57　订单明细表

提示：OLE 类型数据输入，在单元格右击，选择"插入对象"命令。

附件类型输入，在单元格右击，选择"管理附件"命令。

实验 2-3　创建索引和关系

实验目的

(1) 掌握建立索引、建立表之间的关系、设置参照完整性的方法。

(2) 学会导入和导出数据表的数据。

(3) 掌握在数据表视图下对数据进行排序、筛选、汇总的方法。

实验内容

(1) 为客户表建立索引如下。

① 按照"地区"字段建立升序、有重复索引。

② 先按照"地区"升序排列，再按照"城市"降序排列，建立索引，索引名称为 DC。

(2) 为订单表建立索引如下。

① 按照"雇员 ID"字段建立升序、有重复索引。

② 先按照"客户 ID"升序排列，再按照"订货日期"升序排列，建立索引，索引名称为 ku_dhrq。

(3) 为订单明细表建立索引如下。

① 按照"产品 ID"字段建立升序、有重复索引。

② 按照"订单 ID"字段建立升序、有重复索引。

(4) 为数据库表建立关系并实施参照完整性。

① 将客户表与订单表按照"客户 ID"建立关系。

② 将雇员表与订单表按照"雇员 ID"建立关系。

③ 将订单表与订单明细表按照"订单 ID"建立关系。

④ 将产品表与订单明细表按照"产品 ID"建立关系。

⑤ 4 个关系均实施参照完整性。

(5) 数据导入和导出。

① 将雇员表导出为 Excel 文件，文件名为 gy.xlsx。

② 将 gy.xlsx 导入到 cpxsgl 数据库，仅导入"姓名""性别""出生日期"3 个字段，表名为"雇员基本信息"。

③ 将产品表导出为 .pdf 文件，文件名为 cp.pdf，将客户表导出为文本文件，文件名为 kh.txt，数据源第一行为字段名，数据项之间用分号分隔。

④ 将文件 kh.txt 以链接方式加入到数据库 cpxsgl，数据源第一行为字段名，链接表名为 kh2。

(6) 记录排序、筛选和汇总。

使用数据表视图的排序、筛选和汇总功能完成：

① 对雇员表按照"雇员 ID"统计人数,并显示"雇佣日期"字段的最小值。

② 对产品表的记录,按照"单价"降序排列。

③ 对客户表,筛选出"华北"地区的客户记录。

④ 对订单表记录,先按照"客户 ID"升序排列,再按照"订购日期"降序排列。

⑤ 在订单明细表中,查找产品 ID 为"1-1"的产品订购记录。

第3章 查 询

学习目标

（1）掌握查询的概念、使用查询向导和查询设计视图创建查询的方法。

（2）掌握 Access 的运算法则及表达式的构建方法。

（3）掌握各类常用函数的使用方法。

（4）掌握创建选择查询和利用查询对象实现统计计算的方法。

（5）掌握参数查询、交叉表查询、操作查询的创建。

查询是 Access 处理和分析数据的主要工具，它能够按照查询规则抽取多个数据库表中的数据，供用户查看、统计、分析和操作。在日常工作中，查询是数据库终端用户最常用的对象。本章将详细介绍查询的概念、功能及各类查询的创建和使用方法。

3.1 查询概述

3.1.1 查询对象的特点

查询对象的主要功能是根据用户给定的条件对表或其他查询进行检索，筛选出符合条件的记录，构成一个新的记录集合，从而便于用户对数据进行查看和分析。在 Access中，查询对象具有合并显示不同表中的数据、统计计算、添加记录、修改记录和删除记录等功能。查询还可作为窗体、报表等其他 Access 对象的数据源。

运行查询对象是 Access 系统按照查询的条件从数据表中提取数据的过程。尽管查询运行后以数据表的形式显示结果，但二者有本质的不同，表是存储原始数据的对象，而查询并不存储原始数据，仅保存数据获取的方法和条件，即操作数据的命令。查询对象每次运行时都按照其定义的规则从数据源提取数据，保证了与数据源的同步。

3.1.2 查询的类型

查询可从不同角度进行分类。如果以是否更改数据源的数据为标准，查询可以分成选择查询和操作查询。

1. 选择查询

选择查询是根据查询准则从一个或多个表中获取数据并显示结果，可对记录进行分组、总计、计数、平均值等运算。选择查询不会改变数据源。

选择查询按照创建方法、条件表达方式的不同又分为一般的选择查询、交叉表查询、参数查询、SQL 查询。

(1) 参数查询可以在运行时让用户利用输入查询条件,增加了查询的灵活性。

(2) 交叉表查询实现对数据表的行和列数据进行统计计算,提供了独特的数据概括形式,供用户分析使用。

(3) SQL 查询是直接使用 SQL 建立的查询,某些复杂查询若无法用 Access 的查询设计器创建,就必须使用 SQL 创建。

2. 操作查询

操作查询不仅可以获取数据,还可以对数据进行修改、更新。操作查询有 4 种:生成表查询、删除查询、更新查询和追加查询。

(1) 生成表查询将查询的记录集保存成一个新表。

(2) 删除查询用来删除表中的记录。

(3) 更新查询可以对表中的记录进行批量修改。

(4) 追加查询则是将某个表中符合条件的记录添加到另一个表中。

操作查询也可以是参数查询,在执行时输入条件参数。

3.1.3 查询视图

Access 系统提供了 3 种主要的查询视图,用户在查询对象的设计过程中,可以在几种视图中切换,以便随时查看运行结果、返回设计器界面、进行其他数据分析。3 种视图名称及功能说明如下。

(1) 设计视图:用来编辑、修改各类查询。

(2) 数据表视图:显示查询对象运行结果。

(3) SQL 视图:显示查询对象对应的 SQL 命令。在此视图下可直接输入和修改 SQl 命令。

3.2 运算符、表达式和函数

设置查询条件是创建查询对象的重要内容,查询条件的表达式由运算符和操作数组合而成,其中,运算符包括算术运算符、关系运算符、逻辑运算符等,操作数包括各类常量、变量、函数等。查询条件是一个逻辑表达式,其运算结果为"真"或"假"。运行查询时,将对每一条记录计算条件表达式的值,以决定记录是否包含在查询的结果记录集中。

3.2.1 常量

Access 系统中有 4 种常量:数值型常量、字符型常量、日期型常量和逻辑型常量。4 种常量在表达式中的表示方法如下:

（1）数值型常量。直接输入数值，如 76，－138.56，2e－3 等。

（2）字符型常量。以英文单或双引号界定，如'数据库'，"计算机"。

（3）日期型常量。用符号♯界定，如♯2019-8-31♯。

（4）逻辑型常量。Yes、No、True、False、On、Off、－1、0。其中 Yes、True、On、－1 表示"真"，No、False、Off、0 表示"假"。

3.2.2 运算符

1. 算术运算符

算术运算符的操作数为数字型数据，其运算结果也是数字型。表 3-1 列举了 Access 的算术运算符及其功能。

算术运算符的运算优先级依次为：括号，乘方（^），乘除（＊、/），整除和模运算（\、mod），加减（＋、－）。

表 3-1　Access 的算术运算符及其功能

运算符	功　能	表达式示例	结　果
^	乘方	2^3	8
＊	乘法	3＊4	12
/	除法	5/2	2.5
\	整除(不四舍五入)	－5\2	－2
mod	求余	－5 mod 2	结果为－1，余数与被除数符号相同
＋	加法	5＋2	7
－	减法	5－2	3

2. 关系运算符

关系运算符用于各类数据的比较。Access 中，数值型、短文本、长文本、日期型、逻辑型数据均可以进行关系运算。关系运算的结果为逻辑型。

Access 的关系运算符及其功能见表 3-2。

表 3-2　Access 的关系运算符及其功能

运算符	功　能	表达式示例	含　义
＜	小于	＜100	小于 100
＜＝	小于或等于	＜＝100	小于或等于 100
＞	大于	＞♯2019-12-8♯	大于 2019 年 12 月 8 日
＞＝	大于或等于	＞＝"山东省"	大于或等于"山东省"

续表

运算符	功　能	表达式示例	含　义
=	等于	＝"优"	等于"优"
<>	不等于	<>"男"	不等于"男"
Between…and	介于两值之间	Between 10 and 20	在 10 和 20 之间,包含 10 和 20
In	在一组值中	In("优","良","中","及格")	字符串"优""良""中"和"及格"中的一个
Is Null	字段为空	姓名 Is Null	"姓名"字段为空
Is Not Null	字段非空	姓名 Is Not Null	"姓名"字段不为空
Like	匹配模式	姓名　Like "王＊"	"姓名"字段以"王"开头

Access 的通配符见表 3-3。

表 3-3　Access 的通配符

符号	功　能	举　例	含　义
?	匹配任意一个合法字符	Like "李?"	以"李"开头、后有一个字符的字符串
*	匹配任意多个合法字符	Like "＊玉＊"	包含"玉"的字符串
#	匹配任意一个数字	Like "＊＃＃"	末尾是两个数字的字符串
[]	匹配集合中的任意一个字符	Like "＊[玉,雨,渔]＊"	包含"玉""雨""渔"三者之一的字符串
[!]	匹配不在集合中的任意字符	Likc "＊[!玉,雨,渔]＊"	不包含"玉""雨""渔"任何一个的字符串

3. 逻辑运算符

逻辑运算符常用于复杂条件的表达,其运算操作数和运算结果均为逻辑型。

逻辑运算符的优先级依次为:括号,非(Not),与(And),或(Or),见表 3-4。

表 3-4　逻辑运算符

运算符	功　能	举　例	含　义
Not	逻辑"非"	Not Like "李＊"	不以"李"开头的字符串
And	逻辑"与"	>=100 And <=200	在 100 和 200 之间
Or	逻辑"或"	<10 Or >20	小于 10 或者大于 20

4. 连接运算符

连接运算符用于字符串类型数据的运算,见表 3-5。

表 3-5　连接运算符

运算符	功　能	举　例	结　果
＋	连接字符串	"中国"＋"北京"	"中国北京"
＆	连接字符串或数字串	"中国"＆999	"中国 999"

连接运算符"＋"和"＆"的差异在于,"＋"号要求两边必须是字符型数据,"＆"号两边的操作数可以是字符型,也可以是其他类型,连接后得到新字符串。

5. 日期运算符

日期运算符用于日期类型数据的运算,主要是时间间隔相关的运算,见表 3-6。

表 3-6　日期运算符

运算符	功　能	举　例	结　果
＋	计算一段时间后的日期	♯2019-01-01♯＋10	2019-01-11
－	计算一段时间前的日期或两个日期的间隔天数	♯2019-01-01♯-10 ♯2019-01-10♯-♯2018-12-20♯	2018-12-22 21

说明:两个日期型数据不能相加。

6. 运算优先级规则

当表达式中有不同类别的运算符时,运算优先级依次为:函数运算、算术运算符、连接运算符/日期运算符、关系运算符、逻辑运算符。同类运算符按照其各自的优先级运算。

3.2.3　函数

Access 系统提供了多种内置标准函数,完成不同功能的运算。函数类型包括数学函数、字符函数、日期/时间函数和统计函数等。函数常用于构造查询规则和进行各种统计计算。

1. 常用的数学函数

(1)绝对值函数:Abs(＜数值表达式＞)
功能:返回＜数值表达式＞的绝对值。
举例:Abs(−3)的返回值为 3。
(2)向下取整函数:Int(＜数值表达式＞)
功能:返回不大于＜数值表达式＞的整数,参数为负值时,返回小于或等于参数值的第一个负数。
举例:Int(3.14)的返回值为 3,Int(−3.14)的返回值为−4。

（3）取整函数：Fix(＜数值表达式＞)

功能：返回＜数值表达式＞的整数部分，参数为负值时，返回大于或等于参数值的第一个负数。

举例：Fix(3.14) 的返回值为 3，Fix(−3.14) 的返回值为 −3。

（4）舍入函数 Round(＜数值表达式 1＞[，＜数值表达式 2＞])

功能：按照指定的小数位数对＜数值表达式 1＞进行四舍五入运算。＜数值表达式 2＞是保留小数点的位数，省略表达式 2 时，默认保留整数。

举例：Round(3.258,1) 的返回值为 3.3，Round(3.754) 的返回值为 4。

（5）随机函数 Rnd

功能：返回一个 0 到 1 的随机数值。

举例：Rnd 返回 0 到 1 的随机小数，Int(Rnd ∗ 100) 返回 0 到 100 的随机整数。

（6）开平方函数 Sqr(＜数值表达式＞)

功能：计算＜数值表达式＞的平方根。

举例：Sqr(9) 的返回值为 3。

2. 字符串函数

（1）字符串长度检测函数 Len(＜字符表达式＞)

功能：返回字符串所含字符数。

举例：Len("12345") 的返回值是 5，Len(“考试中心”) 的返回值是 4。

（2）字符串截取函数 Left(＜字符表达式＞,＜n＞)

功能：返回字符串表达式左边起截取的 n 个字符。

举例：Left(“中国 China”,2) 的返回值是“中国”。

（3）字符串截取函数 Right(＜字符表达式＞,＜n＞)

功能：返回字符串表达式右边起截取的 n 个字符。

举例：Right("中国 China",2) 的返回值是“na”。

（4）字符串截取函数 Mid(＜字符表达式＞,＜n1＞,[＜n2＞])

功能：从字符串表达式左边第 n1 个字符起截取 n2 个字符，省略 n2 时，截取至字符串末尾。

举例：Mid("中国 China",3,2) 的返回值是“Ch”。

（5）大小写转换函数 Ucase(＜字符表达式＞)和 Lcase(＜字符表达式＞)

功能：将字符串中的小写字母转换成大写字母或将字符串中的大写字母转换成小写字母。

举例：Ucase("hello") 的返回值为“HELLO”，Lcase("SUN") 的返回值为“sun”。

3. 日期时间函数

（1）Now()函数

功能：返回当前计算机系统设置的完整日期和时间，包括年、月、日、小时、分、秒。

举例：Now()返回格式如“yyyy/mm/dd hh:nn:ss”的当前日期和时间。

（2）Date()函数

功能：返回当前计算机系统设置的日期。

举例：Date()返回格式如"yyyy/mm/dd"的当前日期。

（3）Time()函数

功能：返回当前计算机系统时间。

举例：Time()返回，格式如"hh:nn:ss"的当前计算机系统时间。

（4）CDate(<字符表达式>)函数

功能：将字符串转化成为日期，如字符串不是正确的日期表达式，则系统提示出错。

举例：CDate("2018/4/5")的返回值为对应字符串的日期型数据。

（5）Year(<日期表达式>)函数

功能：返回日期表达式中表示年份的整数。

举例：Year("00-6-15")返回整数 2000，Year(♯00-6-15♯＋300)返回整数 2001。

说明：返回值为数值型数据。

（6）Month(<日期表达式>)

功能：返回日期表达式中表示月份的整数，其值为 1～12。

举例：Month("00-6-15")的返回值为 6。

（7）Weekday(<日期表达式>)

功能：返回日期表达式对应的日期数值，星期日至星期六分别对应整数 1～7。

举例：Weekday("2019-6-15")的返回值为 7，也就是星期六。

4. 聚合函数

聚合函数用在 SQL 语句中，实现对表中的字段或表达式进行各类统计运算。

（1）平均值函数 Avg(<数值表达式>)

功能：求一组记录内的某个数值型字段或数值表达式的平均值。

举例：Avg(<score>) 返回 score 字段的平均值。

（2）计数函数 Count(字段名/＊)

功能：统计字段值不为 Null 的记录条数。

举例：Count(<name>)返回 name 字段的值不是 Null 的记录条数，Count(＊)返回总记录数。

（3）最小值函数 Min(<表达式>)和最大值函数 Max(<表达式>)

功能：Min、Max 函数返回一组记录中表达式的最小值和最大值。

举例：Min(score) 返回 score 字段的最小值，Max(birthday)返回 birthday 字段的最大值。

（4）求和函数 Sum(<数值表达式>)

功能：返回一组记录中某个数值型表达式或字段的合计。

举例：Sum(<score>) 返回多条记录的 score 字段的和。

（5）First(<表达式>)和 Last(<表达式>)函数

功能：First(表达式)返回查询所得结果集的第一条记录的表达式值，Last(表达式)

返回最后一条记录的表达式值。

举例：First(name)返回查询结果集中第一条记录的name字段值。

5. 域聚合函数

Access支持两种类型的聚合函数：域聚合函数和SQL聚合函数。两者具有相似的功能,但用于不同的场合并且函数格式不同。SQL聚合函数可以在SQL语句的语法中使用,但不能直接在VBA代码中调用,而域聚合函数可以直接在VBA代码中调用。域是指某个记录集,可以是数据表或查询等。

（1）DCount函数

格式：DCount(<表达式>,<域>[,<条件>])

功能：返回特定域中符合条件的记录数。

举例：DCount("ID","student","code='01'"),返回student表中字段code值为"01"的记录数。

（2）DAvg函数

格式：DAvg(<数值表达式>,<域>[,<条件>])

功能：返回特定域中<数值表达式>的平均值,只统计符合筛选条件的记录。

举例：DAvg("score","score","ID='2017010101'"),返回score表中ID字段值为"2017010101"的记录的score字段平均值。

（3）DSum函数

格式：DSum(<数值表达式>,<域>[,<条件>])

功能：返回特定域中<数值表达式>的和,只统计符合筛选条件的记录。

举例：Dsum("score","score","ID='2017010101'"),返回score表中ID字段值为"2017010101"的记录的score字段总计值。

（4）DMax|Dmin函数

格式：DMax|Dmin(<数值表达式>,<域>[,<条件>])

功能：返回特定域中<数值表达式>的最大|最小值,只统计符合筛选条件的记录。

举例：Dmin("score","score","ID='2017010101'"),返回score表中ID字段值为"2017010101"的记录的score字段最小值。

（5）DLookup函数

格式：DLookup(<表达式>,<域>[,<条件>])

功能：返回特定域中符合条件的<表达式>的值。

举例：DLookup("name","student","ID='2018020101'"),返回student表中学号字段为"2018020101"的学生姓名。

6. 逻辑判断函数

Iif函数的格式及功能如下。

格式：Iif(<条件表达式>,表达式1><表达式2>)

功能：<条件表达式>值为true时,返回<表达式1>的值,反之返回<表达式2>

的值。

举例：Lif(score＞＝90,"优秀","一般")。

3.3 创建选择查询

选择查询是最常用的查询,它按照查询规则从一个或多个表中抽取数据,以二维表的形式输出结果,并可以设置数据的分组、统计和排序方式。创建选择查询可以使用查询向导或设计视图实现。

3.3.1 使用查询向导

Access 提供了 4 种查询向导,用户可利用它们快速建立查询。选择"创建"→"查询"→"查询向导",打开"新建查询"对话框,如图 3-1 所示。

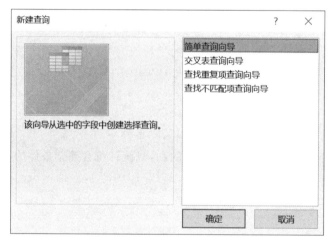

图 3-1 "新建查询"对话框

1. 简单查询向导

简单查询向导可帮助用户快速建立查询,但不能设置查询规则和排序方法。

【例 3-1】 利用简单查询向导创建查询,显示 student 表中学生的学号、姓名、性别、出生日期信息。

操作步骤如下：

(1) 打开 xsgl 数据库,选择"创建"选项卡,单击"查询向导"按钮。

(2) 在图 3-1 所示的"新建查询"对话框中选择"简单查询向导"选项。

(3) 在图 3-2 所示的对话框中选择表 student 及 4 个字段,单击"下一步"按钮。

(4) 在对话框中输入查询名称,单击"完成"按钮。

(5) 查询运行结果如图 3-3 所示。

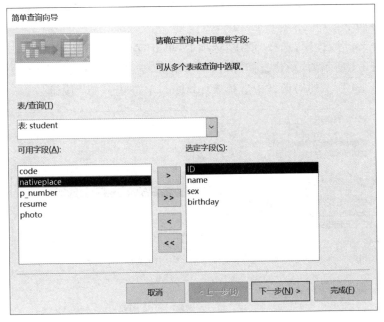

图 3-2　选择数据源

student 查询

学号	姓名	性别	生日
2017010101	赵琴琴	女	1997年7月25日
2017010102	张慧洁	女	1997年9月15日
2017010103	石英玉	女	1997年10月7日
2017010201	周克制	男	1998年2月3日
2017010202	苏宁新	男	1997年7月24日
2017010203	钱德余	男	1997年2月19日
2017010301	卢佳琪	男	1996年4月25日
2017010302	李涵	男	1997年1月20日
2017010303	刁成成	男	1996年9月18日
2017020101	赵旭升	男	1997年12月18日
2017020102	孙莉	女	1998年3月15日

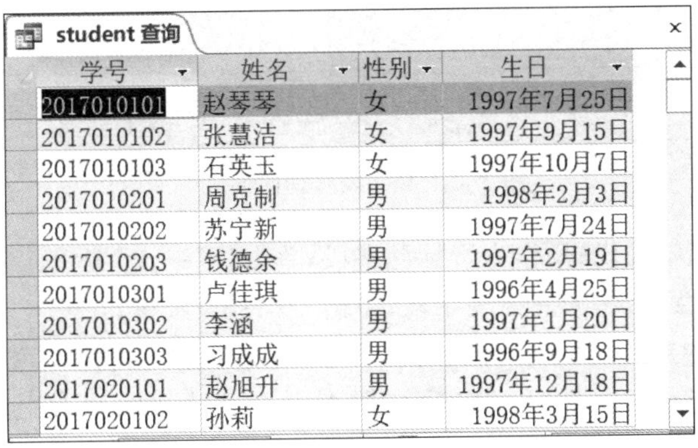

图 3-3　查询运行结果

2. 交叉表查询向导

交叉表查询是一种分类汇总查询，显示某个字段或表达式在行和列两个维度的分类汇总值，如求和、平均值、计数、最大值、最小值等。建立交叉表查询时，要选择行标题字段、列标题字段和汇总字段，行标题字段显示在交叉表左端，列标题字段显示在交叉表顶端，汇总字段的统计值显示在行和列的交叉处。建立交叉表查询一般有 4 个步骤。

(1) 选择源数据表或查询。

(2) 选择作为行标题的字段，最多可以选 3 个字段。

(3) 选择作为列标题的字段。

(4) 选择汇总字段和汇总方式。

【例 3-2】 利用查询向导建立交叉表查询，显示 student 表中各学院的男、女生人数。

操作步骤如下：

（1）打开 xsgl 数据库，选择"创建"选项卡，单击"查询向导"按钮。

（2）在图 3-1 所示的"新建查询"对话框中单击"交叉表查询向导"。

（3）在图 3-4 所示的对话框中选择表 student，单击"下一步"按钮。

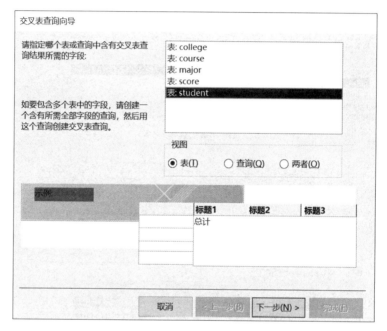

图 3-4　交叉表查询向导之一

（4）选择 code（学院代码）作为行标题字段，单击"下一步"按钮。

（5）选择 sex（性别）作为列标题字段，单击"下一步"按钮。

（6）在图 3-5 中选择 ID 字段作为汇总字段，选择汇总方式为"计数"。

（7）输入查询名称，之后可以查看结果或进入设计视图修改。例 3-2 运行结果如图 3-6 所示。

3. 查找重复项查询向导

数据表记录由于各种原因会存在重复记录，"查找重复项查询向导"可以在表中查找并显示这些重复数据，以帮助用户进行数据对比。

【例 3-3】 利用查询向导查找 student 表中家庭地址重复的记录。

操作步骤如下：

（1）打开 xsgl 数据库，在图 3-1 所示的"新建查询"对话框中单击"查找重复项查询向导"，之后单击"确定"按钮，打开"选择数据源"对话框。

（2）在对话框中选择表 student，单击"下一步"按钮。

（3）在打开的对话框中，将包含重复信息的字段 nativeplace 添加到"重复值字段"列表框中，如图 3-7 所示，单击"下一步"按钮。

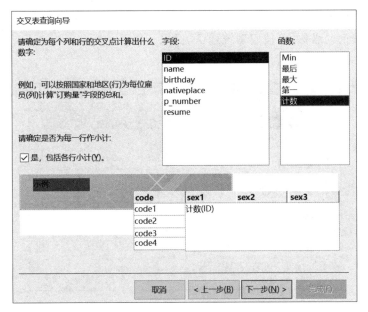

图 3-5 交叉表查询向导之二

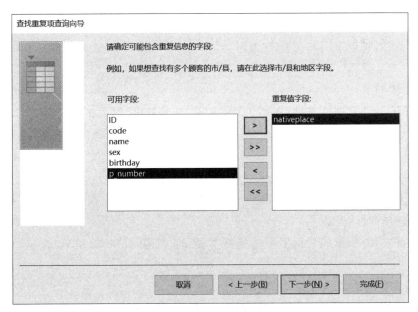

图 3-6 例 3-2 运行结果

图 3-7 选择重复字段

（4）选择需要同时显示的字段 name、sex，单击"下一步"按钮。

（5）输入查询的名称，可使用系统默认名称。

（6）单击"完成"按钮，运行结果如图 3-8 所示。

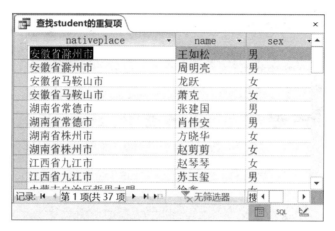

图 3-8　查找重复项查询运行结果

4. 查找不匹配项查询向导

不匹配项查询的作用是对两个表进行比较，找出其中一个表中存在而另一个表中没有的记录。

【例 3-4】　查找没有被选修过的课程，即查找 course 表中存在，而 score 表中没有的记录。

分析：C_code 字段唯一代表一门课程，所有被选修过的课程的 C_code 值都会在 score 表中存在，假如 course 表中有某个 C_code 值在 score 表中不存在，则说明此课程未被选修过。在创建查找不匹配项查询时，C_code 可以作为 course 表和 score 表的匹配字段。

操作步骤如下：

（1）打开 xsgl 数据库文件，在图 3-1 所示的"新建查询"对话框中单击"查找不匹配项查询向导"。

（2）在对话框中选择第一个表 course，单击"下一步"按钮。

（3）在对话框中选择第二个表 score，单击"下一步"按钮。

（4）在图 3-9 所示的对话框中选择要匹配的字段 C_code，单击"下一步"按钮，打开"显示字段选择"对话框。

（5）在图 3-10 所示的对话框中选择需要显示的字段 C_code 和 C_name，单击"下一步"按钮。

（6）输入查询的名称，也可使用系统默认名称。

（7）单击"完成"按钮，未被选修课程查询运行结果如图 3-11 所示。

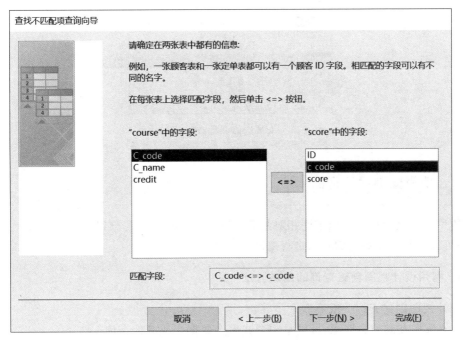

图 3-9　查找不匹配项查询向导匹配字段的选择

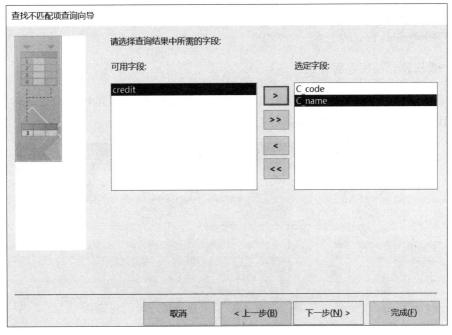

图 3-10　查找不匹配项查询向导显示字段的选择

图 3-11　未被选修课程查询运行结果

3.3.2　使用查询设计视图

使用查询设计视图可以创建相对复杂的查询,如条件查询、分组汇总、排序、参数查询等,还可以打开已经建立的查询进行修改。

1. 利用设计视图创建查询的基本方法

设计视图创建查询一般有 5 个步骤:
(1) 选择查询的数据源,可以是一个或多个数据表或其他查询。
(2) 设置查询输出项,即要输出的字段或表达式。
(3) 设置查询的分组和排序方式。
(4) 设置筛选条件。
(5) 保存并运行查询。

2. 查询设计视图界面介绍

如图 3-12 所示,查询设计视图窗口由工具栏、数据源显示区、输出列设置区构成。其中,输出列设置区由若干行组成,各行的作用和设置方法说明如下。

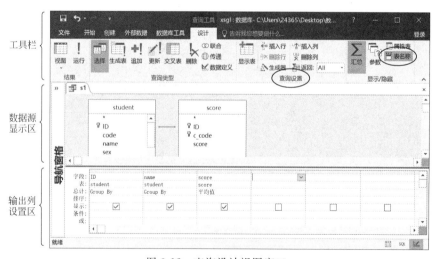

图 3-12　查询设计视图窗口

（1）字段：设置要输出的字段或表达式。表达式可通过选项卡"设计"→"查询设置"→"生成器"启动表达式生成器完成输入。

（2）表：显示字段的来源表或查询的名称。

（3）总计：如果此行显示，表示此查询涉及分组计算，需要设置分组计算的方法，如合计、平均值、最大值、最小值、First、Last等。

说明：总计行并不自动显示，用户通过单击工具栏上的"汇总"按钮控制此行是否显示。

（4）排序：选择查询结果排序方法，有"降序""升序""不排序"3种方式。

（5）显示：设置哪些字段或表达式显示在查询结果中。如不选中复选框，则此字段可以用来分组、设置筛选条件、排序等，但查询结果中不显示。

（6）条件：设置查询条件。处于同一行的查询条件形成逻辑"与"关系。

（7）或：设置存在逻辑"或"关系的查询条件。

【例3-5】 在xsgl数据库的student表中，查询所有学生的学号、姓名、性别、生日信息。

操作步骤如下：

（1）打开xsgl数据库，在"创建"选项卡中单击"查询设计"按钮。

（2）在显示表对话框中添加表student，单击"关闭"按钮。

（3）在图3-13所示的对话框中选择题目要求的输出字段。

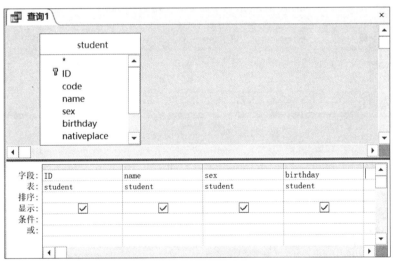

图3-13 选择输出字段

（4）完成设计，切换到数据表视图，运行结果如图3-14所示。

【例3-6】 查询xsgl数据库中山东省籍学生的每门课程的成绩。要求建立选择查询s2，显示student.ID、student.name、course.C_name、score.score、student.nativeplace这5个字段。按ID字段升序排序。

操作步骤如下：

查询1
学号
姓名
性别
生日
2017010101 赵琴琴 女 1997年7月25日
2017010102 张慧洁 女 1997年9月15日
2017010103 石英玉 女 1997年10月7日
2017010201 周克制 男 1998年2月3日
2017010202 苏宁新 男 1997年7月24日
2017010203 钱德余 男 1997年2月19日
记录: 第 8 项(共 89 项
无筛选器
搜索

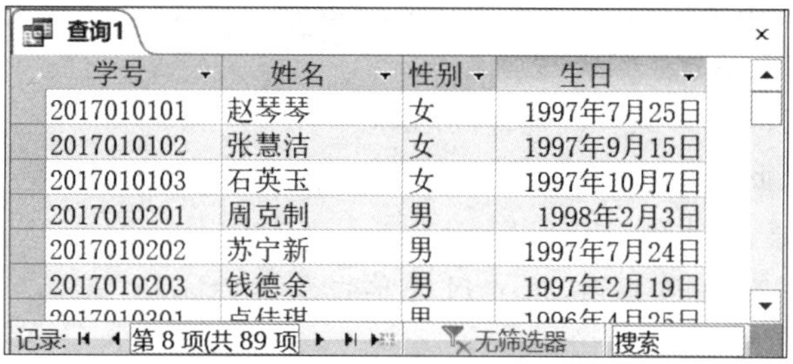

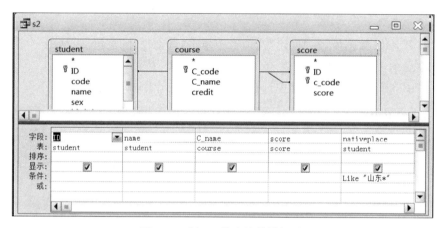

图 3-14　例 3-5 运行结果

（1）打开 xsgl 数据库，在“创建”选项卡中单击“查询设计”按钮。

（2）在“显示表”对话框中依次添加表 student、course、score，单击“关闭”按钮。

（3）在图 3-15 所示的对话框中，选择题目要求的输出字段。

（4）设置 student.ID 字段的排序方式为“升序”。

（5）设置 nativeplace 字段的条件行如图 3-15 所示。

s2
student
*
ID
code
name
sex
course
*
C_code
C_name
credit
score
*
ID
c_code
score
字段: ID name C_name score nativeplace
表: student student course score student
排序:
显示:
条件: Like "山东*"
或:

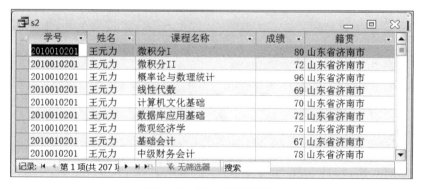

图 3-15　例 3-6 的查询设计视图

（6）在工具栏上单击“运行”按钮，运行结果如图 3-16 所示。

s2
学号
姓名
课程名称
成绩
籍贯
2010010201 王元力 微积分I 80 山东省济南市
2010010201 王元力 微积分II 72 山东省济南市
2010010201 王元力 概率论与数理统计 96 山东省济南市
2010010201 王元力 线性代数 69 山东省济南市
2010010201 王元力 计算机文化基础 70 山东省济南市
2010010201 王元力 数据库应用基础 72 山东省济南市
2010010201 王元力 微观经济学 75 山东省济南市
2010010201 王元力 基础会计 67 山东省济南市
2010010201 王元力 中级财务会计 78 山东省济南市
记录: 第 1 项(共 207 项
无筛选器
搜索

图 3-16　例 3-6 运行结果

（7）在标题栏单击“保存”按钮，输入查询的名称 s2。

3.3.3　分组与计算查询

如果查询的输出列不是原始字段,需要计算得出,则称为计算列。计算列表达式可以直接在设计视图下部的"字段"行输入,也可以用表达式生成器建立。输入表达式应特别注意以下 4 点。

（1）表达式要符合 Access 的运算规则,操作数与运算符匹配。

（2）表达式中引用字段名需要加方括号"[ ]"。

（3）表达式中使用的各种运算符、标点符号必须是 ASCII 码字符。

（4）计算列的标题定义方法为

<列标题>:<表达式>

【例 3-7】　查询 xsgl 数据库中所有学生的选课数、课程平均成绩。要求建立查询 s3,输出信息包括学号、姓名、年龄、选课数量、平均分。按学号升序排序。

分析：本例题中,数据源是 student、score 表,输出列为年龄、选课数量、平均分均为计算列。年龄计算表达式为：Year(Date())－Year([birthday])。选课数量和平均分计算涉及分组合计,分组字段是 student.ID,相关聚合函数分别为 Count() 和 Avg()。

操作步骤如下：

（1）打开 xsgl 数据库文件,打开"查询设计视图"窗口。

（2）添加数据源 student 和 score 表。

（3）单击"设计"→"显示隐藏"→"汇总"按钮,增加"总计"行。

（4）在"字段"行选择 student.ID、student.name、score.c_code、score.score。

（5）对字段 student.ID、student.name、score.c_code、score.score,通过下拉列表分别将各字段的总计行设置为：Group By、First、计数、平均值。

（6）选中 score.c_code 字段,单击"设计"→"查询设置"→"插入列",在 score.c_code字段前插入一列,在此列输入年龄计算表达式和列标题,其对应的"总计"行,设置为First,如图 3-17 所示。

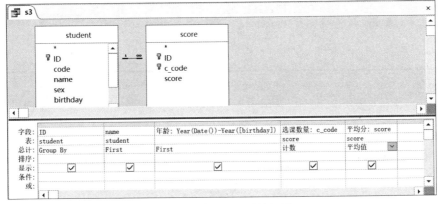

图 3-17　例 3-7 的设计视图

（7）选择"保存"按钮，输入查询名 s3。运行查询，结果如图 3-18 所示。

学号	姓名	年龄	选课数量	平均分
2017010101	赵琴琴	22	18	79.6111111111111
2017010102	张慧洁	22	21	77.6666666666667
2017010103	石英玉	22	18	80.4444444444444
2017010201	周克制	21	22	78.4545454545455
2017010202	苏宁新	22	21	81.0476190476191
2017010203	钱德余	22	18	78.6666666666667
2017010301	卢佳琪	23	23	81.3913043478261
2017010302	李涵	22	20	77.8
2017010303	习成成	23	18	76.1666666666667
2017020101	赵旭升	22	15	84.0666666666667
2017020102	孙莉	21	17	79.4705882352941

记录：第 1 项(共 87 项)　无筛选器　搜索

图 3-18　例 3-7 运行结果

【**例 3-8**】　查询 xsgl 数据库中会计学院学生每人获得的学分合计，要求建立查询 s4，输出信息包括学号、姓名、性别、学分合计，按学号升序排序。

分析：本题中，数据源包括 student、score、course 和 college 表，获得学分的条件是课程成绩及格，score. score、college. name 字段并不显示，只用于设置筛选条件，分组字段是 student. ID，计算所获学分用函数 Sum()。

操作步骤如下：

（1）打开 xsgl 数据库文件，打开"查询设计视图"窗口。

（2）添加数据源 student、score、course 和 college 表并增加"总计"行。

（3）在"字段"行选择 student. ID、student. name、student. sex、score. score、college. name、course. credit。

（4）取消勾选 college. name 和 score. score 字段的"显示"复选框，并将其"总计"行设置为 Where，筛选条件设置如图 3-19 所示。

（5）字段 student. name、student. sex、score. score 的"总计"行设置如图 3-19 所示。

（6）保存查询，输入查询名 s4。运行查询，结果如图 3-20 所示。

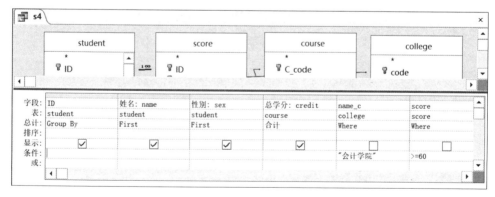

图 3-19　例 3-8 的设计视图

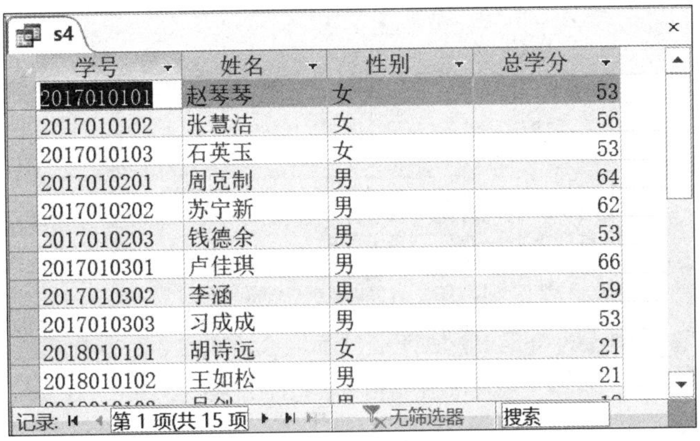

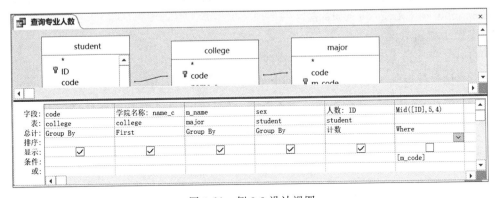

图 3-20　例 3-8 运行结果

【例 3-9】　查询每个学院、每个专业的男女生学生人数,输出信息包括学院名称、专业名称、性别、学生人数。

分析:本题数据源包括 student、major 和 college 表,是多级分组统计,分组字段分别为 college.code(学院代码)、major.m_name(专业名称)和 student.sex(性别)。

操作步骤如下:

(1) 打开 xsgl 数据库文件,打开查询设计视图,添加数据源 college 和 major、student 表。单击"设计"→"显示/隐藏"→"汇总"按钮,增加"总计"行。

(2) 在"字段"行选择 college.code、college.name_c、major.m_name、student.sex、student.id、college.code 字段,设置各字段的汇总方式,如图 3-21 所示。

图 3-21　例 3-9 设计视图

说明:在 college 和 major、student 3 个表连接时,系统自动使用了 3 个表的学院代码(code)值相等作为连接条件,但由于同一学院不同专业的学生具有相同的学院代码,所以连接结果有错误。由于学生的学号字段(ID)中的 5～8 位代表专业代码,所以增加筛选条件"(mid([student].[id],5,4)=[m_code])"即可筛选掉错误的连接记录。

(3) 设置保存查询对象名称为"查询专业人数"。运行查询,结果如图 3-22 所示。

说明:财务管理专业只有男生。

图 3-22 例 3-9 运行结果

3.3.4 使用设计视图创建交叉表查询

交叉表查询用来进行数据分析,其构成三要素是:行标题、列标题、汇总字段。行标题可包含 1～3 个字段,列标题和汇总字段则只能有一个字段。

使用设计视图创建交叉表查询,首先启动查询设计视图,之后单击"设计"→"查询类型"→"交叉表"按钮,进入交叉表查询设计视图。

【例 3-10】 建立交叉表查询 s5,显示每门课程各学院的选课人数,行标题是课程名,列标题是学院名称。

分析:由于查询 s5 输出的数据涉及 course、college 和 score 表,而 college 和 score 表不能直接连接,需要通过 student 实现 college 和 score 表的连接,故查询的数据源包括了 student、course、college 和 score 表。

操作步骤如下:

(1)打开 xsgl 数据库文件,打开"查询设计视图"窗口。

(2)选择数据源 student、course、college 和 score 表。

(3)选择"设计"→"查询类型"→"交叉表"按钮,启动交叉表查询设计视图,如图 3-23 所示。

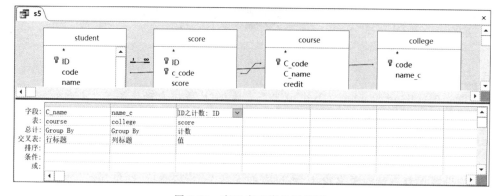

图 3-23 交叉表查询设计视图

（4）在"字段"行依次选择 course. C_name、college. name_c、score. ID 这 3 个字段。

（5）在"交叉表"行，将所选字段依次设置为：行标题、列标题、值。

（6）在"总计"行，设置 score. ID 字段的汇总方式为"计数"。

（7）保存查询并运行，结果如图 3-24 所示。

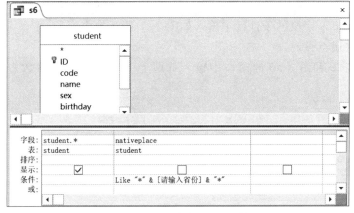

s5					
课程名称	会计学院	计算机科学	金融学院	经管学院	数学学院
操作系统		9			
电子商务		3			
概率论与数理统计	15	18	18	18	18
高级财务会计	9				
高级审计	1				
高级语言程序设计		9			4
管理会计	9				
管理信息系统	9				
管理学	9			3	
国际会计	9				
国际金融	1		9		
国际经济与合作				6	
国际投资分析			6		
宏观经济学			Q		Q

记录： ◄ 第 16 项(共 49 项) ► ► ► 无筛选器 搜索

图 3-24 例 3-10 运行结果

3.4 参数查询

参数查询是查询条件可以变化的查询，用户可在查询运行时通过参数输入对话框输入查询条件参数，从而得到不同的查询结果。参数的引入提高了查询的通用性和灵活性。

参数查询与选择查询的建立方法基本相同，区别在于"条件"行输入时，条件表达式中的常量用参数代替，参数必须放在方括号内，形式为：［<参数名>］。

【例 3-11】 建立参数查询，按省份查询 student 表中学生的基本信息，如输入"山东"，则输出山东省籍贯的学生信息。

操作步骤如下：

（1）打开 xsgl 数据库，打开"查询设计视图"窗口。

（2）选择 student 表为数据源，并选择显示字段如图 3-25 所示。

图 3-25 例 3-11 参数查询设计视图

（3）在 nativeplace 字段的条件行中输入如下内容：

Like"*"&[请输入省份]&"*"

（4）保存并运行查询。

（5）在图 3-26 的输入窗口中输入字符串"浙江"。例 3-11 参数查询运行结果如图 3-27 所示。

图 3-26 例 3-11 参数输入窗口

图 3-27 例 3-11 参数查询运行结果

【例 3-12】 建立参数查询 s7，查询 student 表中生日在一定范围内的学生的基本信息。

操作步骤如下：

（1）打开 xsgl 数据库文件，打开"查询设计视图"窗口。

（2）选择 student 表为数据源，并选择需显示的字段，如图 3-28 所示。

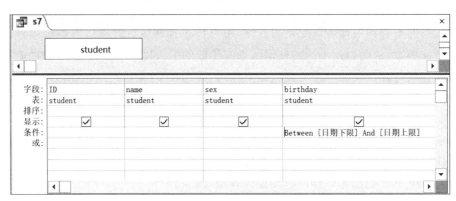

图 3-28 例 3-12 参数查询设计视图

（3）在 birthday 字段的条件行中输入如图 3-28 所示的内容。

（4）保存并运行查询。

（5）在图 3-29 和图 3-30 的窗口中输入日期上下限。例 3-12 参数查询运行结果如图 3-31 所示。

图 3-29 例 3-12 参数输入窗口 1

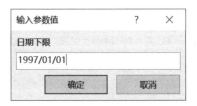

图 3-30 例 3-12 参数输入窗口 2

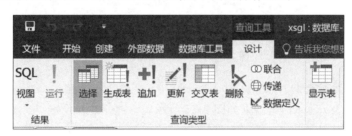

图 3-31 例 3-12 参数查询运行结果

3.5 操作查询

数据库应用过程中需要不断进行数据维护,如增加新数据、修改错误数据、删除无用数据、数据备份等。操作查询可以完成此类功能。

选择查询可筛选出各类数据,但不会修改数据源,操作查询则不同,运行时会对数据源进行追加、删除、更新记录等操作,还可以生成新数据表。操作查询分为生成表查询、删除查询、更新查询、追加查询 4 种类型。

操作查询的创建过程与选择查询相似,但需要在查询设计视图中选择"设计"选项卡的操作查询类型按钮,如图 3-32 所示,以此创建不同的操作查询。

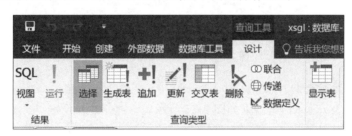

图 3-32 "设计"查询工具栏

操作查询会更改数据源,且有些操作是不可逆的,如删除和更新记录,运行此类查询应特别慎重。

3.5.1 生成表查询

生成表查询可以根据查询规则从一个或多个数据表中抽取数据,并创建新的数据表。生成表查询可用来保存某些统计结果或进行数据备份。

【例 3-13】 建立生成表查询 s8,将 xsgl 数据库中学生的学号、姓名、课程名、课程编号、成绩信息存到新数据表 newscore 中,其中课程名、课程编号合并成一个字段"课程名称编号"。

操作步骤如下:

(1) 打开 xsgl 数据库文件,打开"查询设计视图"窗口。

（2）选择 student、course、score 表为数据源，并选择输出列，如图 3-33 所示。

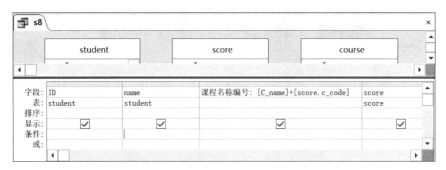

图 3-33　例 3-13 数据源与输出列的选择

（3）单击图 3-32 所示的"生成表"按钮。

（4）在图 3-34 所示的窗口中输入新表的名称 newscore。

图 3-34　输入生成表的名称

（5）保存并运行查询。

（6）查看新表 newscore，结果如图 3-35 所示。

ID	name	课程名称编号	score
2017010101	赵琴琴	基础会计010001	87
2017010303	习成成	基础会计010001	67
2017010203	钱德余	基础会计010001	93
2017010201	周克制	基础会计010001	67
2017010202	苏宁新	基础会计010001	63
2017010102	张慧洁	基础会计010001	73
2017010102	张慧洁	中级财务会计010002	67
2017010101	赵琴琴	中级财务会计010002	76
2017010203	钱德余	中级财务会计010002	85

图 3-35　newscore 表浏览视图

【例 3-14】　利用生成表查询将山东籍学生的基本信息保存成表 sdstudent，包含 student 表的所有字段。

操作步骤如下：

（1）打开 xsgl 数据库文件，打开"查询设计视图"窗口。

（2）选择 student 表为数据源，并选择 student. ∗（全部字段）作为输出列。设置筛选条件，如图 3-36 所示。

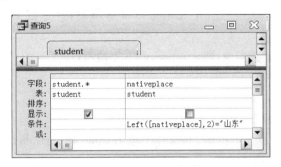

图 3-36　例 3-14 输出列和条件的设置

（3）单击"生成表"按钮。输入新表的名称 sdstudent。

（4）保存并运行查询。

3.5.2　删除查询

删除查询用来按照条件删除表中的记录。如果表与其他表建立了关系且实施参照完整性，并设置了"级联删除相关记录"，则删除查询还可以删除关联表中的记录。删除后记录不能恢复。

【例 3-15】　利用删除查询，将例 3-13 中生成的表 newscore 中的 score 字段值小于60 分或值为空的记录删除。

操作步骤如下：

（1）打开 xsgl 数据库，打开"查询设计视图"窗口。

（2）选择 newscore 表为数据源，并选择字段 score。

（3）单击图 3-32 所示的"设计"选项卡中的"删除"按钮。在对话框中输入删除条件，如图 3-37 所示。

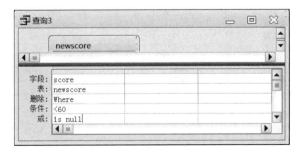

图 3-37　例 3-15 删除条件的设置

（4）保存并运行查询。删除记录前系统会提示确认或放弃删除操作。

3.5.3 更新查询

更新查询用来对记录按照一定规则进行批量修改,这是数据库维护中经常使用的操作。

【例 3-16】 利用更新查询,将 student 表中年龄超过 20 岁的男学生的备注字段加上字符串"预备役士兵"和当天日期。

操作步骤如下:

(1) 打开 xsgl 数据库,打开"查询设计视图"窗口。

(2) 选择 student 表为数据源,并选择字段 resume 和 birthday。

(3) 单击"设计"选项卡中的"更新"按钮。

(4) 输入更新方法和更新条件,如图 3-38 所示。更新表达式如下:

[resume]&"预备役士兵" & Date()

此处的字符串连接符"&"可以将不同类型的数据转换为字符串进行连接。

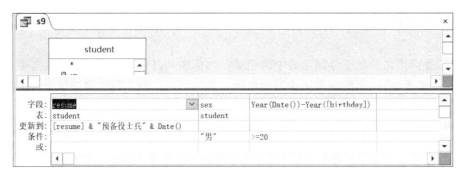

图 3-38 例 3-16 更新方法和条件的设置

(5) 保存并运行查询,运行结果如图 3-39 所示。

	学号	姓名	性别	生日	籍贯	电话	简历
⊞	2017010101	赵琴琴	女	1997/7/25	江西省九江市	13500000091	
⊞	2017010102	张慧洁	女	1997/9/15	湖南省衡阳市	13800000141	
⊞	2017010103	石英玉	女	1997/10/7	浙江省嘉兴市	13800000168	
⊞	2017010201	周克制	男	1998/2/3	山东省济南市	13500000028	预备役士兵2019/7/13
⊞	2017010202	苏宁新	男	1997/7/24	上海市虹口区	13500000090	预备役士兵2019/7/13
⊞	2017010203	钱德余	男	1997/2/19	上海市南汇区	13500000052	预备役士兵2019/7/13
⊞	2017010301	卢佳琪	男	1996/4/25	山东省济南市	13800001119	预备役士兵2019/7/13
⊞	2017010302	李涵	男	1997/1/20	福建省晋江市	13800000912	预备役士兵2019/7/13

记录 ◀ 第 10 项(共 88 ▶ ▶ ▶ ▼ 无筛选器 搜 ◀

图 3-39 例 3-16 运行结果

3.5.4 追加查询

追加查询是指将一个数据表中符合条件的记录添加到另一个已经存在的、结构相似的表中。

【例 3-17】 利用追加查询,将 student 表中的江苏籍学生数据追加到例 3-14 中生成的表 sdstudent 中。

操作步骤如下:

(1) 打开 xsgl 数据库文件,打开"查询设计视图"窗口。

(2) 选择 student 表为数据源。单击图 3-32 所示的"设计"选项卡中的"追加"按钮。

(3) 在图 3-40 所示的对话框中输入目标表 sdstudent。

图 3-40 输入目标表的名称

(4) 设置输出列为 student. * ,筛选条件如图 3-41 所示,保存并运行查询。

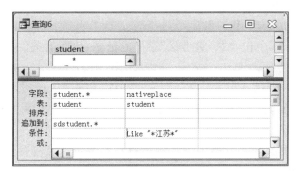

图 3-41 追加条件的设置

习题 3

一、选择题

1. 下面有关查询基础知识的说法中,不正确的是( )。

   A. 操作查询可以执行一个操作,如删除记录或修改数据

   B. 选择查询可以用来查看数据

   C. 操作查询的主要用途是对单个记录进行更新

   D. Access 提供了 4 种类型的操作查询:删除查询、更新查询、追加查询和生成表查询

2. 假设某数据库表中有一个"学生编号"字段,查找其第 3、4 个字符为"03"的记录的准则是( )。

  A. Mid([学生编号],3,4)＝"03"   B. Mid([学生编号],3,2)＝"03"

  C. Mid("学生编号",3,4)＝"03"   D. Mid("学生编号",3,2)＝"03"

3. 在查询"设计视图"中( )。

  A. 只能添加数据库表

  B. 可以添加数据库表,也可以添加查询

  C. 只能添加查询

  D. 以上说法都不对

4. 已知一个学生数据库,其中含有班级、性别等字段,若要统计每个班男女学生的人数,应使用( )查询。

  A. 交叉表查询 B. 选择查询 C. 参数查询 D. 操作查询

5. 查找"姓名"字段为两个字的记录条件是( )。

  A. Left([姓名])<＝2   B. Left([姓名])<＝4

  C. Like "??"   D. ????

6. 书写查询准则时,日期型常量应该使用适当的定界符,正确的定界符是( )。

  A. ＊   B. ％   C. ＆   D. ♯.

7. 表达式"25\2"的计算结果是( )。

  A. 12   B. 12.5   C. 1   D. 以上都不是

8. 查询"书名"字段中包含"等级考试"字样的记录,使用的条件是( )。

  A. Like "等级考试"   B. Like "＊等级考试"

  C. Like "等级考试＊"   D. Like "＊等级考试＊"

9. 对不同类型的运算符,优先级的规定是( )。

  A. 字符运算符＞算术运算符＞关系运算符＞逻辑运算符

  B. 算术运算符＞字符运算符＞关系运算符＞逻辑运算符

  C. 算术运算符＞字符运算符＞逻辑运算符＞关系运算符

  D. 字符运算符＞关系运算符＞逻辑运算符＞算术运算符

10. 从字符串 S 中的第二个字符开始获得 4 个字符的子字符串函数是( )。

  A. Mid(S,2,4) B. Left(S,2,4) C. Right(S,4) D. Len(S,4)

11. 下列关于生成表查询的叙述中,错误的是( )。

  A. 生成表查询属于操作查询的一种

  B. 生成表查询的结果可产生一个表

  C. 生成表查询得到的表独立于数据源

  D. 对生成表的操作可影响原表

12. 假设某数据库表中有一个"工作时间"字段,查找 20 天之内参加工作的记录的准则是( )。

  A. Between Date() Or Date()－20 B. ＜Date() And＞Date()－20

  C. Between Date() And Date()－20 D. ＜Date()－20

13. 下列关于查询准则的说法,正确的是( )。

  A. 日期/时间类型数据须在两端加"[]"

  B. 位于同一行的表达式之间为逻辑"与"关系,不同行之间为逻辑"或"关系

  C. NULL 表示数字 0 或者空字符串

  D. 数字类型的条件需加上双引号("")

14. (　　)查询会在执行时弹出对话框,提示用户输入必要的信息,再按照这些信息进行查询。

  A. SQL 查询   B. 参数查询

  C. 交叉表查询   D. 操作查询

15. 进行逻辑表达式计算时,遵循的优先顺序从高到低是(　　)。

  A. 括号,Not,And,Or   B. 括号,And,Not,Or

  C. 括号,Not,Or,And   D. 括号,Or,And,Not

16. 若要查询成绩为 60~80 分(包括 60 分,不包括 80 分)的学生的信息,成绩字段的查询准则应设置为(　　)。

  A. >60 Or <80   B. >=60 And <80

  C. >60 And <80   D. IN(60,80)

17. 以下关于查询的叙述,正确的是(　　)。

  A. 只能根据数据表创建查询

  B. 只能根据已建查询创建查询

  C. 可以根据数据表和已建查询创建查询

  D. 不能根据已建查询创建查询

18. 函数 Sum 的意思是求字段所有的值的(　　)。

  A. 和   B. 平均值   C. 最小值   D. 第一个值

19. 如果将所有学生的年龄增加一岁,应该使用(　　)。

  A. 删除查询   B. 更新查询   C. 追加查询   D. 生成表查询

20. 查询能实现的功能有(　　)。

  A. 选择字段、选择记录、实现计算、建立新表、建立数据库

  B. 选择字段、选择记录、实现计算、建立新表、更新表

  C. 选择字段、选择记录、实现计算、建立新表、设计格式

  D. 选择字段、选择记录、编辑记录、实现计算、建立新表

二、填空题

1. 选择查询可以从一个或多个_____中获取数据并显示结果。

2. 返回给定日期 1~7 的值,表示给定日期是一周中哪一天的函数为_____。

3. 操作查询包括_____、删除查询、_____和追加查询 4 种。

4. 返回给定日期 1~12 的值。表示给定日期是一年中的哪个月的函数为 _____。

5. 如果查询雇员的"出生日期"为 1985 年以前,设置条件是_____。

6. 若"姓名"和"地址"是表中的字段名,表达式:姓名 Like "王 * " And 住址 Like "北京 * " 表示_____。

7. 在查询中统计雇员的人数,应使用函数_____。

8. 将表"学生名单2"的记录复制到表"学生名单1"中，且不删除表"学生名单1"中的记录，使用的查询是_____。

9. 建立一个基于学生表的查询，要查找"出生日期"在1988-01-01和1988-12-31间的学生，在"出生日期"对应列的准则行中应输入表达式_____。

10. 返回数值表达式值的整数部分的函数为_____。

11. _____将来源于某个表中的字段进行分组，一组列在交叉表左侧，一组列在交叉表上部，并在交叉表行与列交叉处显示表中某个字段的各种计算值。

12. 实现字符串运算的运算符包括_____和_____。

13. 判断一个字段值是否为空值的运算符是_____。

14. 返回当前计算机系统设置的完整日期和时间的函数是_____。

15. 当表达式中有关系运算符、算术运算符、逻辑运算符、字符串连接运算符时，运算优先级依次为_____、_____、_____、_____。

三、思考题

1. 查询对象的作用是什么？是否存储数据？
2. 查询对象与数据表对象的区别是什么？
3. 交叉表查询的作用是什么？
4. 参数查询的作用是什么？
5. 日期型数据有哪些运算符？

实验 3-1　创建选择查询

实验目的

（1）掌握使用查询向导和设计视图创建查询对象的方法，熟练运用各种运算符构建条件表达式。

（2）掌握创建多表查询的方法。

（3）掌握创建参数查询的方法。

（4）掌握各种聚合函数的使用方法，创建实现分组统计的查询对象。

实验内容

说明：本实验的所有内容都基于 cpxsgl.accdb 数据库。

（1）建立一个名为 Q1 的查询，查找城市为"南京"的客户基本信息，显示"客户"表中的所有字段。

（2）利用"查找不匹配项查询向导"查找从未卖出的产品信息，查询名称为 Q2。

（3）利用"查找重复项查询向导"查找订货超过 2 次的客户信息，输出"客户 ID"和"订购日期"信息，查询名称为 Q3。

提示：从"订单"表中查询。

(4) 利用交叉表向导建立一个名为 Q4 的交叉表查询,统计客户表中客户在各地区和城市的分布数量,如图 3-42 所示。

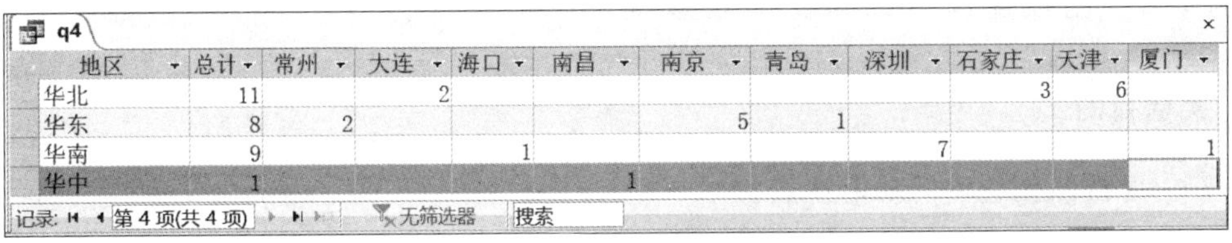

地区	总计	常州	大连	海口	南昌	南京	青岛	深圳	石家庄	天津	厦门
华北	11		2						3	6	
华东	8	2				5	1				
华南	9			1				7			1
华中	1				1						

记录: 第 4 项(共 4 项) 无筛选器 搜索

图 3-42

(5) 建立一个名为 Q5 的查询,数据源为"客户"表,输出 3 个输出项,包括字段:客户 ID、公司名称、地址全称,其中"地址全称"由客户表中的字段"地区""城市""地址"连接而成,按照客户 ID 升序排序。

(6) 建立一个名为 Q6 的查询,数据源为"订单"表,查询 2010 年第二季度的订单信息,输出订单表中的所有字段。

(7) 以"客户""订单"表为数据源,创建查询"Q7",输出信息包括客户 ID、公司名称、订单 ID、订购日期。

(8) 以"产品""订单""订单明细"数据表为数据源,创建查询"Q8",统计每个订单的总金额,输出:订单 ID、客户 ID、订购日期、订单金额,并按照订购日期升序排序。

提示:需要 3 个表连接后,按照"订单 ID"字段分组统计。

(9) 以"产品""订单明细"数据表为数据源,创建查询"Q9",统计每种产品的销售总金额,输出:产品 ID、产品名称、销售金额,并按照产品 ID 升序排序,销售金额保留 2 位小数。

提示:按照"产品 ID"分组统计,用 Round() 函数确定保留几位小数。

(10) 以"产品""订单""订单明细"数据表为数据源,创建查询 Q10,统计每年各种产品的销售金额,输出:产品 ID、产品名称、年份、年销售额,并先按年份,再按照产品 ID 升序排序。年销售额保留 2 位小数。

(11) 以"产品""订单""订单明细""客户"数据表为数据源,创建查询 Q11,输出华南地区的、单个订单金额超过 10000 元的订单相关信息,包括:订单 ID、客户 ID、公司名称、城市、订购日期、订单金额,并按照订购日期升序排序。

(12) 创建查询 Q12,查找订单数量超过 3 的公司信息,输出信息包括客户 ID,公司名称、城市、订单数。

(13) 建立一个名为 Q13 的参数查询,参数是城市名称和年份,查询输出此城市在此年份的订单信息,包括订单 ID、客户 ID、公司名称、城市、订购日期。

(14) 建立一个名为 Q14 的参数查询,查询某个雇员相关的订单信息,参数是雇员 ID,输出雇员的雇员 ID、姓名、订单 ID、客户 ID、公司名称、订购日期,并按照订购日期降序排序。

(15) 建立一个名为 Q15 的参数查询,查询某种产品相关的销售信息,参数是产品名称,输出此类产品的产品 ID、产品名称、年份、年销售量。

实验 3-2 创建操作查询和交叉表查询

实验目的

(1) 掌握操作查询的功能特点。
(2) 掌握交叉表查询的功能特点。
(3) 掌握追加查询、生成表查询、删除查询、更新查询的创建方法。
(4) 掌握利用设计视图创建交叉表查询的方法。

实验内容

说明:本实验的所有内容均基于 cpxsgl.accdb 数据库。

(1) 建立一个名为 Q16 的交叉表查询,统计各年份、各地区的销售金额。行标题是地区,列标题是年份,统计值是年销售额。

(2) 建立一个名为 Q17 的交叉表查询,统计各年份、各种产品的销售数量。行标题是年份,列标题是产品名称,统计值是年销售数量。

(3) 建立一个名为 Q18 的更新查询,将"产品"表的果汁类饮品单价提高 10%。

(4) 建立一个名为 Q19 的更新查询,在"雇员"表中年龄超过 40 岁的员工的"备注"字段添加文本"每年带薪休假 15 天"。

(5) 建立生成表查询 Q20,产生一个新表"客户订单",字段包括:客户 ID、公司名称、订单 ID、订购日期、发货日期。

(6) 创建删除表查询 Q21,将(5)题中生成的表"客户订单"中 2010 年的订单记录删除。

(7) 创建追加查询 Q22,从"客户"和"订单"表向"客户订单"表追加 2010 年的订单记录。

第4章 关系数据库结构化查询语言

学习目标

(1) 掌握结构化查询语言(SQL)的概念和功能。

(2) 掌握 SQL 数据查询语言(DQL)Select 语句的语法,掌握分组汇总、子查询、联合查询等查询方式。

(3) 掌握数据操纵语言(DML)的使用,包括 Insert、Update 和 Delete 语句的使用。

(4) 熟悉 SQL 数据定义语句(DDL)的使用,包括 Create、Alter 与 Drop 语句的使用。

SQL 是 Structured Query Language(结构化查询语言)的缩写,是一种用于关系数据库操作的标准语言。SQL 包括了关系数据库的定义、查询、操纵、控制和管理等功能,是一个完备的、通用的、功能强大的关系数据库操作语言。

4.1 SQL 概述

1986 年 10 月,ANSI(美国国家标准学会)首先确定 SQL 为关系数据库管理系统的标准语言,随后 ISO(国际标准化组织)在 1987 年 6 月将其定为国际标准。1989 年 4 月,ISO 提出了具有完整性特征的 SQL-89。多年来,SQL 标准一直在不断完善和升级,如后来的 SQL-92、SQL-99 和 SQL-2011。SQL 标准的制定对关系数据库技术的发展和关系数据库的应用起了很大的推动作用。

4.1.1 SQL 的主要功能

SQL 按照功能可以分为下列 4 种。

(1) DQL:完成数据查询功能,由 Select 命令实现。

(2) DDL:完成数据库结构的定义,包括 Create、Alter 与 Drop 三个命令。

(3) DML:完成数据库的更新操作,如记录的插入、删除、修改,包括 Insert、Update、Delete 3 个命令。

(4) 数据控制语言(DCL):实现对数据库的访问控制、完整性规则的描述、事务控制等功能,包含 Grant、Revoke 等命令。

4.1.2 SQL 的特点

SQL 具有以下特点:

（1）高度一体化的语言。SQL 可以完成数据库应用中的全部工作。

（2）高度非过程化的语言。SQL 不必告诉计算机"如何"去做,而是描述用户要求计算机"做什么",计算机系统根据 SQL 命令的描述,自动完成全部"如何做"的工作,这大大减轻了用户的负担,也有利于提高数据的独立性。

（3）简单易学。虽然 SQL 功能强大,但它只有为数不多的几条命令,SQL 的语法简单,接近自然语言,很容易学习掌握。

（4）标准化。现有关系数据库系统均支持 SQL 标准,这意味着,当基于不同关系数据库系统执行同样操作时,使用的 SQL 命令几乎相同。

（5）使用灵活。SQL 可以交互方式和嵌入方式使用。SQL 能够以命令方式交互使用,也可以嵌入到某种程序设计语言中以程序方式执行,且由于其通用性,用 SQL 编写的程序可以移植到不同关系数据库平台上。

Access 2016 全面支持 SQL 的各项数据管理功能。由于不同关系数据库管理系统实现的 SQL 有差异,本章将介绍基于 Access 的 SQL 命令语法。

Access 各类 SQL 命令的输入和执行均可在查询对象的"SQL 视图"下完成。事实上,利用查询设计视图创建的查询最终都转换并保存为 SQL 命令,而无法用查询设计视图实现的复杂查询,可直接输入 SQL 命令创建。

4.2　SQL 数据查询命令

数据查询是 SQL 的核心内容,由 Select 语句实现。Select 语句由多个子句构成,可以设置数据源、输出项、筛选条件、分组、排序等,其执行结果以二维表的形式呈现。

4.2.1　查询命令的语法

Select 命令的基本语法如下:

```
Select [All | Distinct][Top<Expn>[Percent]]
<输出列 1>[As<列标题 1>][,<输出列 2>[As<列标题 2>]…][Into <表名>]
From<表 1 或查询 1>[[As]<别名 1>][,表 2 或查询 2>[[As]<别名 2>]…]
[Where [<连接条件>][And <筛选条件>]]
[Group By<分组列 1>[,<分组列 2>…]]
[Having<分组筛选条件>]
[Order By<排序列 1>[Asc | Desc][,<排序列 2>[Asc | Desc] …]]
[Union<Select 命令>]
```

上述格式中,方括号中的部分可以省略,竖线表示多选一。

Select 命令中各子句的功能简要说明如下。

（1）Select 子句给出查询的输出列,可以是字段名、表达式、常量,对应关系运算中的投影。如果这部分用"＊"代替,则表示输出表或查询中的所有列。子句中的 As<列标题 >表示为所选择的输出列设置标题。

保留字 All 表示显示查询结果的所有行；Distinct 表示去掉查询结果中的重复行。

Top＜Expn＞表示只保留查询结果中排在前面的、由数值表达式＜Expn＞确定数量的记录行。若有 percent 选项，则以百分比表示所要显示的数据行数。

Into＜表名＞选项可以将查询结果输出存成一个新表。

（2）From 子句列出查询的数据源，可以是一个或多个表，也可以是其他查询。［As］＜别名＞表示为表指定别名，As 可以省略。

（3）Where 子句设置记录的筛选条件和表的连接条件。筛选条件和连接条件分别实现关系代数中的选择运算和连接运算。

（4）Group By 子句设置查询的分组方式，分组可以实现分类汇总。

（5）Having 子句完成对分组的筛选，即只在查询结果中保留符合条件的分组。

（6）Order By 子句控制查询结果中记录的排序。

（7）Union 子句的功能是实现联合查询，即将两个 Select 命令的执行结果进行并运算，合并后的查询结果。

SQL 命令书写格式说明：

（1）命令涉及两个以上表的数据时，共有字段名前面必须冠以"."分隔的表名作为前缀，如"student. ID"和"score. ID"。

（2）命令书写不区分大小写。

4.2.2　基本查询

基本查询命令包含 Select 子句、From 子句，还可以有 Where 子句和 Order 子句，且数据源只有一个。

【例 4-1】　查询 xsgl 数据库中 student 表的所有数据。

```
Select * From student
```

操作步骤：

（1）打开 xsgl 数据库文件，选择"创建"选项卡，单击"查询设计"按钮。

（2）关闭"显示表"对话框。

（3）切换至"SQL 视图"。

（4）输入命令"Select *　From student"。

（5）选择"设计"→"运行"选项，运行 SQL 命令。例 4-1 运行结果如图 4-1 所示。

本例题的操作步骤适用于 SQL 命令的所有例题，后续例题中不再赘述。

【例 4-2】　查询 xsgl 数据库 student 表中所有学生的学号、姓名、年龄、籍贯信息。

```
Select ID, name, Year(now())-Year (birthday) As 年龄,nativeplace
From student
```

说明：输出列"Year(now())-Year（birthday）As 年龄"表示计算年龄并定义列标题为"年龄"。

例 4-2 运行结果如图 4-2 所示。

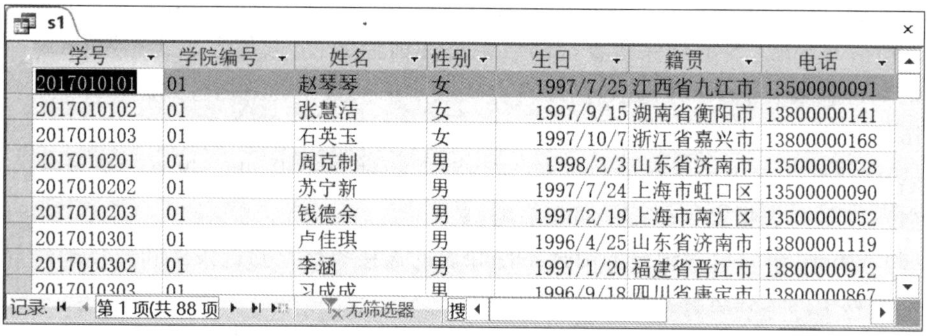

学号	学院编号	姓名	性别	生日	籍贯	电话
2017010101	01	赵琴琴	女	1997/7/25	江西省九江市	13500000091
2017010102	01	张慧洁	女	1997/9/15	湖南省衡阳市	13800000141
2017010103	01	石英玉	女	1997/10/7	浙江省嘉兴市	13800000168
2017010201	01	周克制	男	1998/2/3	山东省济南市	13500000028
2017010202	01	苏宁新	男	1997/7/24	上海市虹口区	13500000090
2017010203	01	钱德余	男	1997/2/19	上海市南汇区	13500000052
2017010301	01	卢佳琪	男	1996/4/25	山东省济南市	13800001119
2017010302	01	李涵	男	1997/1/20	福建省晋江市	13800000912

图 4-1　例 4-1 运行结果

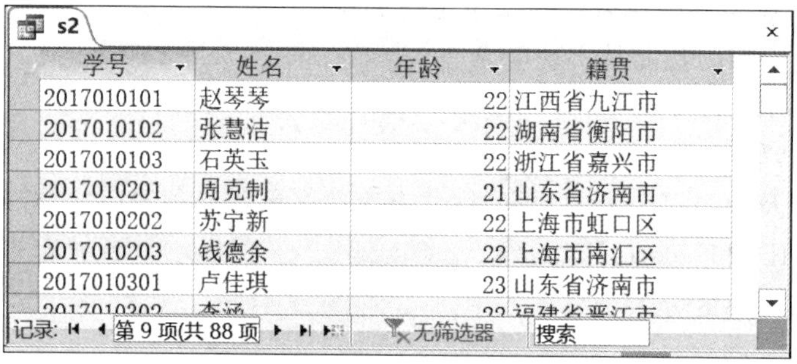

学号	姓名	年龄	籍贯
2017010101	赵琴琴	22	江西省九江市
2017010102	张慧洁	22	湖南省衡阳市
2017010103	石英玉	22	浙江省嘉兴市
2017010201	周克制	21	山东省济南市
2017010202	苏宁新	22	上海市虹口区
2017010203	钱德余	22	上海市南汇区
2017010301	卢佳琪	23	山东省济南市

图 4-2　例 4-2 运行结果

【例 4-3】 查询 xsgl 数据库的 student 表中年龄大于或等于 22 岁的男学生的学号、姓名、性别、年龄、电话信息。

命令：

```
Select ID, name,sex, Year(now())-Year (birthday) As 年龄, p_number
From student
Where Year(now())-Year (birthday)>=22 And sex="男"
```

说明：本例中的 Where 子句用于设置筛选条件，运行结果如图 4-3 所示。

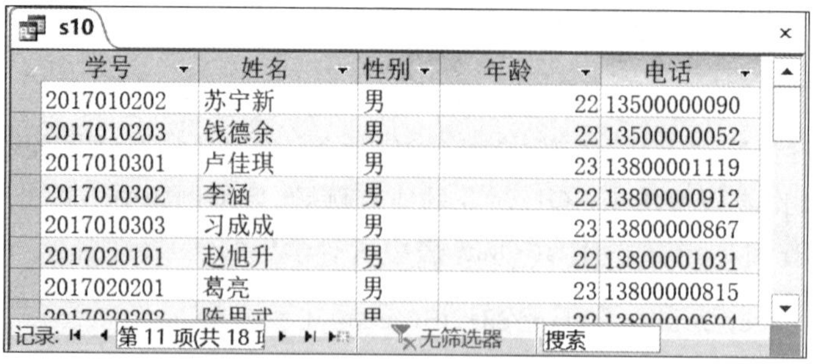

学号	姓名	性别	年龄	电话
2017010202	苏宁新	男	22	13500000090
2017010203	钱德余	男	22	13500000052
2017010301	卢佳琪	男	23	13800001119
2017010302	李涵	男	22	13800000912
2017010303	习成成	男	23	13800000867
2017020101	赵旭升	男	22	13800001031
2017020201	葛亮	男	23	13800000815

图 4-3　例 4-3 运行结果

【例 4-4】 查询 xsgl 数据库 student 表中山东籍学生的学号、姓名、性别、生日、籍贯信息，按照出生日期升序排列，只显示前 5 名。

命令：

```
Select Top 5 ID, name, sex, birthday, nativeplace
From student
Where left(nativeplace, 2)="山东" Order By birthday Asc
```

说明：本例中“Top 5”选项表示只显示前 5 条记录，Order By 子句设置查询结果的排序方式。

例 4-4 运行结果如图 4-4 所示。

s11

学号	姓名	性别	生日	籍贯
2017010301	卢佳琪	男	1996/4/25	山东省济南市
2017020202	陈思武	男	1997/7/9	山东省潍坊市
2018050102	张庆敏	男	1997/7/15	山东省济宁市
2017030101	马千里	男	1997/9/16	山东省德州市
2017050301	耿溪	男	1997/10/9	山东省泰安市

记录: 第 1 项(共 5 项)　无筛选器　搜索

图 4-4　例 4-4 运行结果

4.2.3　连接查询

连接查询是一种基于多个表的查询，实现关系数据库的连接运算。

假设连接查询的两个数据源分别是表 S1 和表 S2，执行连接查询的过程如下。

(1) 将表 S1 的第一条记录定位为当前记录。

(2) 对表 S2 从第一条记录起，逐条访问每条记录，判断是否满足连接条件，如果满足，就将该记录与表 S1 的当前记录进行拼接，并产生查询结果中的一条记录，直到表 S2 的所有记录访问完毕。

(3) 顺次将表 S1 的下一条记录定位为当前记录，重复步骤(2)。

(4) 重复步骤(3)，直至表 S1 的所有记录全部处理完毕。

SQL 实现连接查询有两种方法，分别是利用 Where 子句和利用 From…Join…子句。

1. 利用 Where 子句实现连接

格式：

```
Select <输出列>
From <数据源列表>
Where <连接条件> And <筛选条件>
```

【例 4-5】 查询 xsgl 数据库中所有 2017 年入学学生的学号、姓名、课程编号、成绩信息。

分析：本例题的数据源包括 student 和 score 表，所以要用连接查询。

命令：

```
Select student.ID, name,c_code,score
From student, score
Where student.ID=score.ID And Left(student.ID,4)="2017"
```

说明：

(1) 本例 Where 子句中的"student.ID＝score.ID"是连接条件。

(2) Student 表中 ID 字段前 4 位代表入学年份，故筛选条件为：

```
Left(student.ID,4)="2017"
```

例 4-5 运行结果如图 4-5 所示。

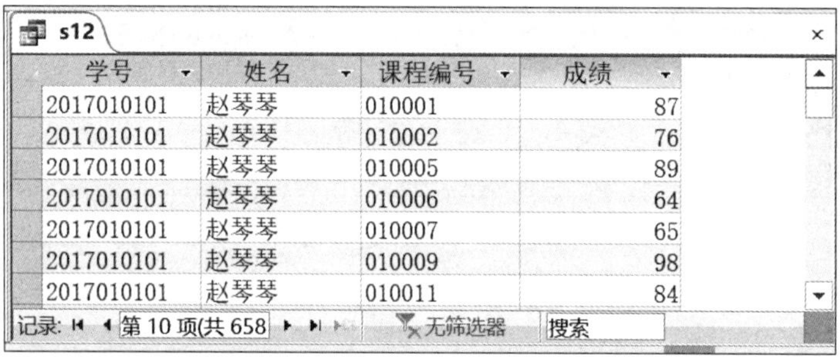

学号	姓名	课程编号	成绩
2017010101	赵琴琴	010001	87
2017010101	赵琴琴	010002	76
2017010101	赵琴琴	010005	89
2017010101	赵琴琴	010006	64
2017010101	赵琴琴	010007	65
2017010101	赵琴琴	010009	98
2017010101	赵琴琴	010011	84

记录：第 10 项(共 658) 无筛选器 搜索

图 4-5 例 4-5 运行结果

【例 4-6】 查询 xsgl 数据库中所有学生的学号、姓名、性别、学院名称、专业名称信息。

分析：本例题的数据源包括 student、college、major 表，要使用连接查询。Student 表中 ID 字段的 5～8 位是专业代码，所以 student 表、major 表的连接条件为：

```
Mid(student.ID,5,4)=m_code
```

命令：

```
Select a.ID, name, sex, name_c, m_name
From student a, college As b, major
Where a.code=b.code and Mid(a.ID,5,4)=m_code
```

说明：本例中的 From 子句为表 student、college 分别指定了别名，别名可以简化命令的输入，别名定义时 As 可以省略。一旦指定了表的别名，在 Select、Where 等子句中必须使用别名，不能再使用表的本名。

例 4-6 运行结果如图 4-6 所示。

2. 利用 From…Join…子句实现连接

格式：

```
Select <输出列> From <数据源 1> Inner |Left| Right Join<数据源 2>
```

```
On<连接条件>
[Where<筛选条件>]
```

其中，保留字 Inner、Left、Right 只能选其中之一，含义如下。

(1) Inner Join(内部连接)，查询结果中只包含满足连接条件的记录。

(2) Left Join(左连接)，是外部连接，查询结果中不仅包含满足连接条件的记录，还包含左表中不满足连接条件的记录，这些记录对应右表的相应字段为空值。

(3) Right Join(右连接)，是外部连接，查询结果中包含满足连接条件的所有记录，同时还包含右表中不满足连接条件的记录，这些记录对应左表的相应字段为空值。

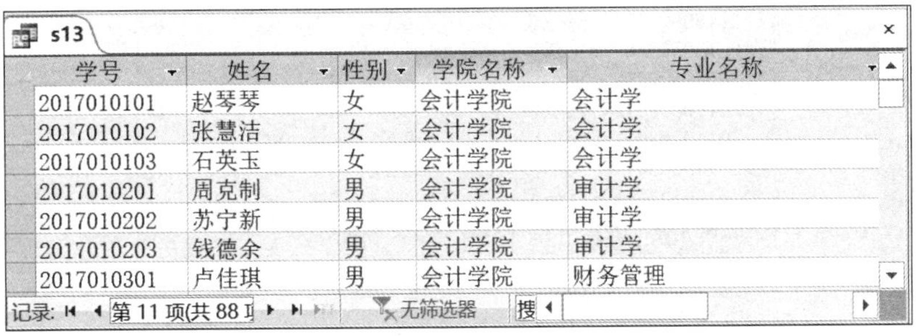

学号	姓名	性别	学院名称	专业名称
2017010101	赵琴琴	女	会计学院	会计学
2017010102	张慧洁	女	会计学院	会计学
2017010103	石英玉	女	会计学院	会计学
2017010201	周克制	男	会计学院	审计学
2017010202	苏宁新	男	会计学院	审计学
2017010203	钱德余	男	会计学院	审计学
2017010301	卢佳琪	男	会计学院	财务管理

图 4-6 例 4-6 运行结果

【例 4-7】 查询 xsgl 数据库中所有学院的名称、代码及其下属各专业的代码、名称信息。

分析：本例题使用内部连接实现，其数据源包括 college、major 表，连接条件是“college. code= major. code”。

命令：

```
Select name_c, college.code, m_code, m_name
From college Inner Join major On college.code=major.code
```

例 4-7 运行结果如图 4-7 所示。

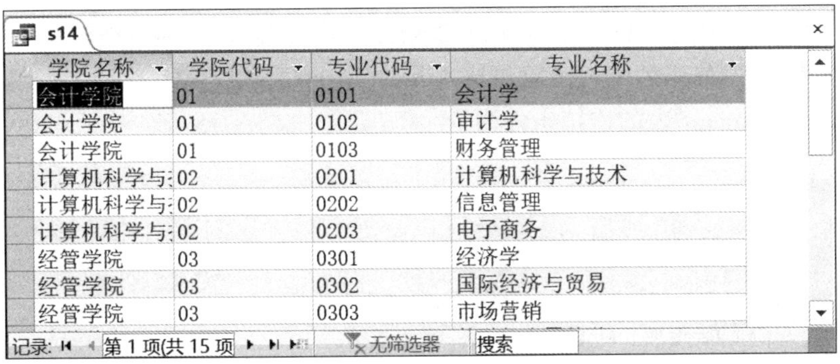

学院名称	学院代码	专业代码	专业名称
会计学院	01	0101	会计学
会计学院	01	0102	审计学
会计学院	01	0103	财务管理
计算机科学与:	02	0201	计算机科学与技术
计算机科学与:	02	0202	信息管理
计算机科学与:	02	0203	电子商务
经管学院	03	0301	经济学
经管学院	03	0302	国际经济与贸易
经管学院	03	0303	市场营销

图 4-7 例 4-7 运行结果

【例 4-8】 用左连接查询 xsgl 数据库中所有学生的学号、姓名、课程编号、成绩信息。

命令：

```
Select student.ID, name,c_code, score
From student Left Join score On student.ID=score.ID
```

例 4-8 运行结果如图 4-8 所示。

说明：图 4-8 中第 4 行数据成绩字段为空,表明在 student 表中有一位学生没有选任何课,但左连接查询结果中包含了他。

学号	姓名	课程编号	成绩
2018050203	郑微微	040002	87
2018050203	郑微微	040003	82
2018050203	郑微微	040004	68
2018050210	龙跃		
2018050301	范小倩	020005	55
2018050301	范小倩	020006	66
2018050301	范小倩	040001	65
2018050301	范小倩	040002	75
2018050301	范小倩	040003	88

记录: 第 1 项(共 911 J 无筛选器 搜索

图 4-8 例 4-8 运行结果

4.2.4 分组查询

Select 命令中的 Group By 子句实现分组查询。分组查询常用于分类汇总,使用 SQL 聚类函数实现数据汇总。分组查询的基本语法格式为

```
Group By <分组列 1>[,<分组列 2>…][Having <组筛选条件>]
```

其中,分组列 1、分组列 2……是分组依据的字段名。多个分组列可形成多级分组。Having 子句的作用是对分组进行筛选。Having 子句不能单独使用,必须与 Group By 子句同时使用。

【例 4-9】 查询 xsgl 数据库中每个学生的学号、姓名、专业、平均成绩信息。

分析：本例题的数据源包括 student 和 score、major 表。查询每个学生的平均成绩,分组列是学生学号,使用的聚类函数包括 Avg()、First()。由于 ID 字段 5~8 位是专业代码,故 student 和 major 表的连接条件为:

```
Mid(student.ID,5,4)=m_code
```

命令:

```
Select student.ID, First(student.name) As 姓名,
First(m_name) As 专业, Avg(score) As 平均成绩
From student, score, major
Where student.ID=score.ID And Mid(student.ID,5,4)=m_code
Group By student.ID
```

例 4-9 运行结果如图 4-9 所示。

s16

学号	姓名	专业	平均成绩
2017010101	赵琴琴	会计学	79.6111111111111
2017010102	张慧洁	会计学	77.6666666666667
2017010103	石英玉	会计学	80.4444444444444
2017010201	周克制	审计学	78.4545454545455
2017010202	苏宁新	审计学	81.0476190476191
2017010203	钱德余	审计学	78.6666666666667
2017010301	卢佳琪	财务管理	81.3913043478261
2017010302	李涵	财务管理	77.8

记录: 第 14 项(共 87 项) 无筛选器 搜索

图 4-9　例 4-9 运行结果

【例 4-10】 查询 xsgl 数据库中每门课程、每个专业学生的平均分，输出列包括课程名、专业、平均分信息。

分析：本例题的数据源包括 student、course、score、major 表。查询每门课程、每个专业学生的平均分，因此分组列是课程编号和专业编号，实现两级分组。由于 major 表无法和 score、course 直接连接，加入 student 表可实现与 4 个表正确连接。平均分使用 Round() 函数取舍。

命令：

```
Select First(c_name) As 课程名, First(m_name)As 专业,
Round(Avg(score),2) As 平均分
From student, score, course, major
Where student.ID=score.ID And Mid(student.ID,5,4)=m_code
And course.c_code=score.c_code
Group By course.c_code, m_code
```

例 4-10 运行结果如图 4-10 所示。

s17

课程名	专业	平均分
基础会计	会计学	81.33
基础会计	审计学	74.33
基础会计	财务管理	79.67
中级财务会计	会计学	77.67
中级财务会计	审计学	84.67
中级财务会计	财务管理	85.67

图 4-10　例 4-10 运行结果

【例 4-11】 查询 xsgl 数据库中已获学分超过 40 分的学生的学号、姓名、入学年份、总学分数。

分析：本例题的数据源包括 student、score、course 表，分组列是学生学号，学分计算要用到函数 Sum()，需要用 Having 子句筛选出获学分超过 40 分的学生。成绩及格方能获得学分。

命令：

```
Select student.ID, First(student.name) As 姓名,
First(Left(student.ID, 4) ) As 入学年份,Sum(credit) As 总学分数
From student, score, course
Where student.ID=score.ID And course.c_code=score.c_code
And score>=60 Group By student.ID Having Sum(credit)>=40
```

例 4-11 运行结果如图 4-11 所示。

s18

学号	姓名	入学年份	总学分数
2017010101	赵琴琴	2017	53
2017010102	张慧洁	2017	56
2017010103	石英玉	2017	53
2017010201	周克制	2017	64
2017010202	苏宁新	2017	62
2017010203	钱德余	2017	53
2017010301	卢佳琪	2017	66
2017010302	李涵	2017	59

记录: 第 1 项(共 29 项　无筛选器　搜索

图 4-11　例 4-11 运行结果

【例 4-12】 在 xsgl 数据库中查询每门课程、每个年级学生的最高分、最低分，输出列包括课程名称、入学年份、最高成绩、最低成绩信息。

分析：本例题的数据源包括 student、course 和 score 表。分组列是课程名称和入学年份，聚类函数使用 Max()和 Min()。

命令：

```
Select First(c_name) As 课程名称,Left(student.ID, 4) As 入学年份,
max(score) As 最高成绩, Min(score) As 最低成绩
From student, score, course
Where student.ID=score.ID And course.c_code=score.c_code
Group By course.c_code, Left(student.ID, 4)
```

例 4-12 运行结果如图 4-12 所示。

ss1

课程名称	入学年份	最高成绩	最低成绩
基础会计	2017	97	63
中级财务会计	2017	93	67
审计学	2017	64	64
高级审计	2017	82	82
高级财务会计	2017	97	70
会计电算化	2017	97	60
国际会计	2017	96	60
资产评估	2017	98	61
管理会计	2017	99	68
计算机导论	2017	88	60

记录: 第 12 项(共 56 I　无筛选器　搜索

图 4-12　例 4-12 运行结果

4.2.5 子查询

很多情况下,一个查询的条件中需要用到另一个查询的结果。SQL 允许在 Where 子句中嵌入另外一个 Select 语句,这种嵌套查询称为子查询,外层查询称为主查询或父查询。嵌套查询执行时先执行子查询,然后根据子查询返回的结果计算主查询的条件表达式。

子查询语句书写时必须放在括号内。通常,子查询的输出列只有与主查询条件相关的一列。

【例 4-13】 从 xsgl 数据库中查询从未被学生选修过的课程名称。

分析:从 score 表中可以找出所有被学生选修过的课程编号集合,凡 course 表中课程编号不在此集合内的即从未被学生选修过的课程。本例题利用子查询找出被选修过的课程编号集合,并据此构成主查询的条件表达式。

命令:

```
Selectc_name From course
Where c_code Not In(Select c_code From score)
```

例 4-13 运行结果如图 4-13 所示。

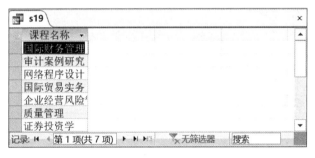

图 4-13 例 4-13 运行结果

【例 4-14】 从 xsgl 数据库中查询从未考试不及格的学生,输出列包括学号、姓名、专业名称。

分析:从 score 表中可以找到有课程不及格的学生学号集合,凡 student 表中学号不在此集合内的学生即未考试不及格的学生。由于要显示专业名称,因此 student 表要与 major 表连接。

命令:

```
Select ID,name,m_name
From student, major
Where Mid(student.ID,5,4)=m_code And ID Not In(Select ID From score Where score<
60)
```

例 4-14 运行结果如图 4-14 所示。

图 4-14　例 4-14 运行结果

【例 4-15】　从 xsgl 数据库中查询同时选修了"中级财务会计"和"审计学"的学生名单。

分析：符合查询条件的学生要同时存在于选修"中级财务会计"课程的集合和选修"审计学"课程的集合中。

命令：

```
Select name From student Where ID In
(Select ID From score, course Where course.c_code=score.c_code
And c_name="中级财务会计")
And ID In (Select ID From score, course Where course.c_code=score.c_code And c_
name="审计学")
```

例 4-15 运行结果如图 4-15 所示。

图 4-15　例 4-15 运行结果

4.2.6　联合查询

联合查询对应集合的并运算，SQL 通过运算符 Union 实现并运算。联合查询要求两个 Select 命令具有同数量的输出列，且对应输出列的数据类型完全相同。

【例 4-16】　从 xsgl 数据库中查询没有考试不及格或平均分大于或等于 80 分的学生名单。

分析：实现方式是找出没有考试不及格的学生集合与平均分大于或等于 80 分的学生集合进行并运算。

命令：

```
Select name From student
Where ID Not In (Select ID From score Where score<60)
Union
Select name From student
Where ID In (Select ID From score
Group by ID Having Avg(score)>=80)
```

例 4-16 运行结果如图 4-16 所示。

4.2.7 SQL 生成表查询

SQL Select 子句中的 Into 选项可以将查询结
果生成新表。

图 4-16　例 4-16 运行结果

【例 4-17】　连接表 college 和 major,并将所有信息保存成新表 collegemajor。

命令：

```
Select college.*,major.* Into collegemajor
From college,major
Where college.code=major.code
```

说明："college.*"表示 college 表的全部字段。

表 collegemajor 的数据表视图如图 4-17 所示。

college_c	name	major_code	m_code	m_name	e_system
01	会计学院	01	0101	会计学	4
01	会计学院	01	0102	审计学	4
01	会计学院	01	0103	财务管理	4
02	计算机科学与技术学	02	0201	计算机科学与技	4
02	计算机科学与技术学	02	0202	信息管理	4
02	计算机科学与技术学	02	0203	电子商务	4
03	经管学院	03	0301	经济学	4

图 4-17　表 collegemajor 的数据表视图

4.3　SQL 数据操纵命令

SQL 的数据操纵命令用来修改数据,如为表添加新的记录、修改已有数据、从表中删除数据。3 种基本的数据操纵命令是 Insert、Update、Delete。

4.3.1　插入数据

Insert 命令的格式如下：

```
Insert Into <表名> [(<字段名 1>,<字段名 2>…,<字段名 n>)]
```

Values(<值 1>,<值 2>,…,<值 n>)

上述格式中,如果只向几个特定字段输入值,要列出字段名表,若向全部字段输入值,则可省略字段名表,在 Values 后面列出对应每一字段的值。字段名表中的字段数据类型必须与值列表中的数据类型一一对应。可以使用 Null 为字段赋值。

【例 4-18】 向 college 表中插入一条记录。

命令:

```
Insert Into college Values("06","法学院")
```

说明:向 college 表全部字段输入值,故省略字段名表。

【例 4-19】 向 student 表插入一条新记录,只为字段 ID,name,sex,code,birthday 赋值。

命令:

```
Insert Into student (ID, name, sex, code, birthday)
Values("2017050210","习悦", "女","05", # 1998-01-08# )
```

说明:若向 college 表部分字段输入值,则要列出字段名表。

例 4-19 运行结果如图 4-18 所示。

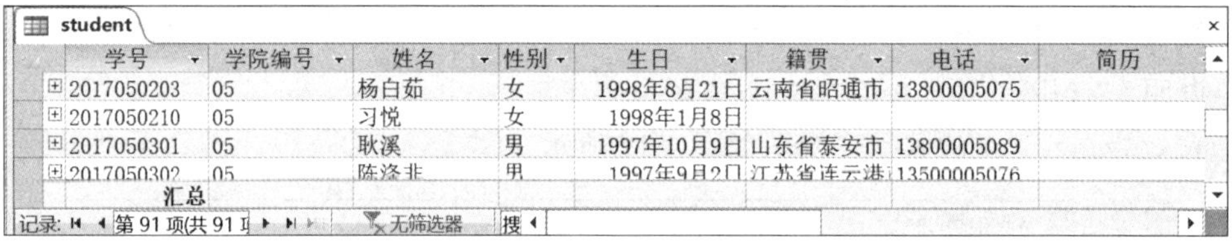

学号	学院编号	姓名	性别	生日	籍贯	电话	简历
2017050203	05	杨白茹	女	1998年8月21日	云南省昭通市	13800005075	
2017050210	05	习悦	女	1998年1月8日			
2017050301	05	耿溪	男	1997年10月9日	山东省泰安市	13800005089	
2017050302	05	陈洛非	男	1997年9月2日	江苏省连云港	13500005076	
汇总							

记录:第 91 项(共 91 I 无筛选器 搜

图 4-18　例 4-19 运行结果

4.3.2　更新数据

Update 命令可按照某个更新规则批量更新表中的数据。命令格式如下:

Update <表名> Set <字段名 1>=<表达式 1>〔,<字段名 2>=<表达式 2>,…〕
〔Where<条件表达式>〕

<表名>指定了要更新的表,<字段名 1>、<字段名 2>等表示要更新的字段,<表达式 1>、<表达式 2>定义了更新方式,Where 子句说明了更新记录的筛选条件,若缺省 Where 子句,将更新表中所有记录。

【例 4-20】 将 course 表中学分带小数位的课程学分四舍五入变成整数。

命令:

```
Update course Set credit=Round(credit)
```

【例 4-21】 score 表中平均成绩大于或等于 90 分的学生将获得一等奖学金,在 student 表中这些学生的 resume 字段末尾增加字符串,内容是当天日期并连接字符串“获一等奖学金"。

分析：使用子查询找出平均成绩大于或等于 90 分的学号集合。

命令：

```
Update student Set resume=resume&date() & "获一等奖学金"
Where ID In (Select ID From score
Group By ID Having Avg(score)>=90)
```

例 4-21 运行结果如图 4-19 所示。

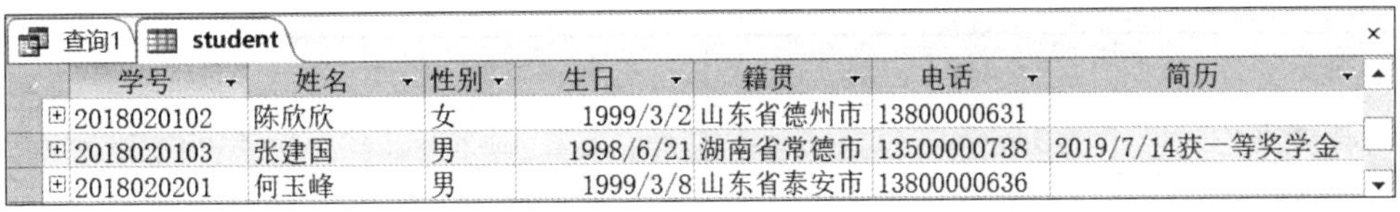

学号	姓名	性别	生日	籍贯	电话	简历
2018020102	陈欣欣	女	1999/3/2	山东省德州市	13800000631	
2018020103	张建国	男	1998/6/21	湖南省常德市	13500000738	2019/7/14获一等奖学金
2018020201	何玉峰	男	1999/3/8	山东省泰安市	13800000636	

图 4-19 例 4-21 运行结果

4.3.3 删除数据

Delete 命令用于删除表中的记录,删的数据不能恢复。命令格式为：

```
Delete  From <表名> [Where <条件>]
```

上述命令格式中,如果省略条件子句,则删除表中的所有记录。

【例 4-22】 删除 college 表中学院名称为 Null 的记录。

命令：

```
Delete From college Where name_c Is Null
```

4.4 SQL 数据定义命令

标准 SQL 的数据定义功能一般包括创建数据库,创建表、视图和存储过程,创建规则、索引等,本节将介绍 Access 支持的创建表、修改表结构、删除表等命令,数据定义命令包括 Create、Alter、Drop。

4.4.1 创建表

1. 创建表结构

SQL 的 Create Table 命令可以创建表,格式如下：

```
Create Table <表名>
(<字段名 1> <字段类型 1> [(<字段大小 1>)] [ Not Null] [Primary Key | Unique]
[References <表名> (字段名)]
```

［,＜字段名 2＞＜字段类型 2＞［(＜字段大小 2＞)］［Not Null ］［Primary Key | Unique］
［References＜表名＞(字段名)］］［,…］）

说明：

(1) Primary Key 表示将本字段创建为主键，Unique 为唯一索引。

(2) Not Null 定义本字段不可以为空。

(3) References＜表名＞(字段名)定义与另一表建立关系。

(4) 创建表时，字段的数据类型标识符见表 4-1。

表 4-1　字段的数据类型标识

数据类型	标　　识	数据类型	标　　识
短文本	Text	整型	SmallInt
长整型	Int	Integer	字节型	Byte
单精度型	Real	Single	双精度型	Float
自动编号	Counter	货币型	Money	currency
日期时间	DateTime	Date	是否	Logical	Bit
长文本	Memo	OLE 对象	OLE Object

【例 4-23】　图书表的结构为：books(no, title, writer, press, price, foreign_L)，用 Create Table 命令创建此表。

命令：

```
Create Table books
  (no text(20),
   title Text(50),
   writer Text(20),
   press Text(40),
   price Money,
foreign_L Bit)
```

如果要在创建表的同时定义主键等，命令可以写成下面的形式：

```
Create Table books
  (no Text(20) Primary Key Not Null,
   title Text(50) Not Null,
   writer Text (20),
   press Text(40),
   price Money,
   foreign_L Bit)
```

例 4-23 运行结果如图 4-20 所示。

2. 创建索引

用 Create Index 命令可以创建表的索引，命令格式如下：

```
Create [Unique] Index <索引名> On <表名>
(<索引字段 1> [Asc|Desc][,<索引字段 2> [Asc|Desc] [,…]])
[With Primary]
```

上述格式中,With Primary 表示将本索引创建为主键,Unique 为唯一索引。

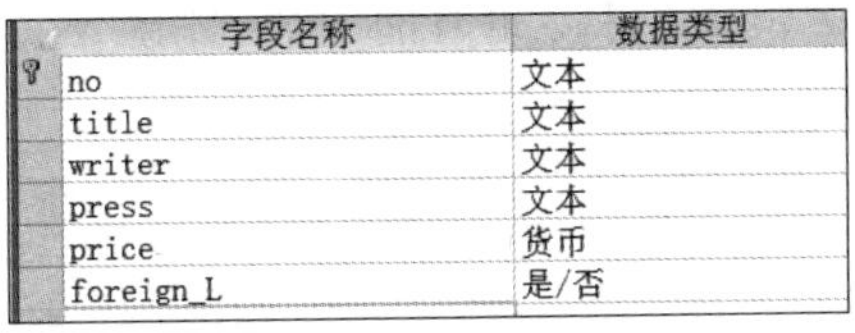

字段名称	数据类型
no	文本
title	文本
writer	文本
press	文本
price	货币
foreign_L	是/否

图 4-20　例 4-23 运行结果

【例 4-24】　为 books 表创建以 writer 为关键字的索引,索引名为 w1。

命令:

```
Create Index w1 On books(writer)
```

【例 4-25】　为 books 表创建以 press 和 price 降序排列的索引,索引名为 p1。

命令:

```
Create Index p1 On books(press,price Desc)
```

例 4-24 和例 4-25 运行结果如图 4-21 所示。

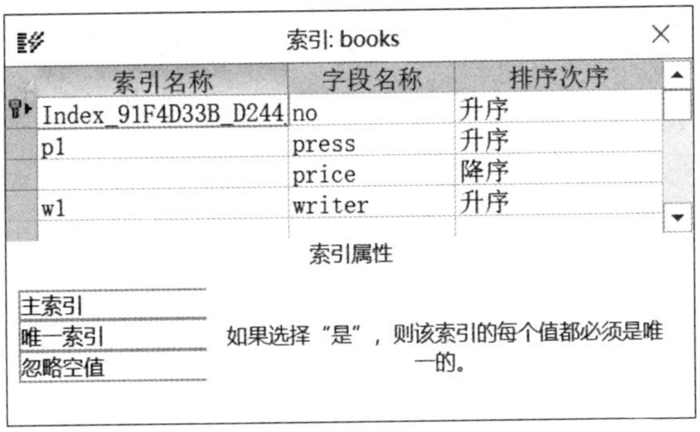

索引名称	字段名称	排序次序
Index_91F4D33B_D244	no	升序
p1	press	升序
	price	降序
w1	writer	升序

索引属性

主索引	
唯一索引	如果选择"是",则该索引的每个值都必须是唯一的。
忽略空值	

图 4-21　例 4-24 和例 4-25 运行结果

3. 创建表间关系

Create Table 命令在创建表的同时,还可以使用 References 选项创建表间关系。

【例 4-26】　书评表的结构为:review(ID, book_no, reviewer, review),用 Create Table 命令创建此表,并与 Books 建立表间关系。

```
Create Table review
    (ID counter Primary Key,
    book_no Text(20) Not Null References books(no),
    Reviewer Text(20),
```

review Memo)

4.4.2 修改表结构

Alter Table 命令可以修改表结构,如增加字段、删除字段、改变字段属性等。Alter Table 命令有 3 种常用格式。

1. 修改字段属性

命令格式:

Alter Table <表名> Alter［Column］<字段名> <字段类型>［(<字段大小>)]

【例 4-27】 修改表 books 中字段 writer 的大小为 25。

命令:

Alter Table books Alter Writer Text(25)

说明:此命令可修改字段数据类型、大小,但不能修改字段名称。

2. 增加字段

命令格式:

Alter Table <表名> Add［Column］<字段名><字段类型>［(<字段大小>)]

【例 4-28】 为表 books 增加一个字段 word_count,数据类型是 SmallInt。

命令:

Alter Table books Add word_count SmallInt

3. 删除字段

命令格式:

Alter Table <表名> Drop［Column］<字段名>

【例 4-29】 将表 books 中的字段 word_count 删除。

命令:

Alter Table books Drop word_count

4. 删除索引

命令格式:

Drop Index <索引名> On <表名>

【例 4-30】 将表 books 中的索引 w1 删除。

命令:

```
Drop Index w1 On books
```

4.4.3 删除表

删除表的命令格式：

```
Drop Table<表名>
```

【例 4-31】 删除表 review。

命令：

```
Drop Tablere view
```

习题 4

一、选择题

1. SQL 的功能包括( )。
   A. 数据查找、数据编辑、数据控制、数据操纵
   B. 数据定义、数据查询、数据操纵、数据控制
   C. 编辑窗体、视图、查询、创建报表
   D. 数据控制、数据查询、删除记录、增加记录

2. 在 SQL 的 Select 语句中,用于实现选择运算的子句是( )。
   A. For
   B. If
   C. While
   D. Where

3. 已知商品表的关系模式为：商品(商品编号,名称,类型)。使用 SQL 语句查询类型为"电器",并且名称中包含"照相机"的商品信息,以下正确的是( )。
   A. Select * From 商品 Where 类型="电器" And 名称 Like "照相机"
   B. Select * From 商品 Where 类型="电器" Or 名称 Like "照相机"
   C. Select * From 商品 Where 类型="电器" And 名称 = "照相机"
   D. Select * From 商品 Where 类型="电器" And 名称 Like " * 照相机 * "

4. 向数据库中添加记录的 SQL 命令是( )。
   A. Add
   B. Insert Into
   C. Alter
   D. Add Into

5. 在 SQL 语句中,如果检索要去掉重复的所有元组,则应在 Select 中使用( )。
   A. All
   B. union
   C. Like
   D. distinct

6. 已知商品表的关系模式为：商品(商品编号,名称,类型),使用 SQL 语句将商品表中的"纺织"类型更改为"纺织品",以下正确的是( )。
   A. Update 商品 Set 类型="纺织品" Where 类型="纺织"
   B. Update 商品 Where 类型="纺织"
   C. Update 类型="纺织品" From 商品 Where 类型="纺织"
   D. Set 类型="纺织品" From 商品 Where 类型="纺织"

7. 有 SQL 语句：Select * From 教师 Where Not(工资＞3000 Or 工资＜2000)。与该语句等价的 SQL 语句是(　　)。

    A. Select * From 教师 Where 工资 between 2000 And 3000

    B. Select * From 教师 Where 工资＞2000 And 工资＜3000

    C. Select * From 教师 Where 工资＞2000 Or 工资＜3000

    D. Select * From 教师 Where 工资＜＝2000 And 工资＞＝3000

8. 下列关于 SQL 命令的叙述中，正确的是(　　)。

    A. Update 命令中必须有 From 关键字

    B. Update 命令中必须有 Into 关键字

    C. Update 命令中必须有 Set 关键字

    D. Update 命令中必须有 Where 关键字

9. 在 SQL 中定义一个表的命令是(　　)。

    A. Drop Table   B. Alter Table   C. Create Table   D. Define Table

10. 若要使用 SQL 语句在学生表中查找所有姓"李"的学生的信息，可以在 Where 子句中输入(　　)。

    A. 姓名 Like "李"   B. 姓名 Like "李*"

    C. 姓名＝"李"   D. 姓名＝"李*"

11. 在 SQL 中，删除一个表的命令是(　　)。

    A. Drop Table   B. Alter Table

    C. Create Table   D. Delete Table

12. 基本表结构可以通过(　　)对其字段进行增加或删除操作。

    A. Insert   B. Alter Table   C. Drop Table   D. Delete

13. 使用 SQL 语句将教师表中的照片字段删除，以下正确的是(　　)。

    A. Alter Table 教师 Delete 照片

    B. Alter Table 教师 Drop 照片

    C. Alter Table 教师 And Drop 照片

    D. Alter Table 教师 And Delete 照片

14. 已知商品表的关系模式为：商品(商品编号，名称，类型)，使用 SQL 语句查询类型为"食品"的商品信息，并按照商品编号降序排列，以下正确的是(　　)。

    A. Select * From 商品 Where 类型＝"食品" Order By 商品编号 Desc

    B. Select * From 商品 Where 类型＝"食品" Order By 商品编号 Asc

    C. Select * From 商品 Where 类型＝"食品" Order By 食品 Asc

    D. Select * From 商品 Where 类型＝"食品" Desc

15. 删除数据库记录的 SQL 命令是(　　)。

    A. Update   B. Alter   C. Create   D. Delete

16. SQL 集数据查询、数据操纵、数据定义和数据控制功能于一体，其中 Create、Drop、Alter 语句用于实现(　　)功能。

    A. 数据查询   B. 数据操纵   C. 数据定义   D. 数据控制

17. 使用 SQL 命令将学生表 Student 中的学生年龄 Age 字段值增加 1,使用的命令
是( )。

    A. Update Set Age With Age＋1

    B. Replace Age With Age＋1

    C. Update Student Set Age＝Age＋1

    D. Update Student Age With Age＋1

18. 下列描述中正确的是( )。

    A. SQL 是一种过程化语言　　　　　B. SQL 的操作对象是关系

    C. SQL 不能嵌入高级语言程序中　　D. SQL 是一种 DBMS

19. SQL 具有两种使用方式,分别称为交互式 SQL 和( )。

    A. 提示式 SQL　　B. 多用户 SQL　　C. 嵌入式 SQL　　D. 解释式 SQL

20. 关系代数中的 Π 运算符对应 Select 语句中的( )子句。

    A. Select　　　　　B. From　　　　C. Where　　　　D. Group By

二、填空题

1. SQL 是英文简写,意思是_____。

2. 关系代数中的 σ 运算符对应 Select 语句中的_____子句。

3. 设有学生选课表 SC (Sno,Cno,Grade),其中 Sno 和 Cno 为主键,查询考试成绩不及格的学生的学号,并要求去掉重复的行,SQL 语句如下:Select distinct Sno From SC Where_____。

4. 在 SQL 中将两个查询结果合并成一个结果集要用到并运算,操作符为_____。

5. 查询商品表中单价小于 500 元的所有记录,并显示所有字段,完成 SQL 命令。

Select _____ From 商品 Where 单价<500

6. 在 SQL 查询中,实现分组查询的子句是_____。

7. 在 SQL 查询中,实现查询结果排序的子句是_____。

8. Select 语句中与 Having 子句同时使用的是_____子句。

9. Create Table 语句中定义主键的关键词是_____,与其他表建立关系的关键词是_____。

10. SQL 中,使用_____运算符进行空值判断。

三、思考题

1. SQL 的各子句与 Access 查询对象设计视图的各选项如何对应?

2. 如何在查询设计视图实现子查询?

3. 什么情况下适合使用连接?什么情况下适合使用子查询?

4. SQL 中如何实现连接?

5. Having 子句与 Where 子句的功能区别是什么?

6. 关系运算的投影、连接、选择分别对应 SQL 中的哪些子句?

实验 4-1　SQL 查询语句应用

说明：本实验使用 cpxsgl.accdb 数据库。

实验目的

(1) 掌握 SQL 的查询命令 Select 的功能、语法。

(2) 掌握基本查询语句。掌握 Select 实现连接查询的两种方法。

(3) 掌握 Select 中子查询、分组统计查询、排序等。

(4) 了解联合查询的功能和实现方法。

实验内容

(1) 在"客户"表中查询华东地区所有客户的基本信息，输出所有字段。

(2) 在"雇员"表中查询男性雇员的雇员 ID、姓名、婚否、出生日期、雇佣日期信息。

(3) 查询"雇员 ID"为 1 和 2 的雇员相关的订单，输出信息包括雇员 ID、订单 ID、订购日期、发货日期。

(4) 在"雇员"表查询年龄大于 45 岁的雇员信息，输出姓名、年龄、工龄。工龄计算为当前年份减去雇佣年份。

(5) 查询每个地区的客户数量，输出地区名称和客户数量。

(6) 查询每个客户的订单数量，输出客户 ID、公司名称和订单数量。

(7) 查询订单数超过 3 的客户，输出客户 ID、公司名称和订单数量。

(8) 查询每个客户的每个订单总金额，输出客户 ID、订单 ID、订购日期和订单金额。按照客户 ID 升序，订购日期降序排列。

(9) 查询每个客户在每个年份的订单总金额，输出客户 ID、年份和年订单总金额。按照客户 ID、年份升序排列。

(10) 查询每个雇员在每个年份的订单总金额，输出雇员 ID、年份和年订单总金额。按照雇员 ID 和年份升序排列。

(11) 查询果汁类产品在每个年份的销售总金额，输出产品 ID、产品名称、年份和年销售总金额。按照产品 ID 和年份升序排列。

(12) 查询在 2012 年没有订单的客户，输出客户 ID、公司名称。（提示：可用子查询）

(13) 查询在 2012 年没有订单的雇员，输出雇员 ID、姓名。

(14) 查询在 2010、2011、2012 这 3 年均有订单的客户，输出客户 ID、公司名称。

(15) 查询每种产品的 3 年销售总额，输出产品 ID、产品名称和销售总额，按照销售总额降序排列。

实验 4-2　SQL 数据定义和数据操作语句

说明：本实验使用 cpxsgl.accdb 数据库。

实验目的

(1) 掌握 SQL 的数据操作命令的功能和语法。

(2) 掌握数据插入命令 Insert、数据更新命令 Update、数据删除命令 Delete 的使用。

(3) 掌握 SQL 数据定义命令的功能和语法。

(4) 掌握 Create Table、Alter Table 命令的使用。

(5) 了解 Create Index、Drop Table 命令的使用。

实验内容

(1) 向"客户"表中插入一条记录,客户 ID、公司名称、地区、城市字段的值分别为 "N099""望京饭店""华北""北京"。

(2) 删除上题中插入的记录。

(3) 将"产品"表中的"单价"字段值增加 5%。

(4) 将"产品"表中的所有数据备份到"新产品"表中。

(5) 删除"新产品"表。

(6) 创建 ywgl(业务管理)数据库和以下 3 个表,并以 3 个表的第一个字段建立主索引。

- 职员:职员号 Text(3),姓名 Text(6),性别 Text(2),组号 SmallInt,职务 Text(10)
- 客户:客户号 Text(4),客户名 Text(36),地址 Text(36),所在城市 Text(36)
- 订单:订单号 Text(4),客户号 Text(4),职员号 Text(3),签订日期 Date,金额 Money

(7) 为职员表增加一个字段,手机号码 Text(11)。

(8) 删除职员表中的字段"组号"。

(9) 为订单表创建以"客户号"为关键字的索引。

(10) 为"职员"表和"订单"表、"客户"表和"订单"表分别创建关系。

第5章 窗 体

学习目标

(1) 掌握窗体对象的组成、窗体的基本功能。了解面向对象的概念和其在窗体对象中的应用。

(2) 掌握利用向导、设计视图创建窗体的方法。

(3) 掌握常用窗体对象和控件的功能特点和常用属性,了解对象和控件的常用方法和事件。

(4) 掌握创建数据显示窗体、数据操作窗体、流程控制窗体、主/子窗体的方法。

Access 的窗体是一种重要的数据库对象,是用户与数据库系统之间的人机交互界面。窗体的作用包括显示和编辑数据、接收用户输入的数据以及控制应用程序流程等。窗体为用户提供了直观、友好的数据操作界面,还可以将 Access 数据库的各种对象组织在一起,快速构建一个功能完整、使用方便、风格统一的数据库应用系统。本章将详细介绍窗体对象的设计和应用。

5.1 窗体概述

5.1.1 窗体的功能与分类

在 Access 中,窗体对象作为应用系统与用户之间的接口,它并不存储数据,主要用来作为数据的输入和输出界面。窗体中包含了各类控件,可以把数据组织成便于用户浏览的形式,使数据的操作更加直观、方便,易于理解。窗体通常包含各种数据库对象和控件,通过为对象的事件编写 VBA 代码,对象可响应用户的各种操作,提高了数据操作的可靠性和便捷性。

1. 窗体的主要功能

窗体分为有数据源和无数据源两类。有数据源的窗体通常作为数据输入或输出的界面,无数据源的窗体通常用于组织和控制程序流程。概括起来,窗体的功能包括以下 3 个方面。

1) 显示数据

窗体中包含各种控件,如文本框、组合框、子窗体、OLE 对象等,能以文本、数值或者图表等不同形式显示信息,为多样化展示数据、便捷化浏览数据提供了工具。此外,还可以在窗体中加入各类统计数据,使用户可以更全面地了解数据。

2）输入和编辑数据

用户通过窗体可以对数据表和查询中的数据进行定位、添加、修改、删除等多种操作。此外,可以在窗体的各类对象事件中编写代码,提供数据验证和监测机制,维护操作过程中数据的完整性。窗体控件允许用户方便地输入查询或统计条件,以获得需要的查询或统计结果。

3）控制程序流程

窗体对象是 Access 提供的快速开发数据库应用系统的工具之一。窗体可以与函数、宏、过程等结合,完成各类复杂的事务处理并控制应用程序流程。

2. 窗体的分类

窗体有多种分类方法,按照数据显示方式的不同,窗体可分为以下 7 种类型。

1）纵栏式窗体

纵栏式窗体又称为单个窗体,窗体中的每页只显示一条记录,每个字段占据屏幕一行。纵栏式窗体通常用于浏览和输入数据,如图 5-1 所示。

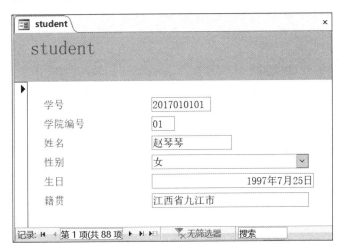

图 5-1　纵栏式窗体

2）表格式窗体

表格式窗体又称为连续窗体,该窗体一次可显示多条记录,每个字段只在窗体的顶端显示一个标签,每条记录显示在屏幕一行。若记录数目或字段的数目超过窗体显示范围,则窗体上会出现垂直或水平滚动条,拖曳滚动条可以显示窗体区域内未能显示的记录或字段,如图 5-2 所示。

3）数据表窗体

数据表窗体以二维表的形式显示数据,每条记录占据一行,外观上与数据表视图的显示形式相同,如图 5-3 所示。

4）主/子窗体

主/子窗体中包含两个窗体,外层窗体称为主窗体或父窗体,内层窗体称为子窗体。主/子窗体主要用来显示具有一对多关系的两个表或查询的数据。主窗体显示"一"方数

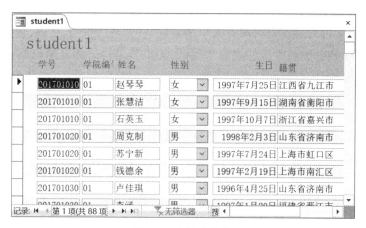

图 5-2　表格式窗体

据,一般采用纵栏式窗体,子窗体显示"多"方数据,通常采用数据表窗体或表格式窗体。主窗体和子窗体的数据表之间通过公共字段相互关联。当主窗体显示某条记录时,子窗体中也会显示与该条记录关联的记录,如图 5-4 所示。

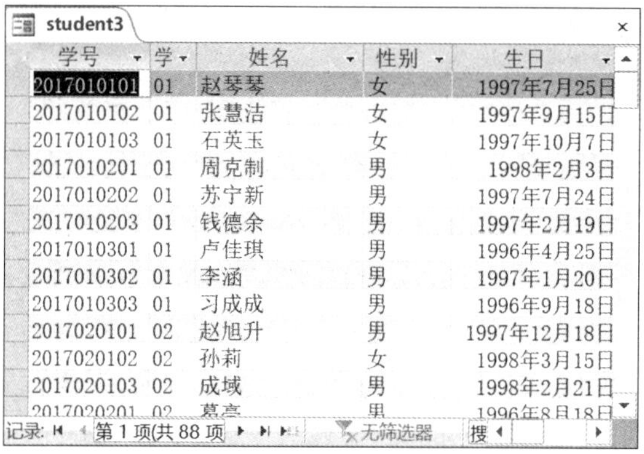

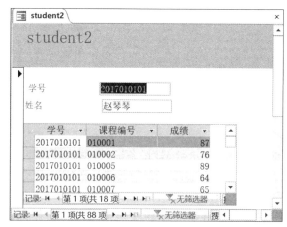

图 5-3　数据表窗体

图 5-4　主/子窗体

5）导航窗体

导航窗体是具有导航功能的窗体，包含数个导航控件，每个导航控件中可添加子窗体、报表等，此类窗体可放大窗体的信息容量，方便用户在不同数据源之间切换并浏览或编辑，如图 5-5 所示。

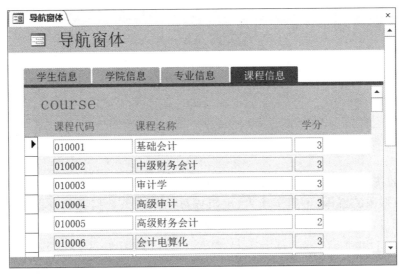

图 5-5　导航窗体

6）分割窗体

分割窗体同时提供数据的纵栏式浏览视图和数据表式浏览视图，两个视图关联到同一个数据源，两种视图的数据保持同步，如图 5-6 所示。

图 5-6　分割窗体

7）模式对话框

模式对话框是独占式窗体，模式对话框打开后，用户不能进行其他操作，必须关闭对话框后，才能进行下一步操作。模式对话框常用来作为登录窗口、确认窗口等，如图 5-7

所示。

图 5-7 模式对话框

此外,若按照窗体有无数据源划分,窗体可分为绑定窗体与未绑定窗体。绑定窗体是关联到数据源的窗体,可用于输入、编辑或显示来自该数据源的数据。未绑定窗体没有数据源与之关联,该类窗体通常包含运行应用程序所需的命令按钮、标签或其他控件。

5.1.2 窗体视图

在 Access2016 中,窗体主要有 3 种视图,分别为设计视图、窗体视图和布局视图。窗体在不同视图下可完成不同的任务,视图可以随时切换,以便以不同方式查看和编辑窗体。

1. 设计视图

窗体的设计视图用于窗体的设计和编辑修改,通过设计视图可以详细查看窗体结构。在设计视图中,用户可以设置数据源、向窗体中添加控件、设置控件的各种属性,还可以为窗体和控件定义事件过程,调整窗体各节的大小,窗体设计完成后可以保存并运行。

2. 窗体视图

窗体视图是窗体的运行状态,可在其中操作数据。根据窗体设计的功能,可在窗体视图中对数据进行查询、添加、编辑、删除和统计等操作。

3. 布局视图

布局视图是"所见即所得"模式的编辑视图,即各控件状态与窗体运行状态相同,但可以更改窗体的布局,同时也可以查看数据。在布局视图中,窗体的每个控件都显示记录源中的数据或计算结果,因此非常适合根据实际数据对控件的大小和位置做细微调整。此外,在布局视图中也可以添加控件,并设置窗体及控件的属性。

5.2　创建窗体

创建窗体有两种基本方法：一种方法是利用 Access 提供的各类向导和智能工具；另一种方法是利用窗体设计视图手工创建。如果是创建数据操作类窗体，采用向导方式比较快捷方便。Access 的窗体向导可创建常见的数据操作类窗体，其版式规范标准，只在设计视图下稍做修改即可应用，但要创建满足特定需求的窗体，必须使用窗体的设计视图完成。

Access 工作界面的"创建"选项卡的"窗体"组中列出了可以使用的各种向导和智能工具，如图 5-8 所示。其中，"窗体"按钮在已经选定某个表或查询情况下可以一键生成窗体；"窗体向导"可以启动创建窗体向导；"导航"选项提供了创建多种形式的导航窗体模板；"其他窗体"提供了"分割窗体""模式对话框"等形式的窗体模板。

图 5-8　创建窗体工具

5.2.1　使用向导创建窗体

使用向导创建窗体，需要在创建过程中选择数据源，数据源可以是一个或者多个表或查询。在向导对话框中，可以指定窗体中显示的字段，设置窗口的布局等。使用窗体向导可以创建有数据浏览和编辑功能的窗体。

1. 使用向导建立单一数据源窗体

【例 5-1】　在 xsgl 数据库中使用窗体向导创建学生信息浏览的纵栏式窗体。

操作步骤如下：

(1) 打开 xsgl 数据库。

(2) 选择"创建"→"窗体"→"窗体向导"选项，打开"窗体向导"对话框，选择表 student，如图 5-9 所示。

(3) 选择字段。将"可用字段"列表框中的字段添加到"选定字段"列表框中，单击"下一步"按钮，打开"窗体布局"对话框，如图 5-10 所示。

(4) 确定窗体布局。选中"纵栏式"单选按钮，单击"下一步"按钮，进入指定窗体标题的对话框，在文本框中输入标题或使用默认标题，单击"完成"按钮，系统将自动打开窗体，如图 5-11 所示。

说明：默认设置下，窗体下方都有一个导航条，其上的按钮可以浏览记录，在导航条中间的文本框中输入记录序号，可以快速定位到指定记录。单击窗体导航条上的"新记录"按钮 ▶，可追加一条新记录。

2. 使用窗体向导创建主/子窗体

主/子窗体中的数据源按照关联字段建立连接，通常以主窗体的某个字段为依据，在

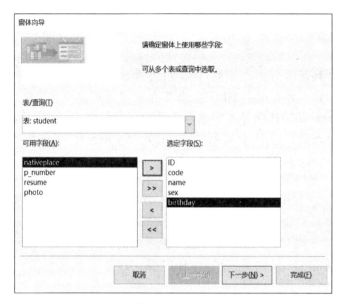

图 5-9　在"窗体向导"对话框中选择数据源

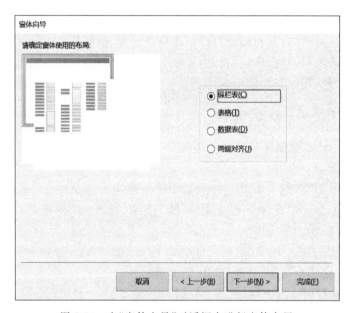

图 5-10　在"窗体向导"对话框中进行窗体布局

子窗体中显示与主窗体中当前记录相关的记录,主窗体中切换记录时,子窗体的显示记录也会随之切换,所以这种窗体通常用于查看有一对多关系的表或者查询中的数据。创建主/子窗体可以使用窗体向导,也可以根据需要使用设计视图自行设计。

　　【例 5-2】　在 xsgl 数据库中以表 college 和表 student 为数据源,使用窗体向导创建主/子窗体,主窗体显示学院信息,子窗体显示属于该学院的学生信息。

　　操作步骤如下:

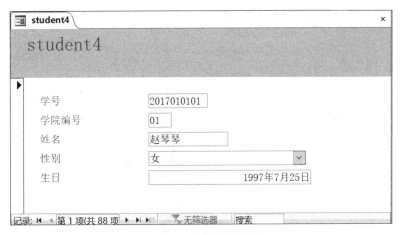

图 5-11　窗体运行界面

（1）打开 xsgl 数据库。

（2）选择数据源，添加选定字段。选择"创建"→"窗体"→"窗体向导"选项，打开"窗体向导"对话框，并在数据源列表框中选择表 college，并将 code 和 name_c 2 个字段添加到"选定字段"列表框中。

（3）再次在数据源列表框中选择表 student。

（4）将 ID、name、sex、birthday 和 nativeplace 5 个字段添加到"选定字段"列表框中，如图 5-12 所示。

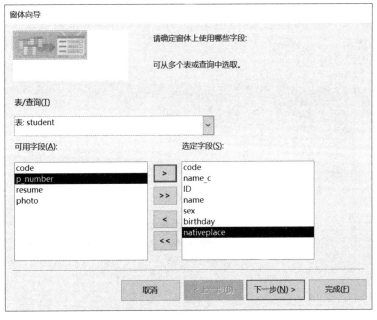

图 5-12　在"窗体向导"中选择数据源

（5）单击"下一步"按钮，如果两表之间已经正确设置了关系，则会进入窗体向导的下

一个对话框,选择查看数据的方式,即确定以 college 表为主窗体、以 student 表为子窗体,
选中"带有子窗体的窗体"单选按钮,如图 5-13 所示。

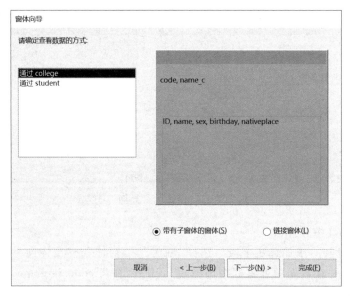

图 5-13 选择查看数据的方式

(6)单击"下一步"按钮,进入到"窗体布局"对话框。选择以"数据表"或"表格"方式
显示数据。

(7)单击"下一步"按钮,在弹出的"窗体标题"对话框中输入每个窗体的标题,主窗体
标题为"学院信息",子窗体标题为"学生信息",选中"打开窗体查看或输入信息"单选按
钮,如图 5-14 所示。

图 5-14 设置主窗体和子窗体标题

（8）单击"完成"按钮，结束窗体向导。左侧导航窗格中同时创建了"学院信息"和"学生信息"两个窗体对象，"学院信息"窗体以主/子窗体的形式显示。主/子窗体运行界面如图 5-15 所示。

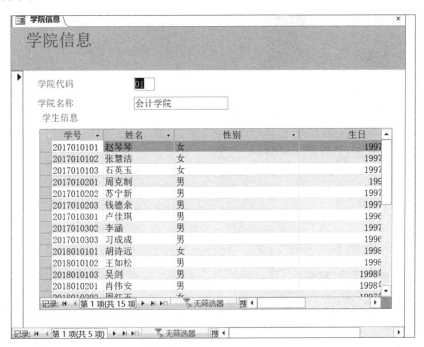

图 5-15   主/子窗体运行界面

5.2.2　自动创建窗体

在 Access 2016 中，自动创建窗体包括使用"窗体"按钮，以及使用"其他窗体"下拉列表中的"多个项目"按钮、"数据表"按钮、"分割窗体"按钮等多种方式创建窗体。

1. 使用"窗体"按钮创建窗体

使用"窗体"按钮自动创建窗体是一种快速创建窗体的方法，该方法可以将单个表或查询作为数据源，选定数据源后，窗体将包含来自该数据源的所有字段和记录，所创建的窗体为纵栏式窗体。使用"窗体"按钮自动创建窗体时，若选定的表与其他表或查询具有一对多的关系，则 Access 将向该窗体中自动添加一个子窗体。

【例 5-3】　在 xsgl 数据库中以 course 表为数据源，使用"窗体"按钮自动创建窗体，显示课程及成绩信息。

操作步骤如下：

（1）打开 xsgl 数据库，在导航窗格中选定 course 表。

（2）选择"创建"→"窗体"→"窗体"选项，系统会自动创建窗体，并以布局视图显示此窗体，如图 5-16 所示。

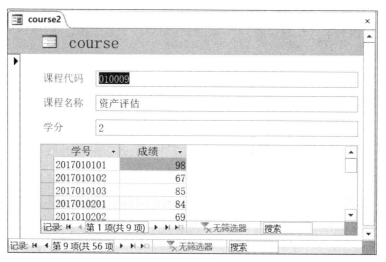

图 5-16　使用"窗体"按钮创建的窗体

（3）保存窗体，命名为 course。

2. 创建"多个项目"窗体

"多个项目"窗体是指在窗体中显示多条记录的一种窗体布局形式，记录以表格的形式显示，是一种连续窗体。

【例 5-4】　在"学生管理"数据库中以 score 表为数据源，使用"多个项目"按钮创建窗体。

操作步骤如下：

（1）打开 xsgl 数据库，在导航窗格选定 score 表。

（2）选择"创建"→"窗体"组→"其他窗体"选项，并在下拉列表框中选择"多个项目"选项，系统将自动创建多个项目窗体，并以布局视图显示此窗体，如图 5-17 所示。

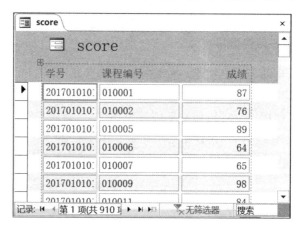

图 5-17　score 多个项目窗体

（3）关闭并保存窗体，窗体名称为 score。

3. 创建"分割窗体"

分割窗体同时用两种不同方式显示数据。运行时，窗体被分隔成上下两部分，上半部分以纵栏方式显示数据，用于查看和编辑记录，下半部分以数据表方式显示数据，可以快速定位和浏览数据。两种视图都连接到同一数据源，所以记录显示上始终保持同步，用户可以在任何一部分中切换、添加、编辑或删除记录。

【**例 5-5**】　在 xsgl 数据库中以 course 表为数据源，使用"分割窗体"按钮创建窗体。

操作步骤如下：

（1）打开 xsgl 数据库，在导航窗格选定 course 表。

（2）选择"创建"→"窗体"→"其他窗体"选项，并在下拉列表框中选择"分割窗体"选项，系统将自动创建分割窗体，并以布局视图显示此窗体，如图 5-18 所示。

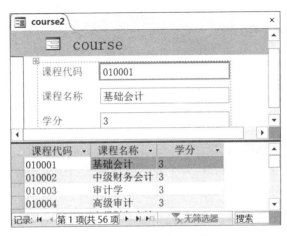

图 5-18　course 分割窗体

（3）关闭并保存窗体，窗体命名为 course2。

4. 使用"空白窗体"按钮创建窗体

使用"空白窗体"按钮创建窗体是在布局视图中打开空白窗体，同时显示可用于该窗体的数据源表，用户根据需要可以把表中的字段拖到窗体上，这些字段可以来自一个数据表，也可以来自多个相关的数据表。通过这种方式可以快速生成窗体，尤其适用于仅在窗体中显示几个字段的情况。

【**例 5-6**】　在 xsgl 数据库中以 major 表为数据源，使用"空白窗体"按钮创建窗体，显示专业代码和专业名称。

操作步骤如下：

（1）打开 xsgl 数据库，选择"创建"→"窗体"→"空白窗体"选项，此时会在布局视图中打开空白窗体，并显示"字段列表"窗格。

（2）单击"显示所有表"，此时将显示数据库中所有的数据表。

（3）单击 major 表前的"＋"号，展开该表包含的字段，如图 5-19 所示。

（4）依次双击该表中的 m_code 字段和 m_name 字段，或将这两个字段依次拖动到空白窗体中，此时窗体中会显示出 major 表中相关字段的第一条数据，如图 5-20 所示。

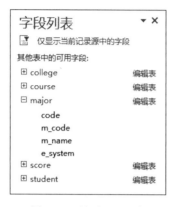 

图 5-19　展开 major 表　　　　　　　图 5-20　添加了字段后的空白窗体

（5）关闭并保存窗体，窗体命名为 major1。

5. 导航窗体

在导航窗体中，通过导航按钮可在不同的界面之间切换浏览，从而实现将已建立的数据库对象集成在一个窗体中。

导航窗体由多个导航控件构成，每个导航控件可显示一个窗体或报表对象，"导航目标名称"属性定义了导航控件显示的窗体或报表对象。

【例 5-7】　创建"学生管理系统导航"窗体，设置导航按钮形式为"垂直标签，左侧"，添加 4 个导航标签："学院信息浏览""课程信息浏览""学生信息浏览"和"成绩信息浏览"，分别在导航窗体中浏览 college、major、student 和 score 窗体。

操作步骤如下：

（1）打开 xsgl 数据库，选择"创建"→"窗体"→"导航"选项，在下拉列表中选择"垂直标签选项，左侧"布局，打开导航窗体的布局视图。

（2）添加导航标签。单击布局视图上的"新增"按钮，输入"学院信息浏览"，或在属性表窗格中修改"标题"属性为"学院信息浏览"。用相同的操作依次创建"课程信息浏览""学生信息浏览"和"成绩信息浏览"导航标签，如图 5-21 所示。

（3）设置导航目标。在窗体的布局视图或设计视图中单击"学院信息浏览"标签，然后打开属性表窗格，在数据选项卡中设置"导航目标名称"属性为"学院信息"窗体（在例 5-2 中创建）。用相同的操作依次创建"课程信息浏览""学生信息浏览"和"成绩信息浏览"导航标签的"导航目标名称"属性值为窗体对象 course、student 和 score（3 个窗体均已创建）。

（4）修改窗体页眉节的标签控件的"标题"属性为"学生管理系统"。查看窗体运行情况，保存并命名窗体为"学生管理系统导航"。导航窗体运行效果如图 5-22 所示。

图 5-21　添加导航标签

图 5-22　导航窗体运行效果

　　导航窗体通常用作数据库之间系统的切换面板,若需要设置为每次打开数据库时的默认显示窗体,可选择"文件"→"选项"→"当前数据库"选项,在"应用程序选项"下的"显示窗体"列表中选择打开数据库时默认运行的窗体。

5.2.3　使用设计视图创建窗体

　　使用窗体向导可以快速创建简单的窗体,但若用户要创建符合自己特定需求的窗体,则要在窗体设计视图中完成。也可以先使用向导或自动创建方式生成窗体,再切换到窗体设计视图中进一步修改。

1. 窗体构成

窗体根据显示的内容分成几个区域,每个区域称为一个"节"。

选择"创建"→"窗体"→"窗体设计"选项,即可打开窗体的设计视图。默认情况下,设计视图只显示主体节。

窗体设计区域由窗体页眉、页面页眉、主体、页面页脚和窗体页脚 5 个节组成,如图 5-23 所示。除主体节外,其他各节都是可选的。在主体节任意位置右击打开快捷菜单,选择"页面页眉/页脚"或"窗体页眉/页脚"命令,可显示其他节,再次选择,则取消显示。上下拖动节分界线,可以调整节的高度。

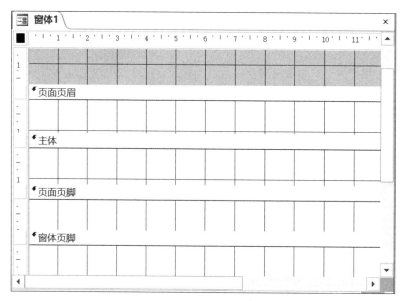

图 5-23　窗体设计视图

窗体页眉节位于窗体顶部,通常用于显示窗体的标题或使用说明信息、日期、标志性图案等。打印窗体时,只在第一页的开头打印一次。

页面页眉节一般用来设置窗体在打印时的页面顶部信息,如标题、标徽等。页面页眉的内容在每页开头都会打印一次。

主体节是窗体的主要设计区域,通常用来显示或操作数据源中的记录,每个窗体都必须包含主体节。

页面页脚节一般用来设置窗体在打印时的页脚信息,如页码。页面页脚的内容在每页末尾都会打印一次。

窗体页脚节通常用来显示对窗体中所有记录的汇总信息,也可以放置窗体使用说明、日期信息和命令按钮等。打印窗体时,出现在主体节的最后一项数据之后。

2. "窗体设计工具"选项卡

在设计视图下会显示"窗体设计工具"选项卡,它由"设计""排列"和"格式"子选项卡组成。"设计"选项卡提供了窗体及控件设计工具;"排列"选项卡用于调整窗体布局,如对齐和排列控件;"格式"选项卡用来设置控件的显示格式。

1)"设计"选项卡

"设计"选项卡中包括"视图""主题""控件""页眉/页脚"及"工具"5个选项组。

(1)"视图"选项组:利用"视图"选项组的下拉列表,可在窗体视图、布局视图、设计视图和数据表视图之间切换。

(2)"主题"选项组:"主题"选项组包括"主题""颜色"和"字体"3个按钮。改变主题会使数据库中所有窗体对象的外观风格发生改变。每个按钮都带有下拉列表,提供多种主题、颜色、字体方案。同样,选择不同颜色和字体后,所有窗体对象的颜色和字体均发生改变。

(3)"控件"选项组:"控件"选项组是设计窗体的主要工具,包含多个控件。单击"控件"组的下拉箭头,可显示全部控件以及可插入窗体的 ActiveX 控件。控件向导按钮是可选的,启用控件向导可以引导用户完成控件的属性设置,如图 5-24 所示。

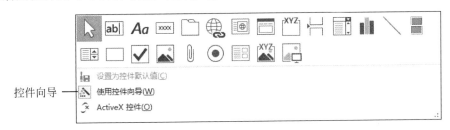

图 5-24　"控件"选项组中的控件

(4)"页眉/页脚"选项组:"页眉/页脚"选项组用于设置窗体页眉/页脚和页面页眉/页脚,命令按钮及具体功能见表 5-1。

表 5-1　"页眉/页脚"组命令按钮

命令按钮	名　　称	功　　能
	徽标	美化窗体的工具,将图片自动插入窗体页眉中,用作徽标
	标题	创建窗体标题,可快速完成标题创建,并插入窗体页眉中
	日期和时间	在窗体页眉中自动添加日期和时间

(5)"工具"选项组:"工具"选项组中的命令用来辅助窗体设计,命令按钮及具体功能见表 5-2。

表 5-2　"工具"组命令按钮

命令按钮	名　　称	功　　能
	添加现有字段	显示表或查询的字段列表
	属性表	打开窗体或控件的属性表对话框,设置其属性
	Tab 键次序	改变窗体上控件获得焦点的次序

续表

命令按钮	名　　称	功　　能
	子窗体	在新窗口打开子窗体
	查看代码	显示当前窗体的 VBA 代码
	将宏转换为代码	将窗体的宏转变为 VBA 代码

2）"排列"选项卡

"排列"选项卡中包括"表""行和列""合并/拆分""移动""位置"和"调整大小和排序"共 6 个选项组，主要用来编辑窗体布局，如对齐和排列控件。

（1）"表"选项组："表"组命令用于设置窗体控件的布局方式，命令按钮及具体功能见表 5-3。

表 5-3　"表"组命令按钮

命令按钮	名　　称	功　　能
	网格线	设置窗体中网格线的形式、颜色、宽度和边框样式，有水平、垂直等 6 种类型
	堆积	创建一个类似于纵栏式布局，其中标签位于每个字段左列
	表格	创建一个类似于表格式布局，标签位于每一列的顶部，列数据位于标签下面
	删除布局	删除应用于控件的布局

（2）"行/列"选项组：该组命令用于在窗体布局中插入行或列，类似于在表格中插入行或列。

（3）"合并/拆分"选项组：该组命令用于窗体布局中，将所选的控件拆分和合并，其中拆分操作分为垂直拆分和水平拆分。

（4）"移动"选项组：该组命令对使用"堆积"式或"表格"式布局的控件有效，应用"上移"和"下移"命令，可将控件在同一节或者不同节之间移动位置。

（5）"位置"选项组：该组命令主要用于调整控件位置，如调整控件内文本与控件边界的距离、调整控件之间的间距等。

（6）"调整大小和排序"组：其中"大小/空格"和"对齐"命令用于调整控件的大小和排列。当控件有重叠区域时，可用"置于顶层"和"置于底层"命令在设计视图中调整控件的上下位置。

3）"格式"选项卡

"格式"选项卡中包括"所选内容""字体""数字""背景"和"控件格式"5 个选项组。主要用于控件选择、文字样式编辑、背景设置和控件外观设置等。

3. "属性表"窗格

窗体和控件是窗体设计的主要对象，它们的属性决定了对象的特征及操作方式。不同对象有不同属性集和操作集，同一对象，属性设置不同，其外观及操作也不同。对象属性的设置是在对象的"属性表"窗格中进行的,窗体的"属性表"窗格如图 5-25 所示。

在设计视图中,打开某个对象的属性表窗格有下列方法:

(1) 选中该对象,在"设计"选项卡的"工具"组中单击"属性表"按钮。

(2) 直接双击所选中的对象。

(3) 右击选中的对象,在快捷菜单中选择"属性"命令。

(4) 在"属性表"窗格的对象名称框下拉列表中选择要设置属性的对象。

图 5-25 窗体的"属性表"窗格

"属性表"窗格包括"格式""数据""事件""其他"和"全部"5 个选项卡,分别显示对象的分类属性。

① "格式"属性:指定对象的外观和数据显示方式,如标题、位置、大小和边框等。

② "数据"属性:设置对象的数据来源及其数据操作的方式,如记录源、控件来源和输入掩码等。

③ "事件"属性:列出了对象可以响应的事件,允许为某个事件定义命令或编写事件过程代码,如单击、双击、获得焦点、更新后等事件。

④ "其他"属性:设置对象的其他属性,如名称、Tab 键索引等。

⑤ "全部"属性:显示以上各类属性。

4. 在设计视图中创建窗体的步骤

(1) 选择窗体的数据源。

若要创建一个数据操作类型的窗体,需要为窗体添加数据源。数据源可以是一个表或查询。可使用窗体属性表的"数据"选项卡设置"记录源"属性。

(2) 在窗体中添加控件。

添加控件的方法有两种。

图 5-26 "字段列表"窗格

方法一:在设计视图下选择"设计"→"工具"→"添加现有字段",打开"字段列表"窗格,如图 5-26 所示。双击选定或拖动字段到窗体,即创建与字段绑定的控件及关联的标签控件。使用 Shift 键可选定多个连续的字段,使用 Ctrl 键可选定不连续字段,可一次拖动多个字段到窗体。

方法二:在"设计"→"控件"组中选择相应的控件添加到窗体。具体方法是:先选中某个控件,然后在窗体某个位置单击或拖放鼠标。

(3) 设置控件属性。在"属性表"窗格中设置窗体或控件的属性,也可根据实际需要为控件或对象的事件设置宏或编写代码。

（4）保存窗体并运行窗体对象。运行窗体查看设计效果，如有错误，切换到设计视图，修改窗体设计。

【例 5-8】 以 course 表为数据源，利用设计视图创建一个浏览和编辑课程信息的窗体，窗体名称为 course2。

操作步骤如下：

（1）打开 xsgl 数据库，单击"创建"→"窗体"→"窗体设计"选项，打开窗体设计视图。

（2）单击"设计"→"工具"→"属性表"选项，打开"属性表"窗格。在该窗格的"数据"选项卡中设置窗体对象的记录源为 course 表。

（3）单击"添加现有字段"按钮，打开"字段列表"窗格，将窗格中的 C_code 字段、C_name 字段和 credit 字段拖放到窗体的主体节的合适位置。

（4）切换到窗体视图查看设计结果，关闭并保存窗体，窗体名称为 course2。窗体运行界面如图 5-27 所示。

图 5-27　窗体运行界面

5.3　窗体设计及控件使用

窗体中包含多个控件，如文本框、命令按钮等。控件用来实现输入输出数据、控制程序流程等操作。

Access 是支持面向对象技术的数据库管理系统，每类对象都有自己的属性集、方法（面向对象技术中方法代表操作）集和事件集，属性集决定了对象的外在和内部特征，方法集决定了对象的行为，事件则是对象可识别的、外界对其施加的操作。本节介绍常用控件对象的使用方法。

5.3.1　窗体与控件对象

1. 窗体对象

窗体对象的属性表中分类罗列了其所有属性和事件。

1）"格式"选项卡

"格式"选项卡中的属性主要用来定义对象的外观。窗体的常用格式属性及作用，见表 5-4。

表 5-4　窗体的常用格式属性及作用

属 性 名 称	属 性 值	作　　用
标题	字符串	设置窗体标题所显示的文本
默认视图	连续窗体、单一窗体、数据表、分割窗体	决定窗体的显示形式
边框样式	无边框、细边框、可调边框、对话框边框	决定窗体边框的样式
滚动条	两者都有、两者均无、水平、垂直	决定窗体是否具有垂直和水平滚动条
记录选择器	是/否	决定窗体是否具有记录选择器
导航按钮	是/否	决定窗体是否具有记录浏览按钮
分隔线	是/否	决定窗体是否显示记录之间的分隔线
自动居中	是/否	决定窗体是否在 Windows 窗口中居中
控制框	是/否	决定窗体是否显示控制菜单
最大/最小化按钮	无、最小化按钮、最大化按钮、两者都有	决定是否使用 Windows 标准的最大化和最小化按钮

2)"数据"选项卡

"数据"选项卡中属性主要指定窗体数据源和数据的显示格式,见表 5-5。

表 5-5　窗体的常用数据属性及作用

属 性 名 称	属 性 值	作　　用
记录源	表或查询	指定窗体信息的来源,可以是数据库中的一个表或查询,其中查询可以是一条 SQL 查询语句
筛选	字符串表达式	对数据源中的记录设置筛选规则
排序依据	字符串表达式	设置数据排序依据和排序方式(默认是升序),使用多个排序字段时,各字段之间用西文逗号隔开
允许编辑、允许添加、允许删除	是/否	分别决定窗体运行时是否允许对数据进行修改、添加或删除操作

　　要特别强调,窗体记录源只能有一个,如果窗体中要包含多个表中的数据,必须创建数据源为多个表的查询,以此查询作为窗体记录源。

2. 控件分类

　　在窗体的设计视图下,"窗体设计工具"→"设计"→"控件"子选项卡中包括了所有窗体控件。

　　根据控件是否绑定数据源,可将窗体中的控件分为绑定型、非绑定型和计算型 3 类。

　　1)绑定型控件

　　控件与某个数据源字段绑定,如从字段表直接拖入窗体的控件,则自动绑定该字段,也可以通过设置该控件的"控件来源"属性绑定字段。窗体运行时,绑定型控件会显示与其绑定字段的当前值。通常,如果用户修改了绑定型控件的数据,就能够保存并更新源数据表。

2）非绑定型控件

未与任何字段绑定的控件称为非绑定型控件。非绑定型控件常用于显示数据表无关的信息或接收用户输入的参数等。

3）计算型控件

计算型控件以表达式作为控件来源,表达式计算结果显示于控件中。每次打开窗体时,系统会重新计算表达式的值并显示。如果表达式引用了数据表字段,表达式的值也不会更新数据表。

3. 常用控件

Access 提供了 20 多种不同类型的控件,这些控件可以在窗体、报表中使用。不同控件的属性和功能不同。常用控件及功能见表 5-6。

表 5-6　常用控件及功能

控件	名　称	功　能
↖	选择对象	用于选择控件、移动控件和改变控件尺寸
ab|	文本框	显示短文本、数字、日期、时间和长文本字段及表达式数据,可用于输入、显示或编辑数据,显示计算结果或接收用户输入的数据
Aa	标签	用于显示静态文本,如窗体的标题或标签,不能作为绑定型控件
xxxx	命令按钮	用于激活宏或过程代码,执行某些操作,如确认或取消某段代码的执行
▢	选项卡控件	用于创建一个多页的选项卡窗体,可以扩大窗体显示的信息量或分类显示信息
⊕	超链接	用于创建超链接,以快速访问网页和文件
▣	Web 浏览器控件	用于在窗体上显示 Web 信息
▣	导航控件	用于导航到不同窗体和报表
XYZ	选项组	与复选框、选项按钮或切换按钮配合使用,以图形化方式显示一组可选值
⊢⊣	插入分页符	用于打印窗体或报表时,在当前位置强制分页
▤	组合框	包含列表框和文本框的特性,既可以在文本框中输入值,也可以从列表框中选择值
▮▮	图表	用于在窗体或报表中显示图表对象
╲	直线	在窗体或报表中添加线条,以增强外观效果
▬	切换按钮	可绑定到"是/否"字段,或作为未绑定控件与选项组配合使用
▤	列表框	以列表方式显示数据,供用户选择
▢	矩形	画出一个矩形,用于组织相关控件或突出重要数据

控件	名　称	功　能
✔	复选框	可绑定到"是/否"字段,或作为未绑定控件使用
▣	未绑定对象	在窗体或报表中显示未绑定 OLE 对象,如图片、声音等
⫿	附件	用于绑定到数据源中的附件字段
⊙	选项按钮	可绑定到"是/否"字段,或作为未绑定控件与选项组配合使用
▤	子窗体/子报表	用于在主窗体或主报表中嵌入子窗体或子报表,显示来自一对多关系中的数据
▣	绑定对象框	在窗体或报表中显示和编辑绑定的 OLE 对象
▣	图像	用于在窗体或报表中显示静态图片

4. 控件布局设计

在设计窗体过程中,经常需要对其中的控件位置、大小进行调整,这就涉及选定控件、改变控件尺寸、移动控件、复制控件、删除控件、对齐和排列控件、改变控件类型等操作,这些操作可在窗体设计视图或布局视图中进行。下面的说明均在设计视图下进行,在布局视图中进行控件的各类设置,方法与在设计视图中使用的方法相同。

1) 选定控件

为控件设置属性或进行其他设置,首先单击选定控件,之后使用控件的控制柄调整控件大小、移动控件的位置。在控件以外区域单击,取消控件的选定。控件选定的其他方法说明如下。

(1) 鼠标在窗体区域拖放,可同时选定多个相邻控件;按住 Shift 键,分别单击每个控件,可同时选定多个不相邻控件。

(2) 按 Ctrl+A 组合键,同时选定窗体上的所有控件。

(3) 在垂直标尺(或水平标尺)上单击,落在这条标尺线上的控件会被全部选中。在垂直(或水平)方向拖放鼠标,松开后,划过的控件全部被选中。

2) 改变控件尺寸

选中控件后,当鼠标置于控件的控制柄(左上角灰色控制柄除外),变成双箭头形状时,拖放鼠标可改变控件尺寸,使用"Shift+方向键"可以对控件的大小进行微调。

同时选定多个控件后,可以在"属性表"窗格的"格式"选项卡下统一设置控件的高度和宽度,此时"属性表"窗格所选内容的类型显示为"多项选择"。

3) 移动控件

选定一个或一组控件后,鼠标变成十字箭头形状时,拖动鼠标可移动控件。也可以选定控件后,按键盘上的方向键(←、↑、→、↓)移动控件,使用"Ctrl+方向键"可以实现控件位置的微调。

4) 复制控件

选定单个控件或一组控件,使用右键快捷菜单中的"复制"和"粘贴"命令可完成控件的复制,采用此方法可快速添加同类控件。

5）删除控件

选定要删除的控件,按 Del 键删除,或使用右键快捷菜单中的"删除"命令。

6）对齐和排列控件

选定需要调整布局的多个控件,选择"排列"→"调整大小和排序"→"对齐",在打开的列表中选择一种对齐方式,如图 5-28 所示。单击"大小/空格"按钮打开列表,如图 5-29 所示,选择其中相应的命令,可以完成如控件等长、等宽、等间距之类操作。通过右键快捷方式可进行同样的设置。

图 5-28　控件的对齐方式　　　　　　图 5-29　调整控件布局

7）改变控件类型

若要更换已有控件的类型,右击该控件,从快捷菜单中选择"更改为"菜单项,然后从级联菜单中选择需要的控件类型。

【例 5-9】　对例 5-8 建立的 course2 窗体进行修改,为其添加窗体标题,修改窗体属性(取消记录选择器、分隔线和滚动条,设置可调边框,保留最大最小化按钮和关闭按钮,窗体打开时自动居中);对控件布局进行修改(调整控件位置,设置主体节的全部控件显示文字为楷体、14 字号)。

操作步骤如下:

(1) 打开 course2 窗体对象的设计视图。

(2) 打开窗体的属性表,对窗体属性做如下设置:

将"标题"属性设置为"课程信息浏览","导航按钮""记录选择器"和"分隔线"属性都设为"否","自动居中"属性设为"是",滚动条属性设为"两者均无","边框样式"属性设为"可调边框","最大最小化按钮"属性设为"两者都有","关闭按钮"属性设为"是"。

（3）在设计视图中，通过鼠标拖放选中主体节的全部控件，设置显示文字为楷体、14字号。

（4）在选中的任意控件上右击，在快捷菜单中选择"大小"→"正好容纳"选项。

（5）选择"文件"→"另存为"→"对象另存为"命令，窗体命名为 course3。切换至窗体视图，窗体运行界面如图 5-30 所示。

图 5-30   窗体运行界面

5.3.2 标签控件和文本框控件

1. 标签控件

标签（Label）是用来显示静态文本的控件，常用于显示说明性文字，如标题和提示信息等。标签只能显示信息，不能用于输入数据。标签属于非绑定型控件，通常在添加文本框、组合框等控件时会自动添加一个与之关联的标签，显示控件的名称或标题。

标签控件的常用属性如下。

（1）名称。名称是控件的标识符。在程序代码中，通过控件名称引用控件。同一窗体中，控件名称不能重复。

（2）标题。标签中显示的文本内容。

（3）背景样式。设置标签的背景是否透明。

（4）背景色、前景色。背景色指定标签的底色，前景色指定标签文字的颜色。可直接输入代表颜色的数值，或通过颜色属性的"生成器"按钮打开对话框输入。

（5）边框样式、边距颜色、边框宽度。设置标签边框的格式。

（6）可见。打开窗体时对象是否可显示。

2. 文本框控件

文本框（Text）是最常用的控件，具有交互功能，既可以显示数据，也可以输入编辑数据，还可以显示表达式计算结果。

文本框可以是绑定型、非绑定型和计算型控件。绑定型文本框与某个字段绑定，可用来显示、输入或更新字段值；非绑定型文本框无数据源，用来接收用户输入的信息；计算型文本框以表达式作为数据源，窗体运行时显示表达式的计算结果。

文本框的常用属性如下：

（1）控件来源。文本框的数据源，文本框的控件来源可以是字段或计算表达式，适用的数据类型包括短文本、长文本、时间日期、数字、是否等。

对于计算型文本框,在设计视图下可直接在文本框中输入表达式(需先输入"="),也可以在属性表窗格中使用控件来源属性的"生成器"按钮,打开表达式生成器输入。

(2)格式。设置文本、日期、数字、时间和货币等数据的显示格式。

(3)输入掩码。设置文本框控件的数据输入格式,仅对文本型和日期型数据有效。

(4)验证规则和验证文本。验证规则为在文本框中编辑数据时的合法性验证表达式,验证文本是当输入数据违反验证规则时,系统显示的提示信息。

(5)可用。指定文本框控件是否能够获得焦点。只有可用的文本框,才能输入或编辑其中的数据。

(6)是否锁定。设置文本框中的内容是否允许更改。如果文本框被锁定,则其中的内容不允许被修改或删除。

【例 5-10】 以例 3-7 建立的查询 s3 为数据源建立表格式窗体,显示查询的所有字段,其中平均成绩字段保留 1 位小数,窗体标题为"学生信息浏览",在窗体页眉节添加 2 个文本框,显示学生总人数和当前日期,窗体名称保存为"学生成绩信息"。

操作步骤如下:

(1)选择"创建"→"窗体"→"窗体设计"选项。

(2)在窗体空白处右击,在快捷菜单中选择"窗体页眉/页脚"命令,显示窗体页眉/页脚节。

(3)在窗体空白处右击,在快捷菜单中选择"表单属性",打开"窗体属性表"窗口。"记录源"属性设置为 s3。"默认视图"属性设置为"连续窗体","标题"属性设置为"学生成绩信息"。

(4)在窗体页眉节中增加一个标签,调整标签尺寸,输入标签文字"学生成绩信息",设置标签字体属性为"宋体",字号属性为 20。

(5)选择"窗体设计工具"→"设计"→"工具"→"添加现有字段"选项,打开"字段列表"窗口,如图 5-31 所示。同时选定 5 个字段,并拖放至窗体主体节。

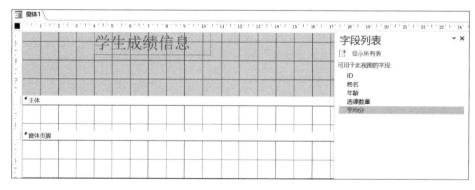

图 5-31   向窗体添加字段

(6)在主体节控件仍然全部选定的状态下,选择"窗体设计工具"→"排列"→"表"→"表格"选项,则控件显示风格改为表格式,所有标题的标签移动到窗体页眉处。之后再选择"窗体设计工具"→"排列"→"表"→"删除布局"选项,使标签与文本框控件解除联动,如图 5-32 所示。

图 5-32　设置控件布局

（7）同时选定窗体页眉里的标题标签和主体节中的控件（可使用单击标尺方式）,打开属性表,设置所有控件的字体属性为"楷体",字号属性为 16。调整各控件的位置、大小,如图 5-33 所示。

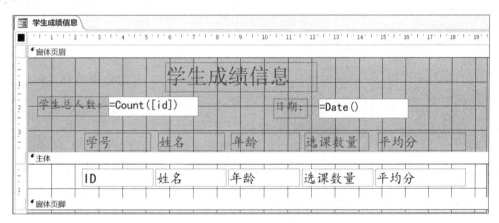

图 5-33　窗体设计视图

（8）在窗体页眉处添加两个文本框及两个标签,用来显示学生总人数和日期。分别打开两个文本框的属性表,设置两个文本框及其标签的字体属性为"楷体",字号属性为 14,"名称"属性分别改为"text1"和"text2"。将 text1 文本框的控件来源属性设置为"=Count([id])",text2 文本框的控件来源属性设置为"=Date()"。

（9）在主体节的"平均分"文本框属性表中设置其"格式"属性为"固定","小数位数"属性为 1。将 text2 文本框的"格式"属性设置为"长日期"。

（10）保存窗体,命名为"学生成绩信息"。切换到窗体视图,运行结果如图 5-34 所示。

5.3.3　列表框和组合框控件

列表框（List）和组合框（Combox）是两种功能相似的常用控件,两种控件均可进行数据的输入输出操作,与文本框不同的是,两种控件可提供从列表框选择数据的输入方式,

图 5-34　学生成绩信息窗体

使数据的输入变得便捷,并提高了数据输入的准确性。

1. 列表框与组合框的功能特点

列表框只允许用户从列表中选择数据,不能自行输入数据,组合框则结合了列表框和文本框的功能,用户既可以在文本框中输入数据,也可以打开下拉列表,从列表中选择数据。一般情况下,组合框的列表呈折叠状态。

列表框和组合框的列表中的数据可以来自表或查询,也可以由用户输入一组数据。在 Access 中,可以利用控件向导或自定义方式创建列表框和组合框控件,使用向导是创建组合框和列表框最简便的方法。列表框和组合框的操作基本相同,下面以组合框为例介绍其常用属性和设计方法。

2. 组合框的常用属性

(1)列数。该属性值默认为 1,表示在组合框中只显示 1 列数据。如果该属性值大于 1,则表示在组合框中显示多列数据,但控件只能绑定 1 列数据。

(2)控件来源。指定与组合框控件绑定的字段。

(3)行来源类型、行来源。分别指定组合框中数据来源的类型及具体的数据来源,两个属性必须配合使用。"行来源类型"属性有以下 3 种情况。

①"表/查询":表示列表中的数据来自一个表的某些字段值或一个查询对象的结果数据集,接下来需要在"行来源"属性里设置表或查询的名称,也可以是一条 SQL 查询语句。

②"值列表":表示列表中的数据来自用户自己的定义,接下来需要在"行来源"属性里输入这组数据,形式如"Sun;Mon;Tue;Wed;Thu;Fri;Sat",列表项之间用英文分号分隔。也可以启动"编辑项目列表"对话框输入。

③"字段列表":此选项表示列表中的数据是某个表或查询对象的字段名集合,"行

来源"中要指定一个表或查询对象名称。此时,在组合框的列表中将显示该表或查询中的所有字段名称。

(4)绑定列。在多列组合框中指定将哪一列的值存入控件来源绑定的字段中。如"2"表示将第 2 列数据与控件绑定。

(5)限于列表。设置组合框是否可以输入列表以外的数据。若该属性设置为"是",则表示在文本框中输入的数据只有与列表中的某个选项相符时,才能被接受。

【例 5-11】 在 xsgl 数据库中创建一个 student 表的记录输入窗体,纵栏式风格,其中 sex 字段和学院代码 code 字段用组合框控件输入。sex 字段的"行来源类型"属性是"值列表",code 字段的"行来源类型"为"表/查询",来自 college 表。窗体名称为 comstu。

操作步骤如下:

(1)打开 xsgl 数据库。单击"创建"→"窗体"→"窗体向导"选项,创建以 student 表全部字段为数据源的纵栏式窗体。调整窗体布局如图 5-35 所示。

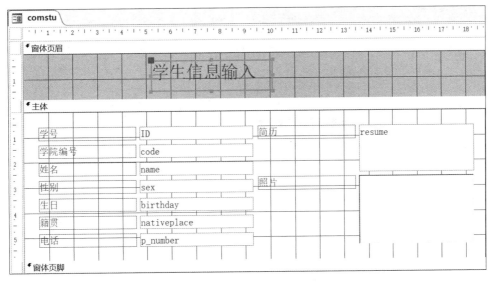

图 5-35 comstu 窗体设计视图

(2)打开窗体的属性表,将窗体的"数据输入"属性设置为"是",这样可向数据表添加记录。

(3)右击 sex 字段文本框,在快捷菜单中选择"更改为"→"组合框"命令,并打开其属性表,设置其"行来源类型"和"值列表"属性,如图 5-36 所示。

(4)右击 code 字段文本框,在快捷菜单中选择"更改为"→"组合框"命令,并打开其属性表,设置其"格式"→"列数"属性值为 2,再设置其"行来源类型"和"值列表"属性,如图 5-37 所示。

(5)保存窗体,窗体名称为 comstu。切换至窗体视图,运行结果如图 5-38 所示。组合框显示 2 列数据,但只绑定第 1 列。

图 5-36　设置 sex 组合框属性　　　　　图 5-37　设置 code 组合框属性

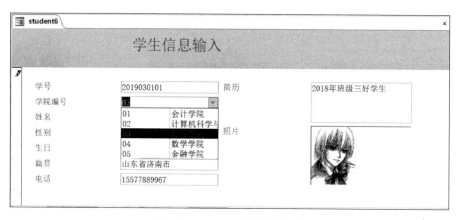

图 5-38　comstu 窗体运行结果

5.3.4　命令按钮控件

1. 命令按钮的功能

命令(Command)按钮是窗体中用于接收用户操作命令、控制程序流程的主要控件之一，用户可以通过它选择后续的操作，如打开和关闭窗体、运行查询等。Access 提供了命令按钮向导，帮助用户设置命令按钮的操作，无须编写任何代码。Access 命令按钮向导中可供选择的操作命令分为 6 类：记录导航、记录操作、窗体操作、报表操作、应用程序和杂项，共 30 余项。

2. 命令按钮的主要属性和方法

(1) 名称。控件的名称。

(2) 标题。显示在按钮上的文本。

（3）可用。设置按钮是否可以接收指令。

（4）单击事件。命令按钮对象的主要事件，当鼠标单击按钮时触发本事件。在应用程序中通常在这个事件中编写代码，进行各类事务处理。

【例 5-12】 以 course 表为数据源创建窗体 mcourse，用于 course 表的记录浏览、添加、删除、保存操作，在窗体页脚节添加一组命令按钮，实现各种记录操作功能，并添加一个命令按钮用于关闭窗体。

操作步骤如下：

（1）打开 xsgl 数据库。单击"创建"→"窗体"→"窗体向导"选项，创建以 course 表全部字段为数据源的纵栏式窗体。

（2）切换到设计视图，在窗体空白处右击，在快捷菜单中选择"窗体页眉/页脚"。

（3）单击"设计"→"控件"中的"使用控件向导"选项，在窗体页脚节的适当位置添加一个命令按钮，打开"命令按钮向导"对话框，如图 5-39 所示。选择"记录导航"类别中的"转至第一项记录"操作。

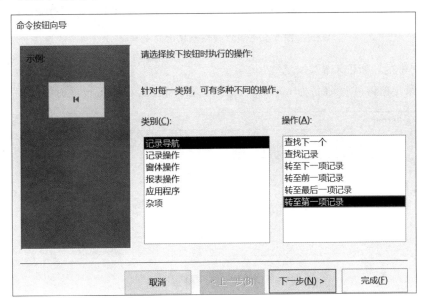

图 5-39　命令按钮向导之一

（4）单击"下一步"按钮，在向导中指定按钮的显示方式。将命令按钮设置为"文本型"按钮。设置按钮上显示的文本为"第一条"，如图 5-40 所示。单击"下一步"按钮，指定按钮的名称，单击"完成"按钮，结束向导。

（5）以同样的方式，在窗体页脚节添加另外 3 个命令按钮，按钮标题依次为"上一条""下一条"和"最后一条"，3 个命令按钮分别对应"记录导航"中的"转至前一项记录""转至下一项记录""转至最后一项记录"。

（6）在窗体页脚节添加 3 个命令按钮，按钮标题依次为"添加记录""保存记录""删除记录"，3 个命令按钮分别对应"记录操作"类别中的"添加新记录""保存记录""删除记录"。在窗体页脚节添加一个命令按钮，按钮标题为"关闭窗体"，按钮对应的操作为"窗体

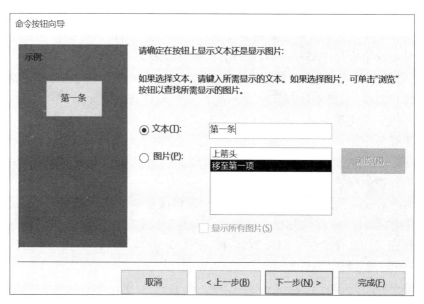

图 5-40　设置按钮上显示的文本

操作"类别中的"关闭窗体"。

（7）保存窗体并重命名为 mcourse，切换到窗体视图，窗体运行界面如图 5-41 所示。

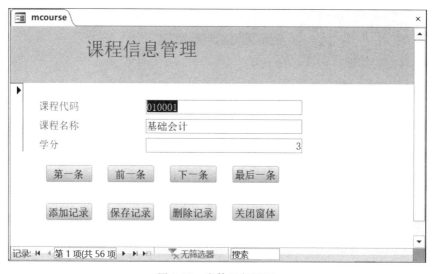

图 5-41　窗体运行界面

5.3.5　复选框、选项按钮、切换按钮和选项组控件

复选框、选项按钮和切换按钮 3 种控件都是具有两种状态的控件，它们的功能非常相似，适用于表示仅有两种状态的数据，如婚否、是否达标等此类数据。

选项组控件是一个容器类控件，可容纳多个复选框、选项按钮、切换按钮等控件。选项组控件包含的同类型控件之间形成互斥关系,同一时间只能选定其中一个。假如一个选项组控件中包含了一组选项按钮,则这些选项按钮中只能有一个呈现选定状态,同样的情况也适用于复选框和切换按钮。

复选框、选项按钮和切换按钮可以独立于选项组控件单独使用,不包含在选项组控件内的这 3 类控件均不受选项组控制。

【例 5-13】　在 student 表中添加一个字段,记录学生的贷款情况,字段名为 loan,字段类型为"是/否"。在例 5-11 创建的窗体中添加选项组,实现输入 student 表的 loan 字段。

操作步骤如下:

(1) 打开 student 表的设计视图,添加 loan 字段,数据类型为"是/否",标题属性设置为"有无贷款",保存后关闭表。

(2) 备份例 5-11 创建的窗体 comstu,将备份窗体切换到设计视图(备份方法为选择"文件"→"另存为"→"对象另存为"命令)。

(3) 在主体节的适当位置添加一个选项组控件,打开"选项组向导"对话框。在对话框中为每个选项指定标签:"有贷款""无贷款",如图 5-42 所示。

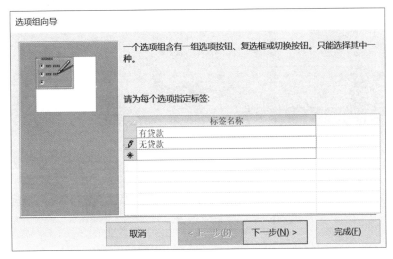

图 5-42　指定标签

(4) 单击"下一步"按钮,设置"是否有"为默认选项。选择"是",并在下拉列表中选择"无贷款"作为默认选项。

(5) 单击"下一步"按钮,在图 5-43 所示对话框中为每个选项指定值。因为 loan 字段为"是/否"类型,其值为 -1 或 0,因此将"有贷款"和"无贷款"分别赋值为 -1 和 0。

(6) 单击"下一步"按钮,在图 5-44 所示对话框中选择绑定字段,选中"在此字段中保存该值"单选按钮,并选择 loan 字段。

(7) 单击"下一步"按钮,在图 5-45 所示的对话框中设置选项组中控件的类型和样式,在对话框左侧可以预览该类型和样式的效果图,使用默认的控件和样式。

(8) 单击"下一步"按钮,为选项组指定标题为"是否贷款",最后单击"完成"按钮。

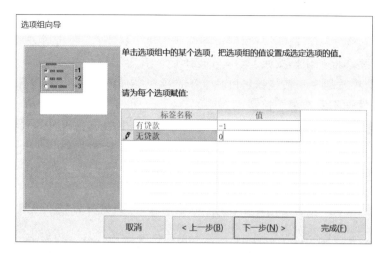

图 5-43　选项赋值

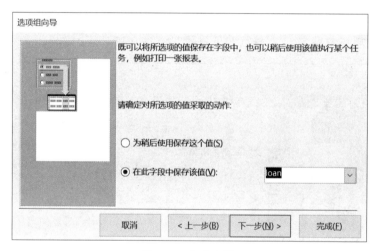

图 5-44　绑定字段

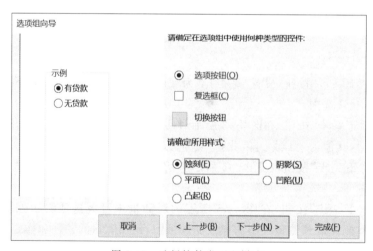

图 5-45　选择控件类型和样式

（9）保存并重命名窗体为 comstu2，切换到窗体视图，窗体运行界面如图 5-46 所示。

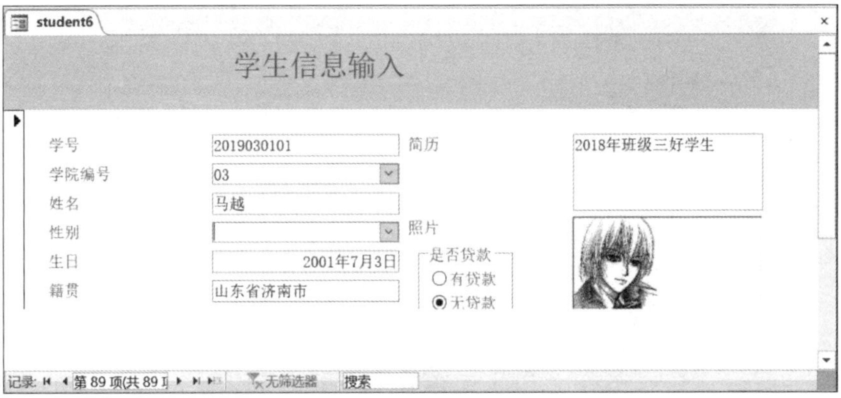

图 5-46　窗体运行界面

5.3.6　子窗体控件

前面介绍了利用向导创建主/子窗体，本节介绍利用设计视图建立主/子窗体的方法。

主/子窗体数据源通常存在一对多关系。窗体运行时，如果主窗体记录指针发生变化，子窗体记录会跟随变化。在窗体的设计视图中，可选择"设计"→"控件"→"子窗体/子报表"控件在主窗体中添加子窗体。

【例 5-14】　创建一个主/子窗体，主窗体以纵栏式风格显示 Student 表的部分字段，子窗体中则以表格式显示 score 表的记录，同时在主窗体显示学生的选课数量和课程平均分，选课数量和平均分数据来自第 3 章例 3-7 创建的查询对象 s3。

操作步骤如下：

（1）打开 xsgl 数据库。单击"创建"→"窗体"→"窗体向导"选项，创建以 score 表全部字段为数据源的表格式窗体，命名为"score 子窗体"，关闭窗体。

（2）创建以 student 表为数据源的纵栏式窗体，字段包括 ID、name、sex、code，保存为"stuscore 窗体"。

（3）在 stuscore 窗体设计视图，调整窗体主体节的大小，选中"使用控件向导"按钮，在主体节下部添加一个"子窗体/子报表"控件，启动"子窗体向导"对话框，如图 5-47 所示。使用现有的窗体作为子窗体，选择"score 子窗体"作为数据源。

（4）单击"下一步"按钮，显示如图 5-48 所示的对话框，选择主/子窗体链接方式。从列表选择确认主/子窗体的链接字段。通常系统根据主/子窗体的数据源给出操作提示，如果不符合要求，可以选择"自行定义"选项。

（5）单击"下一步"按钮，在向导对话框中设置子窗体的名称，单击"完成"按钮，结束向导。

（6）在主窗体的主体节添加两个文本框及其标签，用来显示选课数量和平均成绩，如图 5-49 所示。分别打开两个文本框的属性表，将两个文本框的"名称"属性分别改为

图 5-47　选择已有窗体或子窗体作为数据源

图 5-48　确定链接方式

text1 和 text2。

将 text1 的控件来源属性设置为：

DLookUp("选课数量","s3","ID=[Forms]![stuscore]![ID]"),

将 text2 的控件来源属性设置为：

DLookUp("平均分","s3","ID=[Forms]![stuscore]![ID]")

说明:

- DLookUp 是域聚合查找函数,数据源是 s3 查询对象。
- "[Forms]![stuscore]![ID]"是窗体控件的引用,其中的"[ID]"是窗体中与字段 ID 绑定的文本框控件名称。

(7)保存窗体。切换到窗体视图,如图 5-50 所示。如果需要对子窗体的显示外观做进一步调整,需要在"score 子窗体"窗体对象的设计视图中设置。

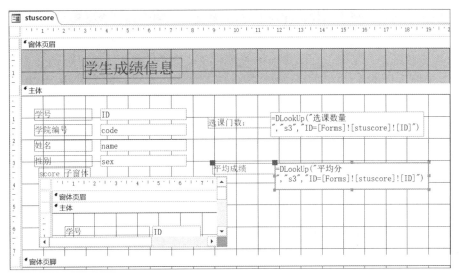

图 5-49　窗体设计视图

图 5-50　主/子窗体的窗体视图

5.3.7 其他控件

1. 图像控件、未绑定对象框控件、绑定对象框控件

（1）图像（Image）控件是一个放置和显示图形对象的控件。

图像控件的常用属性包括：

① 图片。指定图形或图像文件的来源，注意文件名中必须包含路径。

② 图片类型。指定图形对象是嵌入到数据库中，还是链接到数据库中。

③ 缩放模式。指定图形在图像框中的显示方式，有"剪裁""拉伸""缩放"3 个选项。

（2）未绑定对象框（OLEUnbound）控件用于显示未存储在数据库中的 OLE 对象。在"控件"组中选中该控件后，在窗体空白处单击，会弹出"插入对象"对话框，用户可以通过选择"新建"或"由文件创建"两种方法插入一个对象。

（3）绑定对象框（OLEBound）控件用于显示数据表中的 OLE 对象类型的数据。

2. 选项卡控件

选项卡控件是一个包含多个页面的容器控件，每个页面可以放置多个控件，使用选项卡可以在窗口的有限空间中组织更多的信息。

【例 5-15】 创建如图 5-51 所示的窗体，选项卡各页中分别以列表框形式显示 major、student、score 3 个表中的数据信息。

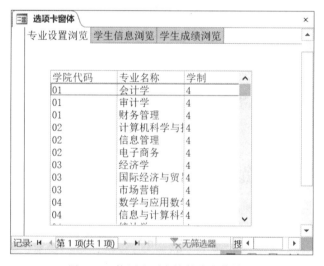

图 5-51　使用选项卡控件的窗体效果

操作步骤如下：

（1）单击"创建"→"窗体"→"窗体设计"选项，打开窗体设计视图，设置"记录选择器"和"导航按钮"的属性为"否"。

（2）选择"设计"→"控件"，单击"选项卡"控件，在窗体空白处添加一个选项卡控件，并调整控件的位置和大小。

（3）选中选项卡控件并右击，从快捷菜单中选择"插入页"命令，添加一个新的页面。分别设置 3 个页的"标题"属性为"专业设置浏览""学生信息浏览""学生成绩浏览"。

（4）单击标题为"专业设置浏览"的页，使之成为当前页。添加一个"列表框"控件，启用控件向导，在打开的列表框向导对话框中选择"使用列表框获取其他表或查询中的值"，如图 5-52 所示。

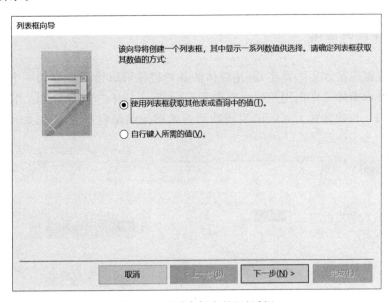

图 5-52　"列表框向导"对话框

（5）单击"下一步"按钮，在图 5-53 所示的对话框中选择数值来源为表 major。单击"下一步"按钮，选择要显示在列表框中的全部 4 个字段。

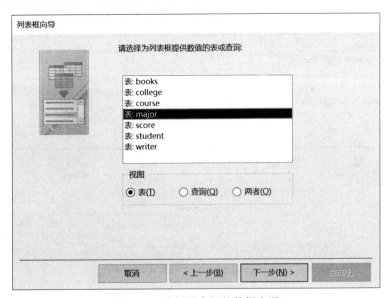

图 5-53　选择列表框的数据来源

（6）单击"下一步"按钮，设置排序方式。单击"下一步"按钮，调整列表框中各列的宽度。单击"完成"按钮，结束向导。

（7）调整列表框的大小，将列表框的"列标题"属性修改为"是"，并删除该列表框关联的标签控件。

（8）采用同样的方式设置另外两个页，列表框控件的数据来源分别为 student 表和 score 表。保存并命名窗体为"选项卡窗体"。

5.3.8　设计查询窗体

查询是数据库最常用的操作，利用窗体的各种控件可以为用户提供一个方便可靠的查询界面。查询窗体通常由用户输入查询条件，然后在窗体中输出查询结果。

【例 5-16】　创建窗体 flookup，实现按照姓名和按照课程查询成绩，如图 5-54 所示。具体要求如下。

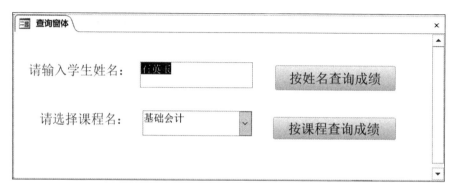

图 5-54　例 5-16 运行界面

（1）在图 5-54 所示的文本框 tname 中输入学生姓名，并单击"按姓名查询成绩"按钮，打开查询对象 qname。qname 查询对象设计视图如图 5-55 所示。

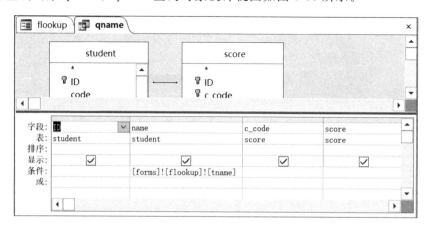

图 5-55　qname 查询对象设计视图

（2）在图 5-54 的组合框 com1 中选择课程名，并单击"按课程查询成绩"按钮，打开查询对象 qcourse。qcourse 查询对象设计视图如图 5-56 所示。

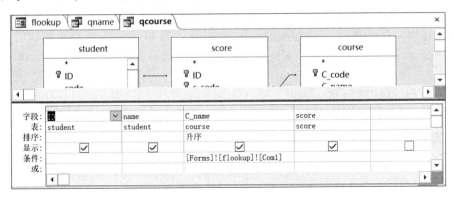

图 5-56　qcourse 查询对象设计视图

操作步骤如下：

（1）创建查询对象 qname 和 qcourse，如图 5-55 和图 5-56 所示。

（2）创建窗体 flookup，参照图 5-54，在窗体主体节放入文本框及其标签，修改标签文字，文本框名称改为 tname。

（3）在窗体主体节放入组合框及其标签，启动控件向导，依次在对话框中选择"使用组合框获取其他表或查询的值"→"表 course"→可用字段"C_name"→"完成"。

（4）将组合框名称改为 com1，组合框的"绑定列"属性设置为 2，修改标签文字。

（5）在窗体主体节适当位置放入命令按钮控件，启动控件向导，命令按钮标题为"按姓名查询成绩"，定义其操作为"杂项"→"运行查询"→qname。

（6）放入第 2 个命令按钮控件，启动控件向导，命令按钮标题为"按课程查询成绩"，定义其操作为"杂项"→"运行查询"→qcourse。

（7）完成窗体创建。运行窗体，在文本框和组合框中选择如图 5-54 所示的数据时，分别单击两个命令按钮，运行查询结果如图 5-57 和图 5-58 所示。

学号	姓名	课程编号	成绩
2017010103	石英玉	010001	84
2017010103	石英玉	010002	90
2017010103	石英玉	010005	97
2017010103	石英玉	010006	70

记录: ◄ 第 1 项(共 18 项) ► ►► 无筛选器 搜索

图 5-57　按姓名查询成绩

学号	姓名	课程名称	成绩
2017010303	习成成	基础会计	67
2017010302	李涵	基础会计	97
2017010301	卢佳琪	基础会计	75
2017010203	钱德余	基础会计	93

记录: ◄ 第 1 项(共 9 项) ► ►► 无筛选器 搜索

图 5-58　按课程查询成绩

5.4 格式化窗体

窗体作为交互界面,其整体布局要操作方便,色彩要和谐美观,窗体外观设计可以通过应用 Access 提供的"主题""布局"等工具实现。

5.4.1 窗体的外观属性

1. 窗体主题

主题是 Office 中常用的设计元素和配色方案。在 Access 中使用主题可以快速对窗体外观进行设置。

图 5-59 "主题"下拉列表

在窗体的设计视图或布局视图中选择"窗体设计工具"→"设计"→"主题"→"主题"选项,打开"主题"下拉列表,如图 5-59 所示,在列表中可选择相应主题应用到窗体。

选择"设计"→"主题"→"颜色"选项,打开"颜色"下拉列表,可设置当前主题的配色方案。单击"字体"按钮,打开"字体"下拉列表,可设置当前主题的字体效果。如果对数据库中的某个窗体设置了主题、颜色和字体,则数据库中的所有窗体都会采用相同的设置。

2. 窗体背景

窗体的背景作为窗体的属性之一,可用来设置窗体运行时显示的图案以及图案的显示方式。

设置窗体背景的步骤如下:

(1) 打开窗体设计视图,在"属性表"窗格选择"窗体"对象。

(2) 若将窗体的背景设置为图片,则在属性表窗格中选择"格式"选项卡,在"图片"属性中直接输入图形文件的路径和文件名,也可以使用右侧按钮查找图形文件,并添加到该属性中,同时设置"图片类型""图片缩放模式"和"图片对齐方式"等属性。

(3) 若只设置窗体的背景色,则在"属性表"窗格中选择"主体"对象,将其"背景色"属性设置为需要的颜色。

5.4.2 控件布局设置

使用"创建"→"窗体"组的各种工具创建窗体时,Access 会自动形成一种规则的控件布局。布局分为表格式和堆积式,可使控件在水平方向和垂直方向对齐,从而使窗体控件保持统一的外观。

在表格式布局中,控件按行和列排列,标签位于顶部,在窗体页眉节,数据位于对齐标签的列中,通常在主体节。在堆积式布局中,控件垂直排列,每个控件的左侧都有一个标签,堆积式布局始终包含在同一个窗体节中。

1. 创建窗体布局

选择"创建"→"窗体"→"窗体"选项,可创建一个新窗体;单击"空白窗体"后,从"字段列表"窗格拖动字段到窗体,也可创建新窗体,这两种方法都会自动创建控件的堆积式布局。

在窗体的设计视图中选定要设置布局的一组控件,选择"排列"→"表",单击"表格"或"堆积"命令,所选控件将添加到相应的布局中。选择一组控件后,在右键快捷方式中选择"布局"→"表格"或"堆积"命令也可实现。

2. 表格布局和堆积布局的切换

若要将整个布局从一种布局类型切换到另一种类型,可在设计视图下单击图 5-60 的"选择布局"按钮,此时会选中当前布局中的所有控件,然后在"表"组单击"表格"或"堆积",或通过右键快捷方式选择,将控件重新排列为新布局类型。

图 5-60　布局设计

3. 重新排列布局中的控件

拖动控件到所需位置可实现在布局中移动控件。拖动控件时,水平或垂直条可指示释放鼠标按钮时控件将放置的位置。

4. 向布局中添加和删除控件

若将新字段添加到现有布局,可将字段从"字段列表"窗格拖动到当前布局,水平或垂直条指示释放鼠标按钮时字段将放置的位置。

用户还可将控件添加到现有布局。选择控件,将其拖动到当前布局,水平或垂直条指示释放鼠标按钮时控件将放置的位置。

删除布局中的控件时,只要选定这些控件右击,在右键快捷菜单中选择"删除"命令即可。

5. 删除布局

在同一布局中的控件会受到布局约束,如会被一起改变大小和位置。

在设计视图下单击图 5-60 中的"选择布局"按钮,再选择"排列"→"表"→"删除布局"命令,或者在右键快捷菜单中选择"布局"→"删除布局"命令,即可删除布局。已经删除布局的控件可以放在窗体的任何位置,不会影响其他控件的位置。

5.4.3 添加日期和时间

在窗体的设计视图中,可以在计算型文本框中输入表达式"=Date()"和"=Time()"显示系统的日期和时间,还可以通过选择"设计"→"页眉页脚"→"日期和时间"命令,打开如图 5-61 所示的对话框添加。在对话框中可设置是否包含日期和时间、选择日期和时间的显示格式等,日期和时间信息自动添加到窗体页眉节,每次运行窗体时,都显示当时的系统日期和时间。

图 5-61 "日期和时间"对话框

习题 5

一、单选题

1. Access 中的窗体是(　　)之间的主要接口。

    A. 数据库和用户　　　　　　　　　　B. 操作系统和数据库

    C. 用户和操作系统　　　　　　　　　　D. 人和计算机

2. (　　)节在窗体每页的顶部显示信息。

A. 主页　　　　　　　B. 窗体页眉　　　　　C. 页面页眉　　　　　D. 控件页眉

3. 打开"属性表"窗格,可以更改的对象是(　　　)。

  A. 窗体上的单独的控件　　　　　　　B. 整个窗体

  C. 窗体上的节　　　　　　　　　　　D. 以上全部

4. 为窗体中的命令按钮设置单击鼠标时发生的动作,应选择属性对话框的(　　　)。

  A. 格式选项卡　　　　　　　　　　　B. 事件选项卡

  C. 数据选项卡　　　　　　　　　　　D. 方法选项卡

5. 用来显示与窗体关联的表或查询中字段值的控件类型是(　　　)。

  A. 绑定型　　　　　　B. 计算型　　　　　C. 关联型　　　　　D. 未绑定型

6. 下面不是窗体的"数据"选项卡属性的是(　　　)。

  A. 允许添加　　　　　B. 排序依据　　　　C. 记录源　　　　　D. 自动居中

7. 若要求在文本框中输入文本时,密码为"＊"的显示效果,则应该设置的属性是(　　　)。

  A. 默认值　　　　　　B. 输入掩码　　　　C. 有效性文本　　　D. 复选框

8. 不是窗体控件的是(　　　)。

  A. 表　　　　　　　　B. 标签　　　　　　C. 文本框　　　　　D. 组合框

9. 列表框可以通过(　　　)途径得到它的值。

  A. 用户的输入　　　　B. 已有的表　　　　C. 已有的查询　　　D. 以上全部

10. 字段为"是/否"型的数据,在窗体中可以显示该数据的控件是(　　　)。

  A. 标签　　　　　　　B. 命令按钮　　　　C. 复选框　　　　　D. 以上都是

11. 在 Access 中已建立"雇员"表,其中有可以存放照片的字段。使用向导为该表创建窗体时,"照片"字段使用的默认控件是(　　　)。

  A. 图像框　　　　　　　　　　　　　B. 绑定对象框

  C. 非绑定对象框　　　　　　　　　　D. 列表框

12. Access 数据库中,用于输入或编辑字段数据的交互控件是(　　　)。

  A. 文本框　　　　　　B. 标签　　　　　　C. 复选框　　　　　D. 组合框

13. 要改变窗体上文本框控件的数据源,应设置的属性是(　　　)。

  A. 记录源　　　　　　B. 控件来源　　　　C. 筛选查询　　　　D. 默认值

14. 如果在窗体上设置输入的数据总是来自查询或来自某固定内容的数据,或者某一张表中记录的数据,可以使用(　　　)。

  A. 选项卡　　　　　　　　　　　　　B. 文本框控件

  C. 列表框或组合框控件　　　　　　　D. 选项组控件

15. 当窗体中的内容太多,无法放在一面中全部显示时,可以用(　　　)控件分页。

  A. 选项卡　　　　　　B. 命令按钮　　　　C. 组合框　　　　　D. 选项组

16. 要在文本框中显示当前日期和时间,应当设置文本框的控件来源属性为(　　　)。

  A. ＝Date( )　　　　B. ＝Time( )　　　　C. ＝Now( )　　　　D. Year( )

17. 已知教师表"学历"字段的值只能是"博士""硕士""本科"或"其他",为方便用户直接选择,设计窗体时,"学历"字段对应的控件应该选择(　　　)。

  A. 标签　　　　　　　B. 文本框　　　　　C. 复选框　　　　　D. 组合框

18. 在窗体中,要计算"成绩"字段(字段类型为数字)的最高分,应将控件来源属性设置为( )。

    A. ＝Max(［成绩］)   B. ＝Max(成绩)

    C. ＝Max［成绩］   D. Max (［成绩］)

19. 在窗体的"窗体"视图中可以( )。

    A. 创建或修改窗体   B. 显示、添加或修改表中的数据

    C. 创建报表   D. 以上都可以

20. 数据库的"订阅"表中包含"数量"和"单价"字段,以该表为数据源创建的"报纸订阅"窗体中有一个计算订阅总金额的文本框,其控件来源为( )。

    A. ［单价］＊［数量］

    B. ［报纸订阅］!［单价］＊［报纸订阅］!［数量］

    C. ＝［单价］＊［数量］

    D. ＝［报纸订阅］!［单价］＊［报纸订阅］!［数量］

二、填空题

1. 窗体由多个部分组成,每部分称为一个＿＿＿＿＿＿＿＿。

2. 创建主/子窗体时,需要在作为窗体数据源的两个表之间建立＿＿＿＿＿＿＿＿关系。

3. 控件的类型根据数据源类型可分为＿＿＿＿＿＿、＿＿＿＿＿＿和＿＿＿＿＿＿。

4. 计算型控件的控件来源属性一般设置以＿＿＿＿＿＿＿＿为开头的计算表达式。

5. 能够唯一标识某一控件的属性是＿＿＿＿＿＿＿＿。

6. 利用窗体的＿＿＿＿＿＿＿视图,可以在窗体运行状态下微调窗体设计。

三、思考题

1. 什么是窗体?窗体有哪些基本类型?

2. 简述使用窗体设计器创建窗体的一般过程。

3. 窗体的数据源有哪几类?如何为窗体添加数据源?

4. 如何设置输入数据窗体?

5. 如何设置控件的属性?

实验 5

实验目的

(1) 掌握窗体类型,掌握自动创建窗体的方法,熟练使用向导创建窗体。

(2) 掌握窗体的主要属性和事件,窗体的组成及各区域特点。

(3) 掌握常用控件的设计方法,熟悉常用的属性设置。

(4) 掌握使用"设计视图"创建、修改窗体的方法。

(5) 掌握创建数据操作类窗体和流程控制类窗体的方法。

实验内容

说明：本实验的所有内容基于 cpxsgl.accdb 数据库。

（1）以"雇员"表为数据源，使用窗体向导建立窗体，窗体布局为纵栏表，窗体名称为"雇员信息"。

（2）在对象导航栏选定"订单"表，选择"创建"→"窗体"→"窗体"选项，创建一个名为"订单输入"的窗体，将其设置成用于向"订单"和"订单明细"表输入数据的窗体。在窗体设计视图设置如下：

① 在窗体属性表窗口中选择选项卡"数据"，将"数据输入"属性设置为"是"，"允许添加"属性设置为"是"。

② 在窗体属性表窗口中，在"格式"选项卡设置"自动居中"属性为"是"。

③ "分隔线"属性设置为"是"，"滚动条"属性设置为"两者均无"。

（3）以实验 3-1 创建的查询 Q8 作为数据源，创建窗体"订单金额浏览"，具体要求如下：

① 显示 Q8 查询的所有字段，创建表格式窗体。

② 将"订单金额"字段的文本框的"格式"属性设置为"固定"，"小数位数"属性设置为"2"。

③ 将窗体页眉的标签设置为"订单金额浏览"。

④ 在窗体页脚加入两个文本框，分别显示当前日期和所有订单的总金额。

窗体视图如图 5-62 所示。

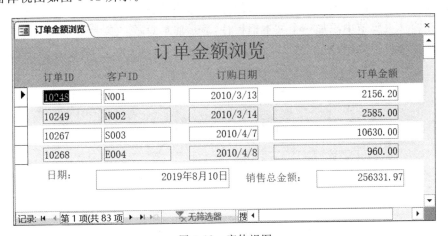

图 5-62　窗体视图

（4）在（1）题创建的"雇员信息"窗体的基础上作如下修改，要求如下：

① 在窗体页眉节的标签显示内容修改为"雇员信息浏览"。标签控件字体为宋体，字号为 16，调整标签控件的位置，大小设置为"正好容纳"。

② 添加两个计算型文本框，分别显示年龄和工龄信息。

③ 调整主体节中控件的大小和位置，取消"导航按钮"和"记录选择器"的显示。查看主体节中各文本框的 Tab 键索引值。

④ 设置窗体页脚节的背景色为"#D8D8D8"。

⑤ 添加4个记录导航命令按钮和4个记录操作命令按钮,实现功能如图5-63中的命令按钮文本所示。所有命令按钮的大小都设置为"正好容纳"。

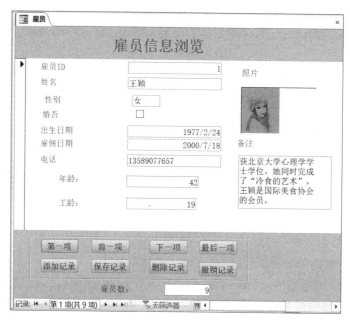

图 5-63　窗体效果

⑥ 在命令按钮的周围添加一个矩形控件,并适当调整位置。

⑦ 在窗体页脚节中添加一个文本框控件,显示雇员总数。参考图5-63的效果设置。

⑧ 将窗体另存为"雇员信息2",窗体效果如图5-63所示。参考设计视图如图5-64所示。

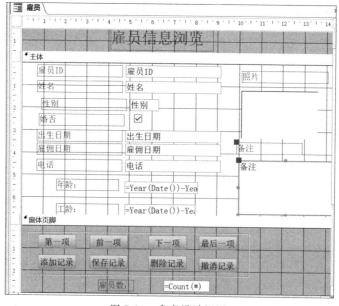

图 5-64　参考设计视图

（5）根据"客户"表和"订单"表的数据信息创建主/子窗体。

① 在主窗体显示客户信息，主窗体对象保存为"客户主窗体"，在子窗体显示对应的订单信息，子窗体对象保存为"订单子窗体"。

② 切换到主窗体的设计视图，修改窗体页眉节的标题内容为"客户订单信息"，修改子窗体的标签为"订单信息"。调整各控件的位置及字体大小。

③ 在设计视图中打开"订单子窗体"，将窗体对象的"是否添加"属性设置为"否"。

④ 修改主窗体的属性。不显示记录选择器和水平垂直滚动条。参考图 5-65 的效果进行设置。窗体效果和设计视图如图 5-66 所示。

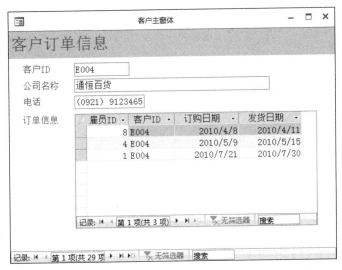

图 5-65　客户主窗体效果

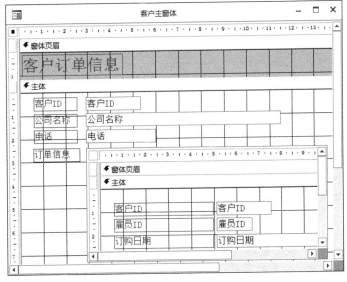

图 5-66　窗体效果和设计视图

(6) 修改(5)题的窗体,在主窗体上添加一个文本框,显示当前客户的订单总金额。
要求:

① 将"客户主窗体"复制一个副本,命名为"客户主窗体 2"。

② 完成的窗体如图 5-67 所示。

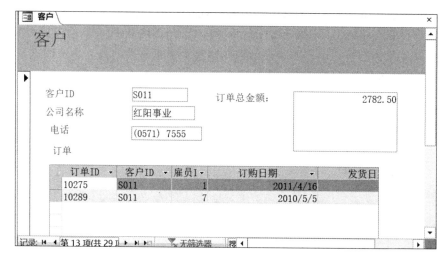

图 5-67　完成的窗体

提示:可借助实验 3-1 中建立的查询对象 Q8,用 Dsum()函数实现。

(7) 创建名为"客户订单查询"的窗体,要求实现在文本框(文本框名称为 txtClientID)中输入客户 ID,单击"运行查询"按钮后,显示该客户所在的公司名称、订单编号、雇员姓名、订购日期和发货日期。窗体及查询显示结果如图 5-68 和图 5-69 所示。

图 5-68　窗体

图 5-69　查询显示结果

提示:先建立一个参数查询对象 qq1,其运行结果如图 5-69 所示。在"客户订单查询"窗体中添加文本框,文本框名称为 txtClientID。在窗体的设计视图中使用控件向导添加按钮,并设置为打开查询 qq1。

（8）创建一个名为"综合信息浏览"的窗体，要求：

① 在窗体页眉中添加标签，标题为"综合信息浏览"。

② 在窗体主体节添加一个选项卡控件，包含3个页，修改页标题如图5-70所示。

③ 在3个页中分别添加列表框控件，使用向导分别设置3个数据源为实验4中创建的查询对象Q8、Q5、Q10，设置3个列表框的"列标题"属性都为"是"。

④ 设计布局，如图5-70所示。

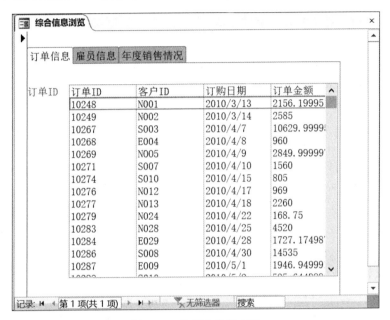

图 5-70　选项卡控件布局

第6章 报 表

学习目标

（1）掌握报表的功能特点和设计方法。

（2）掌握使用向导、设计视图创建报表的方法。

（3）掌握报表中各种控件的创建及属性的设置方法。

（4）掌握实现报表的分组统计、排序、筛选的方法。

（5）了解主子报表的特点和设计方法。

报表是 Access 的重要对象，它可以将数据库的各种数据进行整合汇总，并能以用户设定的方式显示或打印输出数据。报表既可以输出明细数据，也可以同时显示各类汇总数据，方便用户的分析和查阅。报表的数据来源可以是多个数据表或查询。与窗体对象不同，报表不是交互工具，它主要用于数据的输出，而不是数据编辑。本章介绍报表对象的设计和应用。

6.1 报表概述

在数据库用于数据管理的过程中，将数据整理汇总并打印存档是经常要做的工作。Access 的报表对象就是用来设置及保存数据显示和汇总方式的工具，它提供了一种分发或存档数据快照的方法。报表可以打印为纸面文档，也可以转换、导出为其他常见文件格式的文档。报表对象提供了丰富的数据表现形式和标准且优美的外观风格。报表中还可以实现一些复杂的数据分析和处理，如对数据进行多级分组、统计、汇总等，这些都是非常实用的功能，能给用户的工作带来很大帮助。

6.1.1 报表的基本功能

报表的主要功能是根据用户需求组织数据并格式化输出，具体功能包括：

（1）能够将多个数据库表的数据整合在一个报表中，全面地展示数据，包括明细数据和汇总数据。

（2）设置各类风格的报表格式，如表格式、纵栏式、图表、数据透视表等。

（3）能够对数据进行分组汇总，可实现多级分组统计，帮助用户进行多种方式的数据分析。

（4）可包含子报表，以增强报表的数据可读性。

（5）可以输出标签、发票、订单和信封等多种样式的报表。

6.1.2 报表的组成

Access 报表通常由报表页眉、报表页脚、页面页眉、页面页脚、组页眉、组页脚及主体部分组成,每个部分称为一个"节",如图 6-1 所示。所谓"节"就是报表里显示不同信息的区段,每个节在报表中具有不同功能和特定的信息输出方式。

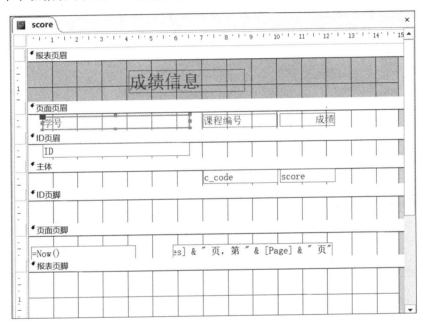

图 6-1　报表的组成

1. 报表页眉和报表页脚

报表页眉位于报表顶端,每个报表只有一个报表页眉,一般用于显示报表的标题、公司 Logo、使用说明等信息。图 6-1 中,报表的标题是"成绩信息"。报表页眉中可以放置计算控件(如用于统计数据的聚合函数),其计算范围包括整个报表。报表页眉的内容只在报表的第一页顶端打印一次。

报表页脚位于报表尾页底部,同样,每个报表只有一个报表页脚,通常用来显示整个报表的汇总数据、日期及说明等信息,每份报表只在末尾打印一次报表页脚。

2. 页面页眉和页面页脚

页面页眉位于页面顶部,一般用于放置报表输出列的标题,如图 6-1 所示。报表打印时,页面页眉的内容在每一页头部打印输出。列标题置于页面页眉,可保证打印多页报表时,每页顶部都输出标题。需要显示在每页顶部的内容均应放在页面页眉内。

页面页脚位于每页底部,通常包含页码信息,其内容在报表的每一页底部打印输出。

3. 组页眉和组页脚

如果报表设计有分组汇总和排序时,报表设计视图里可以显示组页眉和组页脚。如果不分组,则报表中没有组页眉和组页脚。组页眉和组页脚可以根据需要单独设置是否显示。

组页眉位于组开始位置,主要用于显示报表分组的组特征数据及组的统计数据,组的具体记录数据会显示在主体节中。报表可以多级分组,故可以有多个组页眉节。图 6-1 中,报表使用 ID(学号)分组显示每个学生的成绩信息。组页脚位于组的结束位置,通常放置组的统计数据。

4. 主体

主体节通常用来显示报表的明细数据,是报表数据输出的主要区域。主体节一般包含多个文本框等控件,控件与报表数据源字段绑定或绑定计算表达式,处理并显示数据源的每一条记录。主体节是报表不可缺少的部分。

6.1.3 报表的视图

Access 中进行报表设计与操作时,可使用 4 种视图,其特点说明如下。

1. 报表视图

报表视图是报表设计完成后运行的结果,显示的数据及计算结果均与报表打印时相同。在报表视图中可以应用高级筛选显示筛选后的信息。

2. 打印预览

打印预览视图用于预览报表真实的打印情况,包括横向、纵向分页的数据输出形态,在此视图下可以分页查看报表每一页的情况,也可以直接发送打印命令。

3. 布局视图

布局视图提供报表运行状态下的编辑修改,是修改报表的最直观的视图。布局视图下的外观和数据与打印后报表的外观和数据几乎一致,在此视图中可以设置行高列宽、添加分组或更换主题等操作。

4. 设计视图

设计视图是提供报表详细设计的视图。在设计视图下可以设置报表的数据源、控件及其属性、分组排序方式、统计方法等。在设计视图中可以精确设计报表的布局及数据显示格式,但设计视图中,报表并不真正运行和显示数据,是单纯的报表编辑视图,也是设计报表的主要视图。

报表视图的切换可以选择“开始”→“视图”→“视图”,还可以在设计视图下使用“报表设计工具"→"设计"→"视图"→"视图"完成。

6.1.4 报表的类型

Access 的报表依据数据显示风格可分为以下 4 种类型。

1. 纵栏式报表

纵栏式报表通常每页显示一条或多条记录,一行显示一个字段。图 6-2 是一个学生信息的纵栏式报表实例。

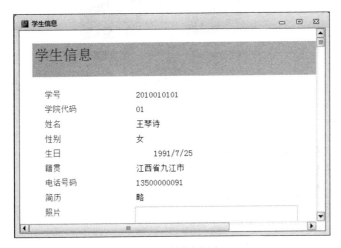

图 6-2 纵栏式报表

2. 表格式报表

表格式报表是以行、列形式显示记录,通常一行显示一条记录、一页显示多条记录。表格式报表的字段标题显示在页面页眉节区。通常在表格式报表中设置分组字段、显示分组统计数据。图 6-3 是典型的表格式报表。

图 6-3 表格式报表

3. 图表报表

图表报表是指包含图表的报表类型。在报表中使用图表可以更直观地表示出数据之间的对比关系,如图 6-4 所示。

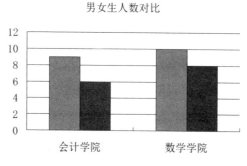

图 6-4　图表报表

4. 标签报表

标签报表是一种特殊类型的报表。实际应用中经常会用到标签,如邮件标签、客户标签等。图 6-5 是学生信息标签报表示例。

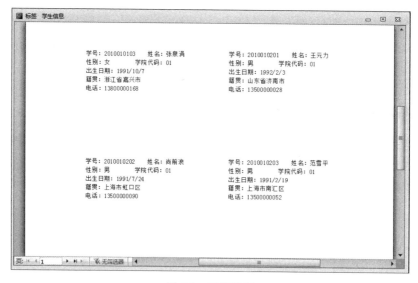

图 6-5　标签报表

6.2　使用向导创建报表

使用向导创建报表是最快捷的报表创建方式。

使用"创建"→"报表"组提供的系列工具可以快速创建报表,如图 6-6 所示。这些工具的功能说明如下。

（1）报表：快速报表工具，在导航窗格中选定数据源的情况下，可按照一种标准模式一键创建表格式报表，其中包含数据源的所有字段。

（2）报表设计：打开报表设计视图，可在报表中设置数据源并添加与字段绑定的控件。

（3）报表向导：启动一个报表向导，顺次完成指定数据源、选择字段、分组/排序方法和布局等选项，据此创建报表。

（4）空报表：在布局视图中打开一个空报表，同时显示当前数据库的表及其字段列表窗格，可从字段列表拖动字段到报表中，Access 将创建一个 SQL 查询语句并将其作为报表的记录源属性的值。

（5）标签：在选定数据源的前提下启动创建标签向导，依次完成定义标签大小，选择字段、字段排列方式等，据此创建标签报表。

图 6-6　报表工具

6.2.1　使用"报表"工具创建报表

使用"报表"工具创建报表是最方便、快捷的方式。"报表"作为一种智能化的报表创建工具，只要选定数据源，无须其他操作即可生成报表，且生成的报表具有较完备的功能和规范性。虽然"报表"工具无法创建布局完美、个性化的报表，但是已经具备了报表的各种基本元素，用户在此基础上进行修改补充，即可实现自己的需求。

【例 6-1】　在 xsgl.accdb 数据库中以 student 表为数据源，使用"报表"工具创建报表。

操作步骤如下：

（1）打开 xsgl.accdb 数据库文件，在"导航"窗格中选择 student 表。

（2）选择"创建"→"报表"→"报表"选项，报表创建成功，并在布局视图下打开报表，之后可以根据需求对报表做出修改，如图 6-7 所示。

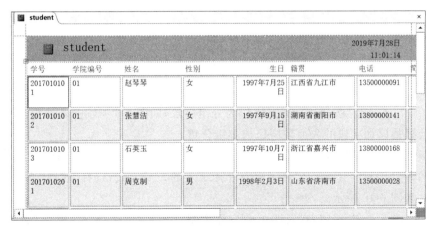

图 6-7　student 报表

6.2.2 使用"报表向导"创建报表

在 Access 中,使用"报表向导"可以根据用户的要求,选择记录源、字段和报表版面风格等内容,从而快速创建报表。

【例 6-2】 在 xsgl. accdb 数据库中,创建报表输出 student 表中的信息,并按 code 字段分组,按 ID 字段排序,使用"报表向导"创建报表。

操作步骤如下:

(1) 打开 xsgl. accdb"据库,在导航窗格中选择 student 表。

(2) 选择"创建"→"报表"→"报表向导"选项。

(3) 打开"报表向导"对话框,如图 6-8 所示,在"可用字段"窗格中依次选择 ID、code、name、sex、birthday、nativeplace 等字段。

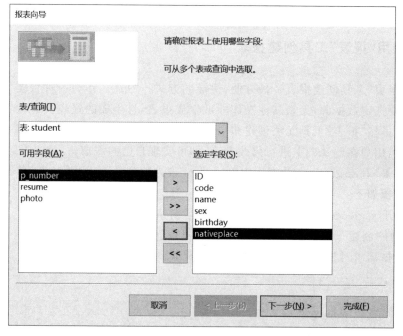

图 6-8 "报表向导"对话框

(4) 单击"下一步"按钮,选择 code 作为分组字段,如图 6-9 所示。若选择多个分组字段,向导会根据添加字段的先后顺序添加多级分组。

(5) 单击"下一步"按钮,选择 ID 作为排序字段,排序字段最多选 4 个。

(6) 单击"下一步"按钮,在对话框中选择报表的布局方式,选择"块"式布局,方向选择"纵向",如图 6-10 所示。

(7) 单击"下一步"按钮,在对话框中为报表制定标题"学生信息",选中"修改报表设计"单选按钮,单击"完成"按钮。

(8) 在设计视图下,修改 code 字段的标签文字为"学院代码",修改报表页眉的标签

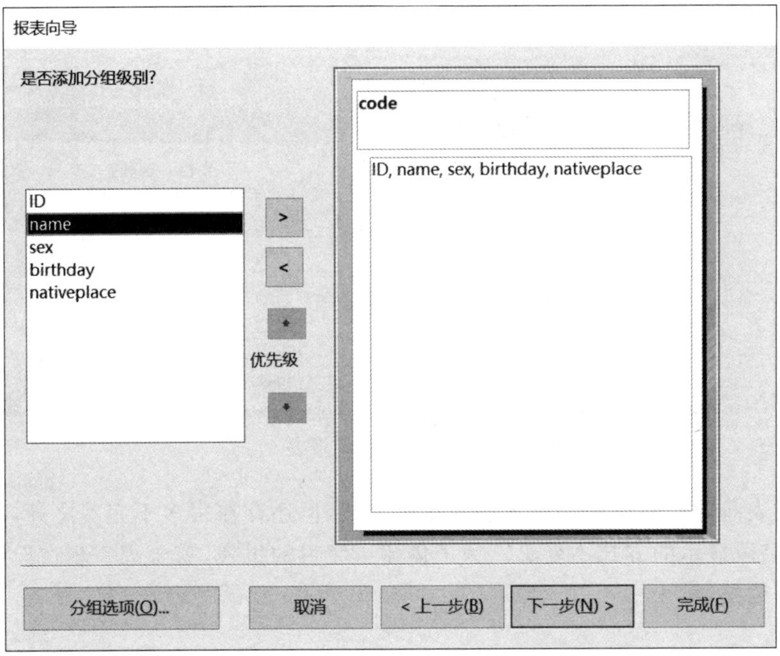

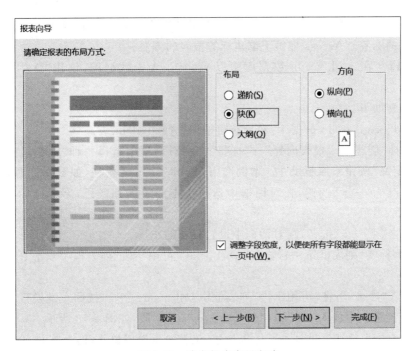

图 6-9　确定报表分组字段

图 6-10　确定报表布局方式

文字为"学生信息浏览"，微调其他控件布局。切换到报表视图，完成报表设计，如图 6-11
所示。

图 6-11　完成的报表

使用报表向导能够快速创建报表的基本框架,但还存在很多不完美之处,如控件的大小不合适,字段显示的方式不妥等。为了创建更完善的报表,需要进一步在设计视图或布局视图中修改报表。

6.2.3　创建"标签"报表

标签是一种格式特殊的报表,它是一种类似名片的短信息载体,例如信封和卡片等都是不同形式的标签。Access 提供了创建标签报表的方法。

【例 6-3】　在 xsgl. accdb 数据库中以 student 表为数据源,创建"学生信息"标签报表。

操作步骤如下:

(1) 打开 xsgl. accdb 数据库,在导航窗格中选择 student 表。

(2) 选择"创建"→"报表向导"→"标签"。在对话框中选择一种"标签尺寸",或单击下方的"自定义"按钮添加新尺寸。本例选用 52mm×70mm 规格,如图 6-12 所示。

(3) 单击"下一步"按钮,在对话框中选择文本的字体和颜色,字体选择宋体、18 号字、中等粗细、黑色。

(4) 单击"下一步"按钮,在对话框中设置标签的布局。

在"原型标签"列表框第一行输入"学号:",在"可用字段"列表框中双击 ID 字段,按回车键换行。

(5) 输入"姓名:",在"可用字段"列表框中双击 name 字段,按回车键换行。使用相同的方法在标签报表中加入 sex、birthday、nativeplace 字段,如图 6-13 所示。

说明:选择字段可使用双击或选择按钮,使用回车键实现换行,加空格可调整文字间的距离。

(6) 单击"下一步"按钮,进入"排序设置"对话框,选择 ID 字段作为排序依据。

(7) 单击"下一步"按钮,在对话框中输入报表名称,单击"完成"按钮,切换到报表视图,报表显示如图 6-14 所示。

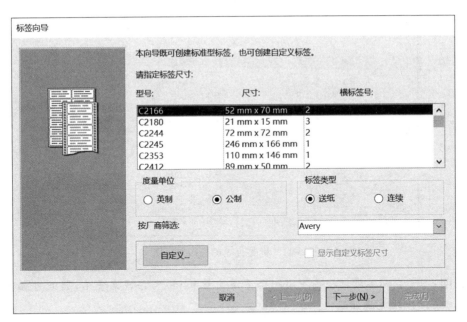

图 6-12　确定"标签"大小

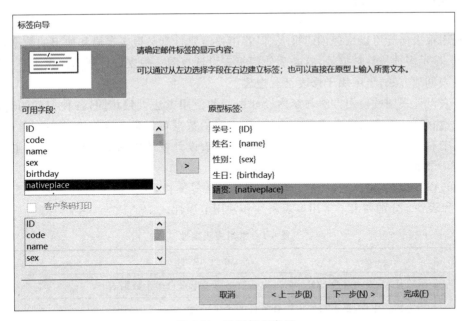

图 6-13　设置标签布局

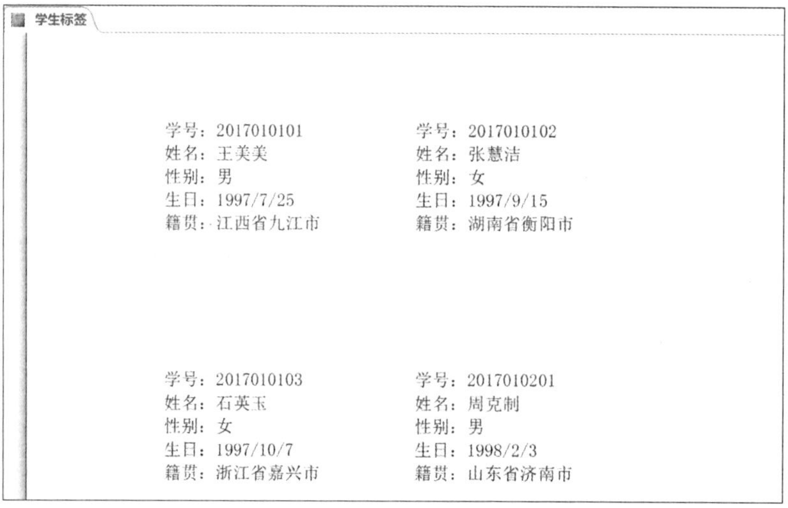

图 6-14　标签报表的打印效果图

说明：由于在标签设计视图下有一个系统变量 name 与字段名重名，因此可临时修改字段 name 名以避免出错。

6.3　报表设计视图

利用报表向导可以快速创建报表，但若用户需要自定义报表布局和输出的数据，如多级分组、显示多种统计数据等，就必须使用报表设计视图。报表设计视图提供了一种更灵活的报表创建方法，也可用于修改已有报表。

报表设计视图的使用方法与窗体设计视图的使用方法大致相同，各种控件的属性设置方法也相同。报表对象由多个节组成，报表中的数据可以显示在多个节中。通过在设计视图中右击，可以选择是否显示特定的节。报表设计视图默认显示页面页眉、主体、页面页脚 3 个节。

通过设置报表属性、控件及控件属性、节属性等操作，用户能够设计复杂格式报表。表 6-1 和表 6-2 分别列出了常用报表属性和常用节属性。

表 6-1　常用报表属性

属性名	属 性 说 明
记录源	可以是表、查询或者 SQL 语句，报表数据源可以来自多个数据表
筛选	指定筛选条件，报表只输出符合条件的记录子集
打开筛选	可设置"是"或"否"，确定筛选条件是否生效
排序依据	指定报表中记录的排序方法
启动排序	可设置"是"或"否"，确定排序依据是否生效
记录锁定	可以设定在生成报表所有页之前，禁止其他用户修改报表所需数据

续表

属性名	属性说明
页面页眉	控制页标题是否出现在所有页上,默认为"所有页"
页面页脚	控制页脚注是否出现在所有页上,默认为"所有页"
打开	报表事件。可以设置宏名或编写代码,在"打印"或"打印预览"报表时会执行宏或代码
关闭	报表事件。可以指定宏名或编写代码,在"打印"或"打印预览"完毕后会执行该宏或代码

表 6-2 常用节属性

属性名	属性说明
强制分页	可设置在节前或节后强迫分页
保持同页	控制一节区域内的所有行是否显示在同一页中
可见性	设置是否显示该节
可以扩大	控制该节区域是否可以扩展,以容纳长文本
可以缩小	控制该节区域是否可以缩小,以节省版面
打印	节的事件。可以指定宏名或编写代码,在"打印"或"打印预览"该节时,执行宏或代码

6.3.1 使用设计视图创建报表

使用设计视图创建报表的主要步骤如下。

(1)创建空白报表并设置报表记录源。记录源可以是表或查询对象。通过选取多个数据表字段,可以自动生成报表记录源的 SQL 语句。

(2)向报表中添加控件,绑定控件的数据源,控件可绑定字段或表达式,并设置控件的其他属性。

(3)设置报表的输出格式。

(4)保存报表并预览,进而修改完善。

【例 6-4】 在 xsgl.accdb 数据库中使用设计视图创建报表,以 student 表作为数据源,创建"学生基本信息"报表,如图 6-15 所示。

操作步骤如下:

(1)选择"创建"→"报表"→"报表设计"选项,进入报表设计视图。

(2)选择"报表设计工具"→"设计"→"工具"→"属性表"选项,打开属性表窗口,将报表的"记录源"属性设置为 student 表。

(3)选择"报表设计工具"→"设计"→"工具"→"添加现有字段"选项,选中 student 表所有字段并拖放到报表主体节。调整各控件的大小和位置,如图 6-16 所示。

(4)将"生日"标签文字改为"年龄";选中 birthday 字段对应的文本框,打开其属性窗口,将其"名称"属性改为 txt1,"控件来源"属性改为表达式"Year(Date()) − Year([Dirthday])"。

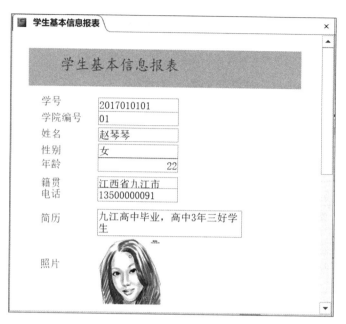

图 6-15　报表视图

图 6-16　设计视图

（5）将 photo 字段对应的图片框的"边框样式"属性设置为"透明"，即不显示边框。

（6）在报表任意处右击，从快捷菜单中选择"报表页眉/页脚"，显示报表的页眉页脚。在报表页眉处增加一个标签对象，其标题设置为"学生基本信息报表"，楷体，16 号字。

（7）选择"报表设计工具"→"设计"→"页眉页脚"→"页码"选项，打开对话框，如图 6-17 所示，设置页码格式。

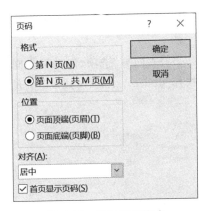

图 6-17　设置页码格式

（8）在报表页脚中加入一个文本框，关联标签改为"制表日期："，文本框数据源为"＝Date()"。

（9）在快速工具栏上单击"保存"按钮，以"学生基本信息"为名称保存报表。

6.3.2　报表的排序、分组和计算

报表中经常要加入各种分组统计和计算数据，在 Access 中有两种方法实现统计和计算：其一是在查询中进行分组统计，并将查询对象作为报表数据源；其二是在报表中加入计算型控件，并设置其"控件来源"为一个表达式，后者可以实现更复杂的分组汇总。报表可以同时显示明细和汇总数据，报表的汇总可以利用报表向导或设计视图实现。

在报表的设计视图中，选择"报表设计工具"→"设计"→"分组与汇总"→"分组和排序"选项，如图 6-18 所示，设计视图窗口下方将显示"分组、排序和汇总"区域，如图 6-19所示，由此可设置多种排序、分组和汇总的方法，主要操作如下：

图 6-18　"分组和排序"按钮

图 6-19　"分组、排序和汇总"设置

（1）单击"添加组"，添加一个分组字段，再单击图中的"更多▶"，出现分组设置工具条，可选择诸如分组的具体方法、汇总方法、有无组页眉页脚节等。

（2）单击图 6-19 中的"添加排序"，添加排序字段，再单击图中的"更多▶"，可选择排序的具体方法。

（3）单击工具条末尾的"×"，可取消此分组或排序字段。

【例 6-5】　使用报表向导创建"学生选课成绩"报表，数据源包括 student、score、course 3 个表，以表格模式输出学号、姓名、课程编号、课程名称、课程成绩信息，按学号分

组,组内按课程编号(C_code)排序。在组页眉页脚中显示每个学生的平均成绩。

操作步骤如下:

(1) 选择"创建"→"报表"→"报表向导"选项,启动报表向导,如图 6-20 所示,通过"表/查询"组合框的下拉列表依次选择 student、score、course 3 个表中要输出的 5 个字段。

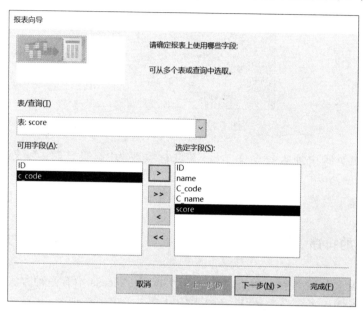

图 6-20 选择数据源和输出的字段

(2) 单击"下一步"按钮,选择查看数据的方式,选"通过 student"项,如图 6-21 所示,对话框的数据排列模式意味着已经按照 ID 字段分组。

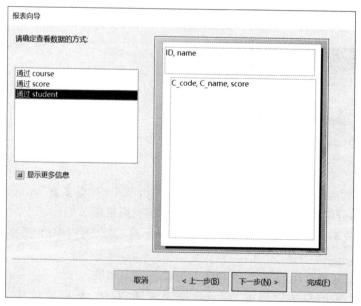

图 6-21 选择分组字段

（3）单击"下一步"按钮，在选择分组字段对话框中不做选择。单击"下一步"按钮，在选择排序字段对话框中选择字段 C_code 作为排序依据，如图 6-22 所示。

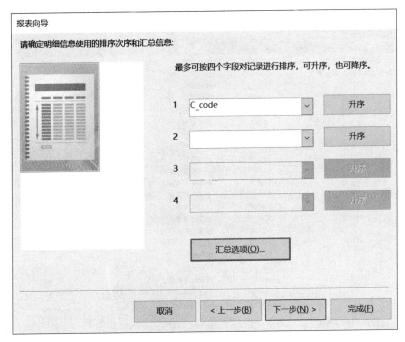

图 6-22　选择排序方式

（4）在图 6-22 所示对话框中，单击"汇总选项"按钮，打开的对话框如图 6-23 所示。选择 score 字段的汇总方式为"平均"。

（5）在图 6-23 所示对话框中，单击"确定"按钮，回到图 6-22 所示对话框，单击"下一步"按钮，在"布局方式"对话框中选择布局方式为"递阶"，方向为"纵向"。

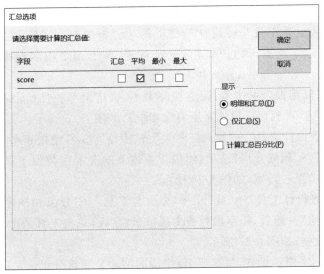

图 6-23　选择汇总方法

（6）单击"下一步"按钮，在对话框中输入报表名称"学生选课成绩"，单击"完成"按钮。"学生选课成绩"报表预览如图 6-24 所示。

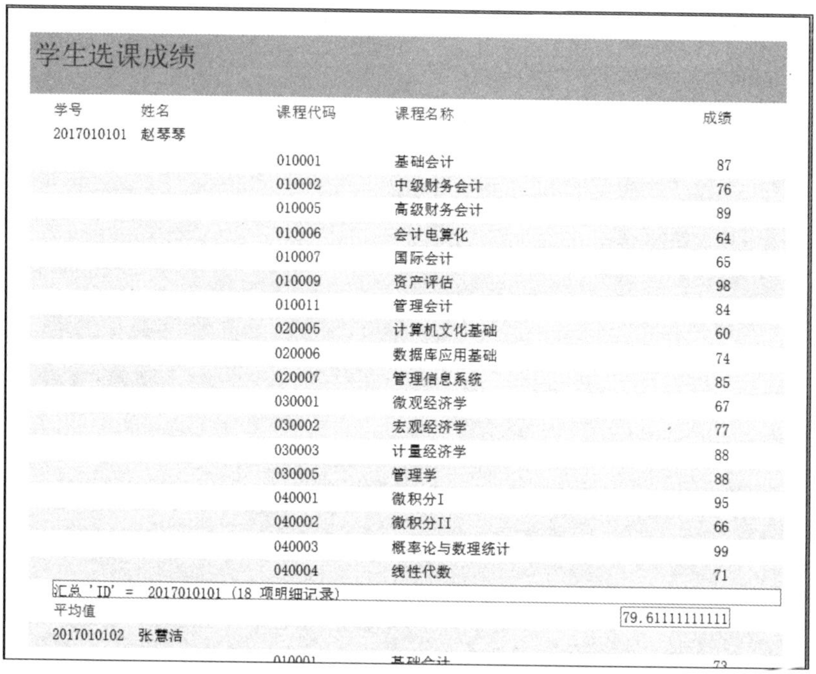

图 6-24　"学生选课成绩"报表预览

【例 6-6】　使用报表设计视图创建"课程成绩报表"，按照入学年份统计各门课程的选课人数和平均成绩。报表输出的明细信息包括入学年份、课程编号、课程名称、学号、成绩，统计信息包括选课人数和平均成绩。

操作步骤如下：

（1）选择"创建"→"报表"→"报表设计"选项，进入报表设计视图。

（2）选择"报表设计工具"→"设计"→"工具"→"添加现有字段"选项，打开"字段列表"对话框，如图 6-25 所示，通过单击显示所有表，单击每个表名前面的加号，展开字段表。

（3）将字段拖放到报表主体节，调整控件大小，选定全部控件（可利用标尺先选定全部标签，按下 Ctrl 键，再利用标尺选定所有文本框），如图 6-25 所示。

（4）选择"报表设计工具"→"排列"→"表"→"表格"选项，使报表布局变为表格模式，选择"排列"→"表"→"删除布局"选项，使位于主体节的文本框与位于页面页眉的标签解除关联，调整主体节至一行宽，如图 6-26 所示。

（5）选择"报表设计工具"→"设计"→"分组与汇总"→"分组和排序"选项，在分组和排序区单击"添加组"。随后，在字段列表中选择 ID 字段，单击工具条上的"更多▶"→"按整个值"，出现列表框，如图 6-27 所示。

（6）按照图 6-27 所示设置，将按照 ID 字段的前 4 个字符分组。

（7）再次单击"添加组"，选择 C_code 字段，设置 C_code 字段"有页脚节"。

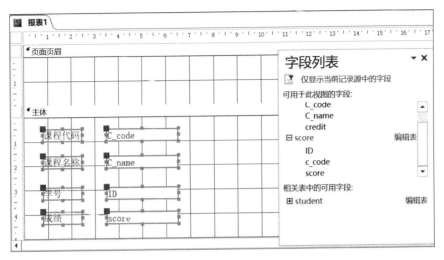

图 6-25 添加字段

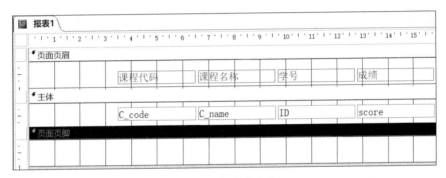

图 6-26 切换为表格

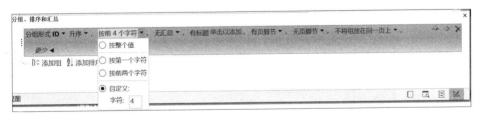

图 6-27 选择 ID 字段分组方式

（8）在 ID 字段组页眉节中加入一个文本框，其标签标题设置为"入学年份："，文本框控件来源属性设置为表达式"＝Left(［ID］,4)"。

（9）在 C_code 字段组页脚节中加入一个文本框，其标签标题设置为"选课人数："，文本框控件来源属性设置为表达式"＝Count(＊)"，如图 6-28 所示。

（10）选定所有控件，打开属性窗口，设置所有控件的"边框样式"属性为"透明"。调整各控件的大小和位置。

保存报表，名称为"课程成绩报表"，切换至报表视图，效果如图 6-29 所示。

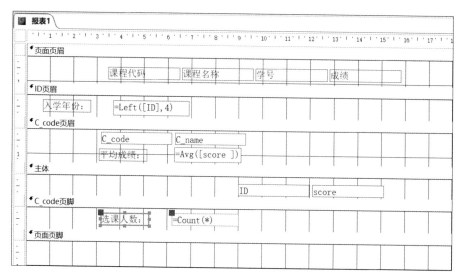

图 6-28　报表设计视图

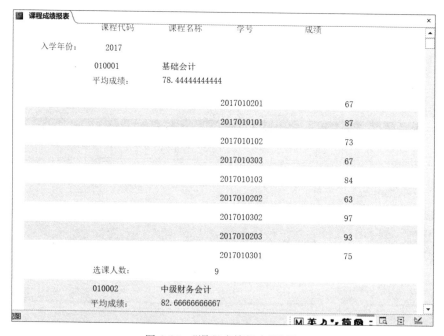

图 6-29　"课程成绩报表"视图

【例 6-7】　使用报表设计视图创建"学生综合情况报表",如图 6-30 所示,要求如下:

(1) 以表格式显示每个学生的姓名、学号、学院名称、专业名称、平均成绩、不及格课程数及等级信息。

(2) 以学院代码 code 字段分组,在同一组内先按照专业名称 m_name 升序排列,再按照学号 ID 升序排列。

(3) 在 code 组页眉中输出学院人数。在报表页眉中显示报表标题"学生综合情况报表",在页面中显示页码和总页数,在报表页脚中显示日期和制表人。

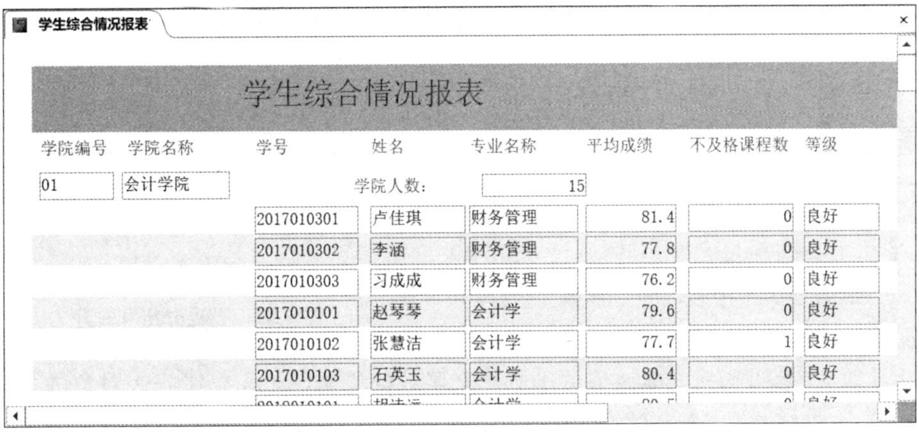

图 6-30　学生综合情况报表

等级评价方式为

- 平均分为 85 分以上是优秀
- 平均分为 84 至 75 分是良好
- 平均分为 74 至 60 分是合格
- 平均分为 60 分以下是不合格

分析：

- 报表数据涉及 student、college、major 表，统计数据可利用域聚合函数，从 score 表获取不及格课程数及平均成绩。

- 由于涉及 student 表与 major 表的连接，报表数据源的 SQL 语句为

```
Select ID, name, student.code, name_c, m_name
From college, major, student
Where college.code=student.code And Mid(id,5,4)=m_code
```

操作步骤如下：

（1）选择"创建"→"报表"→"报表设计"选项，进入报表设计视图。

（2）选择"报表设计工具"→"设计"→"工具"→"添加现有字段"选项，在主体节添加的字段包括 student 表的 ID、code、name；college 表的 name_c（学院名称）；major 表的 m_name（专业名称）。

注意：所添加的文本框名称自动命名与其绑定的字段名相同。

（3）修改报表"记录源"属性为上述 SQL 命令。

（4）在主体节增加 3 个文本框，3 个文本框分别改名称属性为"平均成绩""不及格数""等级"，其对应标签标题分别改为"平均成绩""不及格课程数""等级"。

（5）调整各控件的大小，选定全部控件，选择"报表设计工具"→"排列"→"表"→"表格"选项，使报表布局变为表格式。选择"排列"→"表"→"删除布局"按钮，使位于主体节的文本框与位于页面页眉的标签解除联动，调整主体节至约一行高。

（6）选择"报表设计工具"→"设计"→"分组与汇总"→"分组和排序"选项,按照图 6-31 设置分组字段为 code,顺次设置排序字段为 m_name 和 ID。

（7）将文本框 code 和 name_c 移动到 code 组页眉中,并在组页眉中加入一个文本框,将其标签标题改为"学院人数",文本框控件来源属性设置为"=Count(＊)"。保存报表名为"学生综合情况报表"。

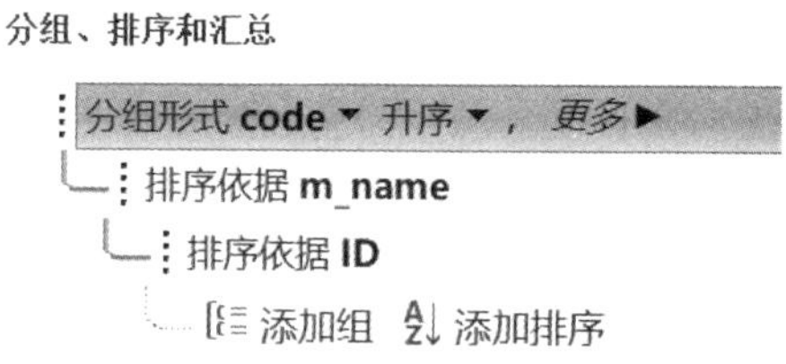

（8）如图 6-32 所示,将文本框"平均成绩""不及格课程数"和"等级"的控件来源属性

分组、排序和汇总

分组形式 code ▾ 升序 ▾ , 更多 ▶

└─ 排序依据 m_name

　└─ 排序依据 ID

　　└─ 〔≣ 添加组 ᢓↀ 添加排序

图 6-31 设置分组和排序

分别设置如下(参阅本书 3.2.3 节关于域聚合函数的说明,Reports 是报表对象的类名)。

- 平均成绩：=DAvg("score","score","ID=[Reports]![学生综合情况报表]![ID]")

- 不及格数：=DCount("score","score","ID=[Reports]![学生综合情况报表]![ID] and score<60")

- 等级：=IIf([平均成绩]>=85,"优秀",IIf([平均成绩]>=75,"良好",IIf([平均成绩]>=60,"合格","不合格")))

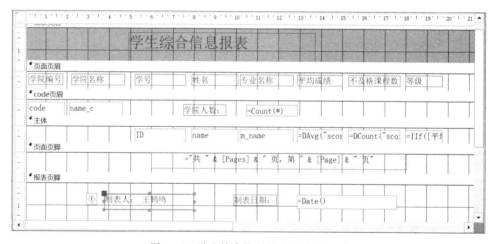

图 6-32 学生综合情况报表的设计视图

（9）在文本框"平均成绩"的属性窗口中,将其"格式"属性设置为"固定","小数位数"属性设置为 1。

（10）在报表任意处右击,从快捷菜单中选择"报表页眉/页脚",在报表页眉中添加一个标签,标题设置为"学生综合情况报表"。

在报表页脚中添加一个标签,标题设置为"制表人：王鹤鸣",再添加一个文本框,设置其标签标题为"制表日期：",文本框控件来源设置为"=Date()"。在页面页脚中加入页码。

保存报表,并切换到报表视图,得到图 6-30 所示的报表。

6.3.3 报表版面设计

报表设计完成后,可以对报表的版面进行修改和美化,如应用主题、添加背景图片、添加时间和日期、添加分页符和页码等。

1. 应用主题

主题是 Access 提供的一系列报表格式方案,每种主题都预定义了一套报表版面的背景、字体等格式设置,可以快速美化报表。在报表设计视图下,选择"报表设计工具"→"设计"→"主题"→"主题"选项,即可在下拉列表中选择一个主题。主题一旦确定,数据库的所有报表均应用所选主题。

2. 添加背景图片

为报表添加背景图片的方法是:在报表的设计视图中打开报表属性窗口,设置"图片"属性,选择背景图片的文件,之后可设置图片在报表背景中的显示方法,如"图片类型"属性可选"嵌入""共享"或"链接";"图片缩放模式"属性可选"剪辑""拉伸""缩放"等;"图片对齐方式"属性可选"中心"或"左下"等。

3. 添加日期和时间

在报表中添加日期和时间有两种方法。

(1) 在报表"设计视图"中,在"设计"选项卡的"页眉/页脚"组中单击"日期和时间"按钮,之后在弹出的对话框中选择合适的时间格式,则在报表页眉中加入了日期和时间。

(2) 在报表某个位置添加文本框控件,设置"控件来源"属性为日期或时间表达式,如"=Date()""=Time()""=Now()",再通过"格式"属性设置相应的日期和时间格式。

4. 添加分页符和页码

"分页符"控件可用来实现在报表的某个位置强制分页。方法是:在报表"设计视图"中选择要插入分页符的节,选择"设计"→"控件"→"插入分页符"控件。

插入页码的方法是:在报表"设计视图"中选择"设计"→"页眉/页脚"→"页码",在对话框中选择合适的页码格式,则在页面页眉或页面页脚中插入了页码。

也可以在报表中添加文本框控件,然后通过设置"控件来源"属性达到相同的效果。在 Access 中,系统变量[Pages]和[Page]分别代表报表总页数和当前页码。显示页码的文本框控件来源属性通常有以下 4 种设置方法。

- [Page]:显示页码数字。
- "共"&[Pages]&"页,第"&[Page]&"页":显示形式"共 N 页,第 M 页"。
- [Page] & "/" & [Pages]:显示形式"M/N"。
- "第 " & [Page] & " 页":显示形式"第 M 页"。

5. 导出报表

Access 2016 提供了将报表导出为 . PDF 和 . XPS 文件格式的功能,这些文件格式会保留原始报表的布局和格式设置。用户可以在脱离 Access 环境的情况下,打开扩展名为 . pdf 或 . xps 的文件查看报表。

报表也可以导出为 Excel 文件、文本文件、XML 文件、Word 文件等文档。

将报表导出为 PDF 文件的操作步骤如下:

(1) 选定导航窗格上的某个报表对象。

(2) 选择"外部数据"→"导出"→"PDF 或 XPS"。

(3) 在打开的"发布为 PDF 或 XPS"对话框中指定文件存放的位置,输入文件名,保存类型选定"PDF(∗. pdf)",单击"发布"按钮。

6.4 主子报表

主子报表是指嵌套的报表,子报表是嵌入的报表。多数情况下,主子报表的数据源存在一对多的关系,即主报表是一方,子报表是多方,二者通过关联字段建立关系,在报表中协同显示相关信息。在 Access 中,主子报表也可以没有关系,各自独立显示数据。主报表也可以包含子窗体,且能够包含多个子报表或子窗体,但主报表最多可以包含两级嵌套的子报表或子窗体。

6.4.1 创建一对多主子报表

在创建一对多主子报表之前,两个报表数据源通常已经建立了正确的关系,以此保证子报表中显示的记录与主报表中显示的记录有正确的对应关系。

图 6-33 设置链接字段

如果主子报表的数据源没有建立关系,需要通过子报表控件的属性"链接主字段"及"链接子字段"进行设置,如图 6-33 所示。

【例 6-8】 在 xsgl 数据库中,创建以 college 为数据源的主报表,在其中加入一个以 major 表为数据来源的子报表,该子报表的名称为"专业子报表",主报表的名称为"学院信息报表"。

操作步骤如下:

(1) 使用"报表"智能工具创建主报表"学院信息报表",数据源为 college 表,如图 6-34 所示。

(2) 选定数据源 major 表,选择"创建"→"报表"→"报表",创建"专业子报表"选项。

(3) 在"学院信息报表"设计视图下拉宽主体节,通过"设计"→"子窗体/子报表"选项,插入一个子报表,启动子报表向导,如图 6-35 所示,选择"专业子报表"。

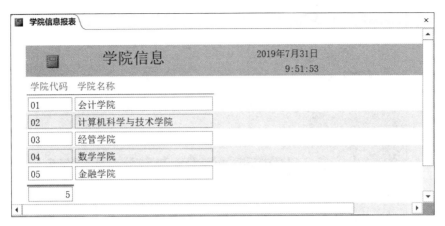

图 6-34　学院信息报表

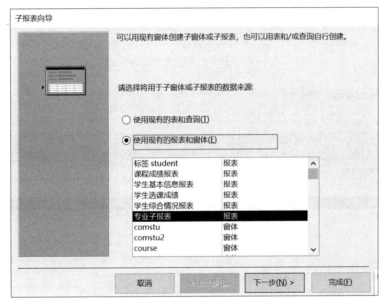

图 6-35　选择子报表的数据来源

（4）单击"下一步"按钮，选择主子报表的关联方式，如图 6-36 所示（如果列表中没有正确的关联方式，可选择"自行定义"单选按钮）。

（5）单击"下一步"按钮，之后单击"完成"按钮。

（6）切换到主报表设计视图，如图 6-37 所示，调整主报表中的控件布局。

（7）在子报表属性窗口，将子报表的"显示页面页眉和页面页脚"属性设置为"是"。

（8）切换至报表视图，如图 6-38 所示。

【例 6-9】　修改例 6-7 创建的"学生综合情况报表"，加入 2 个子报表，修改方式如下：

（1）在 code 组页眉中增加显示学院达到优秀等级的人数的子报表。

（2）在报表主体节添加一个子报表，显示每个学生课程成绩的明细信息。

操作步骤如下：

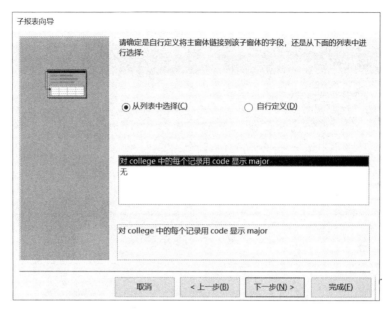

图 6-36　选择主子报表的关联方式

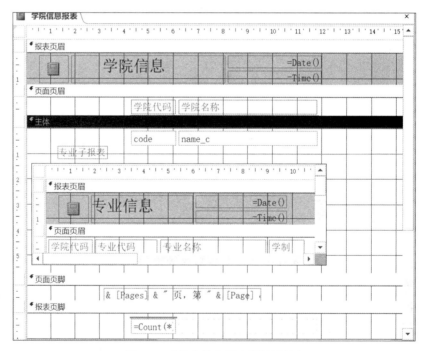

图 6-37　"学院信息报表"设计视图

（1）用报表向导创建以 score 表为数据源的名称为"学生成绩明细子报表"的报表，包括 score 表的所有字段，布局为表格式。

（2）创建一个查询，名为"学院优秀人数"，运行结果如图 6-39 所示，其 SQL 命令如下：

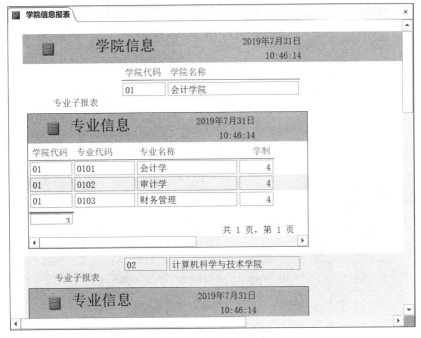

图 6-38 "学院信息报表"报表视图

Select Count(*) AS 优秀人数,Mid(ID,5,2) AS 学院代码 From s3
Where 平均分>=85 Group By Mid(ID,5,2)

查询 s3 是第 3 章例 3-7 创建的查询,其中有每个学生的"平均分"字段。

（3）创建以查询对象"学院优秀人数"为数据源的、名称为"优秀人数子报表"的报表,包括查询的所有字段,布局为表格式,无报表页眉页脚。

图 6-39 "学院优秀人数"查询

（4）在"优秀人数子报表"的设计视图中,将"学院代码"文本框的"可见"属性设置为"否","滚动条"属性设为"两者均无",报表"宽度"属性设为 3cm,保存并关闭子报表。

（5）打开"学生综合情况报表"的设计视图,拉宽主体节,选择"设计"→"控件"→"子窗体/子报表"选项,插入一个子报表控件,启动子报表向导,选择绑定"学生成绩明细子报表"。

（6）拉宽 code 组页眉节,在其中插入一个子报表控件,启动子报表向导,选择数据源为"优秀人数子报表"。

（7）单击"下一步"按钮,选择主子报表的关联方式为字段 code 和"学院代码",如图 6-40 所示。

（8）单击"下一步"按钮,之后单击"完成"按钮。

图 6-40　自定义主子报表的关联字段

（9）在"学生综合情况报表"的设计视图，调整主子报表中的控件大小、位置。切换到报表视图，结果如图 6-41 所示。

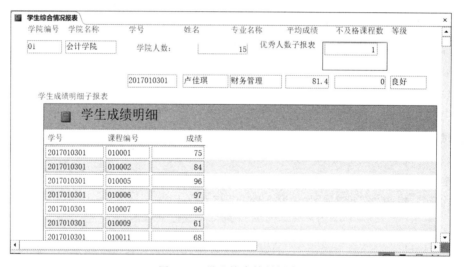

图 6-41　学生综合情况报表

6.4.2　无关联主子报表

主子报表的数据可以没有关系，各自以不同方式显示数据，如主报表是表格式或纵栏式，子报表是图表或数据透视表。

【例 6-10】 创建主子报表。主报表以查询对象"查询专业人数"为数据源(图 6-42),显示每个学院各专业的人数,以学院编号分组,在组页眉显示各学院的总人数。子报表位于报表页脚节,以柱形图表形式显示各学院的人数。

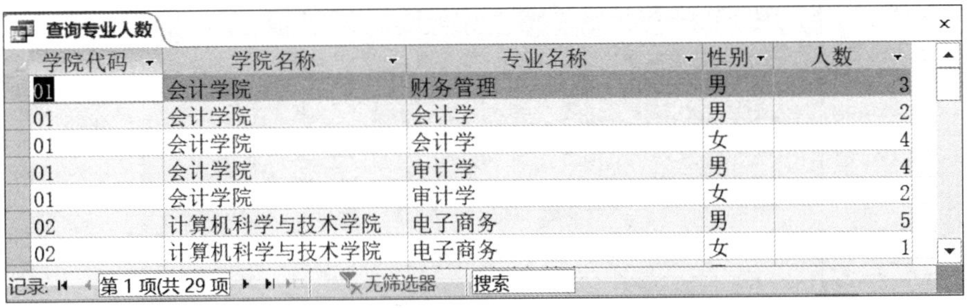

学院代码	学院名称	专业名称	性别	人数
01	会计学院	财务管理	男	3
01	会计学院	会计学	男	2
01	会计学院	会计学	女	4
01	会计学院	审计学	男	4
01	会计学院	审计学	女	2
02	计算机科学与技术学院	电子商务	男	5
02	计算机科学与技术学院	电子商务	女	1

记录: ◄ ◄ 第 1 项(共 29 项) ► ►► 无筛选器 搜索

图 6-42 "查询专业人数"查询运行结果

操作步骤如下:

(1) 创建主报表,利用报表向导,以第 3 章例 3-9 创建的查询对象"查询专业人数"为数据源,快速建立"查询专业人数报表"。

(2) 切换至"查询专业人数报表"的设计视图,选择"报表设计工具"→"设计"→"分组和汇总"→"分组和排序"选项,并选择分组方式为"学院名称"。

(3) 在"学院名称"组页眉中加入一个文本框,将其标签标题设置为"总人数:",文本框"控件来源"属性设置为"=Sum([学生人数])"。

(4) 创建查询对象"学院人数",其 SQL 命令为

```
Select Count (student.ID) AS 人数, college.name_c From college, student Where
college.code=student.code Group By college.name_c;
```

(5) 以查询对象"学院人数"为数据源,创建图表报表"学院人数子报表",简要过程如下:

① 选择"创建"→"报表"→"报表设计",打开报表设计视图,在主体节加入一个图表控件,启动图表向导。

② 依次在向导中选择查询"学院人数"为图表数据源,之后选择图表使用的字段、图表格式。打开报表属性窗口,将报表的"滚动条"属性设为"两者均无"。

③ 设置报表"宽度"属性为 10cm,将页面页眉页脚均调整为 0,保存图表报表,名称为"学院人数子报表"。

(6) 打开"查询专业人数报表"设计视图,设置显示报表页眉页脚,拉宽报表页脚区域。

(7) 在主报表的报表页脚插入一个"子窗体/子报表"控件,启动子报表向导,将控件绑定"学院人数子报表"对象。

(8) 保存报表,切换到报表视图,"查询专业人数报表"主子报表运行结果如图 6-43 所示。

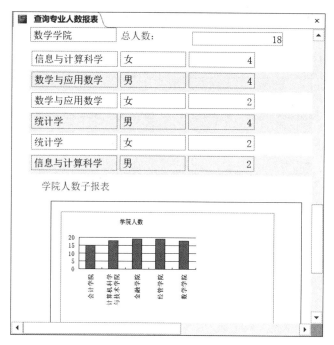

图 6-43　查询专业人数报表

6.5　报表的页面设置与打印输出

　　报表数据和格式设置完毕后,打印之前还要确定打印方式,如纸张大小、页边距等,可以调整和设置报表在纸张上的打印效果,以符合用户需要。

6.5.1　页面设置

　　页面设置包括设置报表页的大小、页边距、页眉页脚的样式等。"页面设置"选项卡包括"页面大小"和"页面布局"两个组,可进行页面设置,如图 6-44 所示。

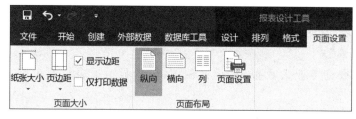

图 6-44　"页眉设置"选项卡

1. 纸张大小和页边距

选择"报表设计工具"→"页面设置"→"页面大小"→"纸张大小"选项,单击按钮的下拉箭头,打开"纸张大小"列表框,列表中共列出 21 种纸张尺寸,用户可以从中选择合适的纸张大小。

选择"报表设计工具"→"页面设置"→"页面大小"→"页边距"选项,单击下拉箭头打开"页边距"列表框,其中显示了当前已有的页边距形式,选择其中一种即可完成页边距的设置。

如果要自定义页边距,需要选择"报表设计工具"→"页面设置"→"页面布局"→"页面设置"选项,打开如图 6-45 所示的对话框,在其中定义页边距。

图 6-45　自定义页边距

2. 纸张方向

选择"报表设计工具"→"页面设置"→"页面布局"→"纵向"或"横向"选项,可以设置打印纸的方向。在图 6-45 所示的页面设置对话框中单击"页"选项卡,也可以在其中设置纸张方向。

6.5.2　多列报表

多列报表是在报表中使用分栏方式显示数据。如果报表一行的长度较短,采用多列报表可使数据排列比较紧凑,节省纸张。标签报表就是常用的多列报表的形式之一。

多列报表的创建步骤如下:

(1) 在报表"设计视图"中选择"报表设计工具"→"页面设置"→"页面布局"→"列"选项,打开如图 6-46 所示的对话框。

(2) 在"网格设置"→"列数"中输入列数。

(3) 设置"行间距""列间距""列尺寸""列布局"等,如图 6-46 所示。

图 6-46 设置多列报表

以上步骤完成多列报表的设置,可通过打印预览查看多列输出的效果。

6.5.3 报表打印

通常,在打印报表之前应反复使用"打印预览"视图与"设计视图"修改报表格式和内容,查看报表打印效果之后再打印输出。

选择"文件"→"打印"选项,显示如图 6-47 所示的页面,之后单击"打印"按钮,弹出"打印"对话框,如图 6-48 所示。根据需要进行相关设置即可。

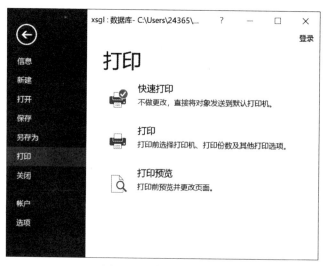

图 6-47 "打印"选项卡

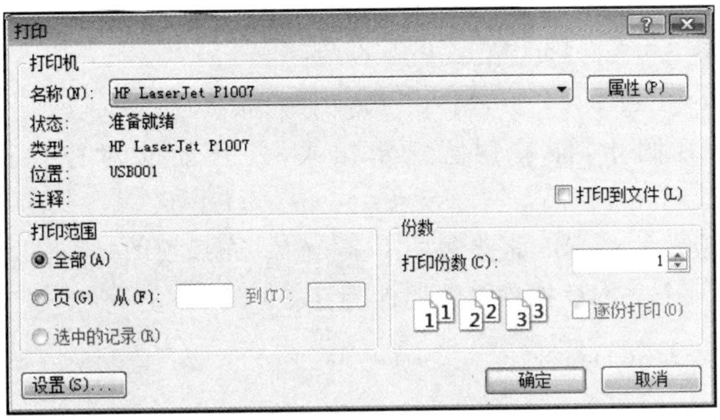

图 6-48 "打印"对话框

习题 6

一、选择题

1. 报表的主要目的是( )。
   A. 输入数据　　　　　　　　　　B. 打印输出数据
   C. 输入输出数据　　　　　　　　D. 编辑数据
2. 下列对报表理解正确的是( )。
   A. 报表和查询功能一样　　　　　B. 报表和数据表功能一样
   C. 报表只能输入输出数据　　　　D. 报表能输出数据和实现一些计算
3. 报表的数据源可以是( )。
   A. 表、查询和窗体　　　　　　　B. 表和查询
   C. 一个表　　　　　　　　　　　D. 表、查询和报表
4. 报表不能完成的工作是( )。
   A. 分组数据　　B. 汇总数据　　C. 格式化数据　　D. 输入数据
5. 如果要在整个报表的最后输出信息,需要设置( )。
   A. 页面页脚　　B. 报表页脚　　C. 页面页眉　　D. 报表页眉
6. 要在报表每一页的底部都输出信息,需要设置的是( )。
   A. 页面页脚　　B. 报表页脚　　C. 页面页眉　　D. 报表页眉
7. 要实现报表的分组统计,其操作区域是( )。
   A. 主体　　　　　　　　　　　　B. 页面页眉或页面页脚
   C. 报表页眉或报表页脚　　　　　D. 组页眉或组页脚
8. 在报表设计过程中,不适合添加的控件是( )
   A. 标签控件　　B. 图形控件　　C. 文本框控件　　D. 选项组控件
9. 在报表中要显示格式为"共 N 页,第 N 页"的页码,正确的页码格式设置
是( )。
   A. ="共"＋Pages＋"页,第"＋Page＋"页"

  B. ＝"共"＋[Pages]＋"页,第"＋[Page]＋"页"

  C. ＝"共"&Pages&"页,第"&Page&"页"

  D. ＝"共"&[Pages]&"页,第"&[Page]&"页"

10. 在报表的视图中,能够预览显示结果,并且能够对控件进行调整的视图是(　　)。

  A. 设计视图　　　　B. 报表视图　　　　C. 布局视图　　　　D. 打印视图

11. 若报表的一个文本框控件来源属性为:

`IIf(([Page] Mod2=0), "第"&[Page]&"页", "")`

则下列说法中正确的是(　　)。

  A. 显示奇数页码　　　　　　　　　B. 显示偶数页码

  C. 显示当前页码　　　　　　　　　D. 显示全部页码

12. 若要查询学生表(学号、姓名、性别、班级、系别)中男、女学生的人数,则要分组和计数的字段分别是(　　)。

  A. 学号、系别　　B. 性别、学号　　C. 学号、性别　　D. 学号、班级

13. 在基于"学生表"的报表中按"班级"分组,并设置一个文本框控件,控件来源属性设置为"＝Count(＊)",关于该文本框说法中,正确的是(　　)。

  A. 文本框如果位于页面页眉,则输出本页记录总数

  B. 文本框如果位于班级页眉,则输出本班记录总数

  C. 文本框如果位于页面页脚,则输出本班记录总数

  D. 文本框如果位于报表页脚,则输出本页记录总数

14. 能够实现从指定记录集里检索特定字段值的函数是(　　)。

  A. Lookup　　　　B. DFind　　　　C. DLookup　　　　D. Find

15. 下列叙述中,正确的是(　　)。

  A. 在窗体和报表中均不能设置组页眉

  B. 在窗体和报表中均可以根据需要设置组页眉

  C. 在窗体中可以设置组页眉,在报表中不能设置组页眉

  D. 在窗体中不能设置组页眉,在报表中可以设置组页眉

16. 要在报表的组页脚中给出计数统计信息,可以在文本框中使用的函数是(　　)。

  A. MAX　　　　B. SUM　　　　C. AVG　　　　D. COUNT

17. 在查询的参数中,要引用窗体 F1 上的 Text1 文本框的值,应该使用的表达式是(　　)。

  A. [Forms]![F1]![Text1]　　　　　　B. Text1

  C. [F1].[Text1]　　　　　　　　　　D. [Forms]_[F1]_[Text1]

18. 图表报表以(　　)方式展示数据间的关系。

  A. 图形　　　　B. 窗体　　　　C. 文字　　　　D. 表格

19. 下列选项中,在报表设计视图工具栏中有,而在窗体设计视图中没有的按钮是(　　)。

    A. 排序与分组   B. 字段列表   C. 控件组   D. 代码

20. 如果要在整个报表的最后输出信息,需要设置(　　　)。

    A. 页面页脚   B. 报表页脚   C. 页面页眉   D. 报表页眉

二、填空题

1. 报表页脚的内容在报表的_____位置打印输出。

2. 如果要在报表上显示格式为"页码/总页数"的页码,则计算控件的控件来源属性应设置为_____。

3. 设置报表的属性时,需要在_____视图下操作。

4. 在报表中,要计算"单价"字段的最高价,应将控件的控件来源属性设置为_____。

5. 在报表设计视图中,默认的 3 个节是_____、_____和_____。

6. 在报表设计中,可以通过添加_____控件控制另起一页输出显示。

7. 多列报表即在报表中使用多列格式显示数据。可以通过修改"页面设置"对话框_____选项卡的某些设置实现输出多列报表的功能。

8. _____是最常用的计算和显示数值的控件。

9. 在报表中,要计算"数学"字段的最低分,应将控件的"控件来源"属性设置为_____。

10. 如果要显示的记录和字段较多,并且希望可以同时浏览多条记录及方便地比较相同字段的值,则应创建的报表类型是_____。

三、思考题

1. 报表的视图有哪几种? 每种视图的作用是什么?
2. 窗体和报表的主要相同点和不同点是什么?
3. 创建报表的方法有哪几种?
4. 在报表中实现排序和分组的作用是什么?
5. 如何在报表中添加和显示计算数据?
6. 主子报表有什么作用?

实验 6

实验目的

(1) 掌握报表的类型,自动创建报表的方法,熟练使用向导创建报表。

(2) 掌握报表设计视图的组成及其功能。

(3) 掌握使用"设计视图"创建、修改报表的方法。掌握在报表中实现分组统计、显示计算数据的方法。

（4）掌握创建主子报表、标签报表等特殊格式报表。

实验内容

说明：本实验所有内容都基于 cpxsgl.accdb 数据库。

（1）以"雇员"表为数据源，利用报表向导创建纵栏式报表，名称为"雇员"，如图 6-49 所示。

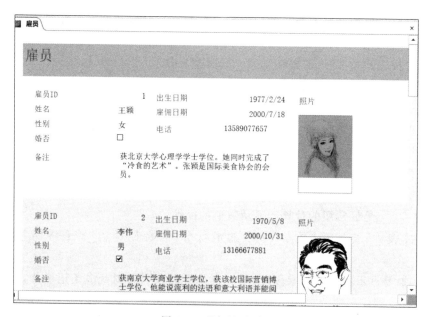

图 6-49 "雇员"报表

（2）以"客户"表为数据源创建标签报表，命名为"标签客户"，样式如图 6-50 所示。

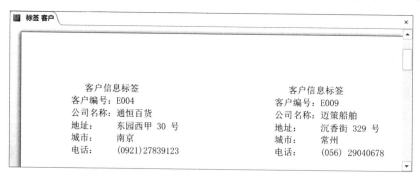

图 6-50 "标签客户"报表

（3）以实验 3-1 的实验内容（8）创建的查询对象 Q8 为数据源，创建报表"订单金额统计"，如图 6-51 所示，具体要求如下：

① 以 Q8 为数据源创建报表，以"客户 ID"字段分组，以"订单 ID"字段排序，布局风格为"递阶"。

② 在客户 ID 组页眉添加两个计算型文本框，其中一个文本框显示公司名称，另一个

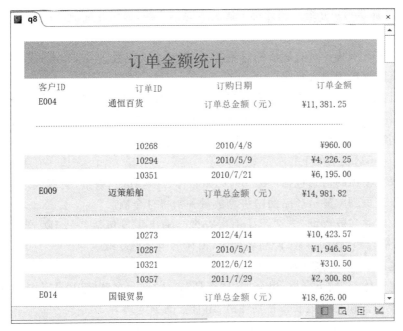

图 6-51 "订单金额统计"报表

文本框显示客户订单总金额,其文本框的"格式"属性都设置为"货币",小数位数设置为2。

③ 在组页眉加一条横线,虚线型。

提示:公司名称信息可用 Dlookup()函数从"客户"表获取。

(4) 创建"雇员订单"报表,主报表数据源为"雇员"表、查询 Q8 和订单表,显示:雇员 ID、姓名、订单 ID、客户 ID、订购日期、订单金额,按照雇员 ID 升序排列,子报表显示"订单明细"表的全部字段,如图 6-52 所示,要求如下:

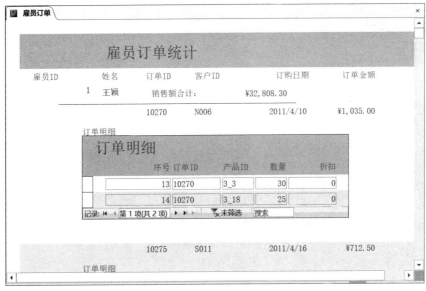

图 6-52 "雇员订单统计"报表

① 按照"雇员 ID"分组。统计每个雇员的总销售额,显示在雇员 ID 组页眉,显示 2 位小数。

② 在报表页脚统计所有雇员的总销售额,显示 2 位小数。

③ 在页面页眉中插入页码。

④ 以"订单明细"表作为数据源,创建表格型窗体,作为子报表的绑定控件来源。

(5) 创建"产品销售查询窗体",要求窗体中添加有组合框,可选择产品名称,用户可根据选择的产品名称运行一个报表,其中显示此产品的销售明细信息和总销售额,见图 6-53 和图 6-54,要求如下:

① 报表中输出的信息包括产品 ID、产品名称、订购日期、数量、销售额。

② 在报表页脚里显示产品的销售总数量和销售总金额。

③ 首先建立参数查询——"产品销售查询",输出字段包括产品 ID、产品名称、订购日期、数量、销售额,查询参数"产品名称"从窗体的组合框获取。

④ 创建以查询作为数据源的报表。

⑤ 创建窗体,添加组合框,组合框以"产品"表的"产品名称"字段作为控件来源,添加命令按钮,单击按钮打开报表。特别注意,组合框的绑定列为 2。

图 6-53　产品销售查询窗体

图 6-54　产品销售报表

第7章 宏

学习目标

（1）掌握宏的概念、宏的类型、宏的创建方法。

（2）掌握常用的宏操作命令，掌握独立宏、嵌入式宏、子宏的创建。

（3）了解宏的调试方法，宏与窗体、报表对象的结合使用。

实际工作中经常需要重复执行某些任务或操作，如周期性打印系列报表、特定数据的检索统计等。在 Access 中，可以将完成任务的相关操作命令组织在一起，并保存成一个宏，通过调用和运行宏，系统能够自动执行其中的操作命令。利用宏，用户无须编写程序，就可以保存操作序列并重复进行同样的工作，提高了工作效率。

本章将介绍宏的基本概念、常用宏操作、各类宏的建立与运行。

7.1 宏对象概述

宏是 Access 数据库 6 种对象之一，它是一条或多条操作命令的有序集合，其中的每条命令完成特定的功能，组合在一起，自动执行并完成一个相对复杂的任务。组成宏的命令称为宏操作命令。

在 Access 中，可将宏视为一种简化的编程语言，通过定义其中的宏命令序列来创建它。宏既可以独立运行，也可以嵌入到 Access 数据库的各种对象事件中，在事件发生时启动并执行。宏能够将数据库对象整合在一起，完成比较综合的任务。

7.1.1 宏的功能

宏是一种可自动执行命令序列的对象，它可以在窗体、报表和控件的事件中被调用。例如，在窗体中添加一个命令按钮，并将该按钮的"单击"事件与某个宏关联，那么每次单击该按钮时将运行这个宏。

Access 提供了 70 多条宏命令，包括各种不同的操作，如可以打开和关闭各种对象、数据输入输出等。宏命令几乎包括了实现数据库应用的所有操作，具体类别如下：

- 打开和关闭表、查询、窗体等对象。
- 执行报表的显示、预览和打印功能。

- 执行记录定位、搜索及数据筛选功能。
- 数据的输入输出、数据导入及导出、数据格式转换。
- 执行菜单上的选项命令。
- 显示和隐藏工具栏。
- 程序流程控件。

7.1.2 宏的类型

按照宏的存储和管理方式,宏可以分成独立宏、嵌入式宏和子宏。

1. 独立宏

独立宏是直接保存在数据库中的对象,具有单独的宏名,可以独立运行,在对象导航窗格中可见。独立宏可以在多个对象事件中被调用。

2. 嵌入式宏

嵌入式宏通常存储在表、窗体、报表或控件对象的事件代码中,与对象保存在一起。嵌入式宏不显示在导航窗格的对象列表中,没有独立的名称。如果创建包含嵌入式宏的对象副本,该宏也会包含在副本中,反之,包含嵌入式宏的对象被删除时,嵌入式宏也随之被删除。

数据表中的嵌入式宏也称为"数据宏",利用它可实现类似"触发器"的功能,当表的数据发生变化时(如在表中插入、更新或删除数据等),可启动执行某些验证操作,一定程度上提高了数据的安全性,丰富了数据库的功能。

3. 子宏

子宏是独立宏的另一种保存形式,为了便于宏对象进行管理,Access 允许在一个宏对象中定义多个宏,其中每个宏称为一个子宏。子宏以特定格式定义,其使用方法与独立宏基本相同,区别在于引用方式。

7.1.3 常用的宏操作

宏是由宏操作命令组成的,宏操作命令由操作命令和操作参数两部分组成。操作命令规定了操作要实现的功能,参数则提供了操作时使用的数据和形式。每个宏操作命令的名称和参数都是 Access 系统预定义的,用户必须严格按照命令格式要求使用。常用的宏操作命令见表 7-1。

表 7-1　常用的宏操作命令

类　型	命　令	功　能　描　述
窗口管理	CloseWindow	关闭指定的窗体,如果没有指定窗体,则关闭活动窗体
	MaximizeWindow	活动窗口最大化
	MinimizeWindow	活动窗口最小化
	MoveAndSizeWindow	移动活动窗口或调整其大小
	RestoreWindow	窗口还原
宏命令	RunCode	运行 VBA 的函数过程
	RunMenuCommand	运行一个 Access 菜单命令
	RunMacro	运行另一个宏
	RunDataMacro	运行一个数据宏
	StopMacro	停止当前正在运行的宏
	StopAllMacros	终止所有正在运行的宏
筛选/查询/搜索	FindRecord	查找符合指定条件的第一条记录或下一条记录
	FindNextRecord	查找下一个符合前一个 FindRecord 操作或"查找和替换"对话框中指定条件的记录,可反复搜索记录
	OpenQuery	打开查询
	Refresh	刷新视图中的记录
	SetFilter	在表、窗体或报表中应用筛选、查询或 SQL where 子句
数据库对象	GoToControl	将焦点移到激活的数据表或窗体指定的字段或控件上
	GoToRecord	将表、窗体或查询结果中的指定记录设置为当前记录
	OpenTable	在设计视图、打印预览或数据表视图中打开表
	OpenForm	在窗体视图、设计视图、打印预览或数据表视图中打开窗体
	OpenReport	在设计视图或打印预览中打开报表,或立即打印该报表
	PrintObject	打印当前对象
数据导入/导出	ExportWithFormatting	将数据库中的数据按指定的格式输出(如 Excel 或者文本等)
	WordMailMerge	执行邮件合并操作
数据输入操作	DeleteRecord	删除当前记录
	SaveRecord	保存当前记录

类　型	命　令	功 能 描 述
系统命令	QuitAccess	退出 Access
	Beep	通过扬声器发出嘟嘟声
	CloseDatabase	关闭当前数据库
用户界面命令	MessageBox	显示含有警告或提示消息的消息框
	Redo	重复最近的用户操作
	UndoRecord	撤销最近的用户操作

7.2　创建宏

宏的创建方法与其他 Access 数据库对象一样，在设计视图窗口中进行。创建宏的主要步骤是添加宏操作、设置参数、指定宏名等。本节将详细介绍宏的设计视图及各种宏的创建。

7.2.1　宏的设计视图

选择"创建"→"宏与代码"→"宏"选项，进入宏设计视图窗口，该窗口由"宏工具"选项卡、宏设计窗格和操作目录窗格 3 部分组成，如图 7-1 所示。

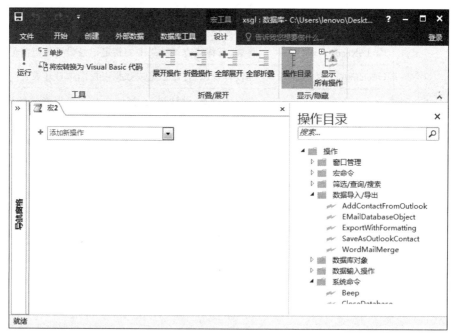

图 7-1　宏设计视图窗口

宏设计视图窗口中的"宏工具/设计"选项卡中的"工具"组的命令用于运行或调试宏。"折叠/展开"组中的命令用于折叠或展开宏操作参数列表。"显示/隐藏"组中的命令用于打开或关闭操作目录窗口。

宏设计窗格是设计宏操作的工作区域,用户可以在该窗格中通过"添加新操作"添加宏操作命令并设置参数。

"操作目录"窗格中分类列出了 Access 系统提供的所有宏操作命令,用户可直接双击选择需要的命令,添加到当前编辑的宏中并设置该命令的参数。宏操作的操作参数决定了该命令具体的执行方式。

7.2.2 创建独立宏

创建宏的关键是根据任务要求设计出处理问题的方法和步骤,然后确定使用的宏命令和命令顺序。创建宏的过程就是顺次选择宏命令及设置参数的过程。

【例 7-1】 在 xsgl.accdb 数据库中创建一个名为 ma1 的宏,其功能为打开 student 窗体,显示所有籍贯为"山东省济南市"的学生记录。

操作步骤如下:

(1) 打开数据库,选择"创建"→"宏与代码"→"宏"选项,打开宏设计视图。

(2) 在"添加新操作"列表框中选择宏命令 OpenForm。

(3) 设置操作参数。在操作参数窗口中,在"窗体名称"的下拉列表中选择窗体名称 student。

(4) 在"视图"选项中选择"窗体",在"当条件"选项中输入表达式(可利用表达式生成器完成):[nativeplace]="山东省济南市","数据模式"设置为"只读",如图 7-2 所示。

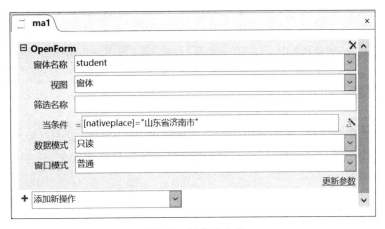

图 7-2　创建独立宏

(5) 单击"保存"按钮,打开"另存为"对话框,在"宏名称"文本框中输入 ma1,宏设计完成。单击"执行"按钮,查看宏运行的结果。

【例 7-2】 在 xsgl.accdb 数据库中创建一个名为 ma 的宏,其功能为先打开 student 表,然后显示一个消息框,关闭 student 表;再打开"student_交叉表"查询,显示提示消息框,随后关闭查询。

操作步骤如下:

(1) 打开数据库,选择"创建"→"宏与代码"→"宏"选项,打开宏设计视图。

(2) 在"添加新操作"列表框中选择宏命令 OpenTable,设置操作参数。在操作参数窗口中,在"表名称"的下拉列表中选择表 student。

(3) 在"视图"选项中选择"数据表",数据模式设置为"只读"。

(4) 在"添加新操作"列表框中选择宏命令 MessageBox,设置操作参数。在"消息"文本框中输入"将关闭 student,打开交叉表查询",在"类型"的下拉列表中选择"信息",在"标题"文本框中输入"请按确定"。

(5) 在"添加新操作"列表框中选择宏命令 CloseWindow,设置操作参数。在"对象类型"的下拉列表中选择"表"选项,在"对象名称"的下拉列表中选择 student。

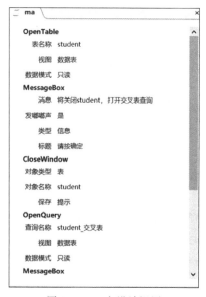

图 7-3 ma 宏设计视图

(6) 在"添加新操作"列表框中选择宏命令 OpenQuery,设置操作参数。在操作参数窗口中,在"查询名称"的下拉列表中选择查询"student_交叉表"选项。

(7) 在"添加新操作"列表框中选择宏命令 MessageBox。在消息文本框中输入"将关闭查询"。

(8) 在"添加新操作"列表框中选择宏命令 CloseWindow。在"对象类型"的下拉列表中选择"查询",在"对象名称"的下拉列表中选择"student_交叉表"选项。

(9) 保存宏名为 ma,单击"执行"按钮,查看宏运行的结果,如图 7-3 所示。

7.2.3 创建嵌入式宏

嵌入式宏存储在窗体、报表或控件的事件代码中,成为窗体、报表对象的一部分,并在相关对象事件发生时自动执行。嵌入式宏的创建过程与独立宏类似,不同之处在于存储方式和运行方式。

【例 7-3】 在例 5-9 创建的 course2 窗体中创建一个嵌入式宏,当 C_code 字段被修改时,弹出 MessageBox,提示信息为"主键字段不能修改"。

操作步骤如下:

(1) 打开 xsgl.accdb 数据库,打开 course2 窗体的设计视图,选定 C_code 文本框,如图 7-4 所示。

(2) 打开 C_code 文本框的属性窗口,选择"事件"→"更改"事件,单击省略号按钮,弹出"选择生成器"对话框。

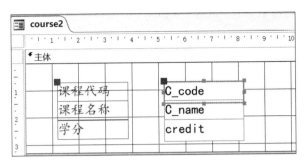

图 7-4　选定文本框

（3）在对话框中选择"宏生成器"选项并单击"确定"按钮，进入"宏生成器"。

（4）在"宏生成器"中添加操作，添加一个 MessageBox 命令，提示信息为"主键字段不能修改"，如图 7-5 所示。

图 7-5　在"宏生成器"中添加操作

（5）关闭"宏生成器"，保存宏，完成宏的创建。

（6）回到窗体的设计视图，可以看到，在"更改"事件中显示"嵌入的宏"，表明嵌入宏已创建完成。

运行该窗体时，如果更改 C_code 字段，将弹出提示框。

7.2.4　创建 Autoexec 宏

以 Autoexec 作为名字的宏具有特殊性质，每次启动 Access 数据库时，只要检测到这个宏对象存在，系统就会自动执行此宏。因此，如果打开 Access 数据库之前需要执行特定的一组操作，如自动最大化应用程序窗口、锁定"导航窗格"、打开特定对象等，则可以创建 Autoexec 宏实现。

【例 7-4】　创建 Autoexec 宏，打开 xsgl 数据库并弹出消息框，显示"欢迎使用学生管理系统！"信息。

操作步骤如下：

（1）打开 xsgl 数据库，打开宏设计视图，添加 MessageBox 宏操作。

（2）在"操作参数"窗格的"消息"行中输入"欢迎使用学生管理数据库！"，在类型组合框中选择"信息",其他参数默认,如图 7-6 所示。

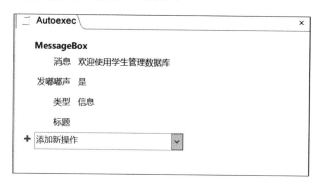

图 7-6　Autoexec 宏的设计视图

（3）保存宏,宏名为 Autoexec。

（4）重新打开 xsgl.accdb 数据库,宏自动执行,弹出一个如图 7-7 所示的消息框。

图 7-7　系统自动弹出的消息框

7.2.5　创建条件宏

条件宏是指在宏中的某些操作命令带有条件,当宏运行到这些操作时,首先要判断是否满足条件,条件表达式的值为"真"(True)时,这些操作才能执行。对数据进行处理时,如果希望仅当满足特定的条件时,才执行某个操作,就需要使用条件语句控制宏的流程。条件宏有两种形式。

1. If…Then 形式

格式:

```
If  <条件表达式>  Then
<操作块>
End If
```

功能:如果<条件表达式>的值为 True,则执行<操作块>中的操作,否则跳出 If 块,执行后续操作。

2. If…Then…Else 形式

格式:

```
If  <条件表达式>  Then
<操作块 1>
Else
<操作块 2>
End If
```

功能：如果<条件表达式>的值为 True，则执行<操作块 1>中的操作，否则执行<操作块 2>中的操作。

If 操作块可以嵌套，由此构成多个分支选择，最多可以嵌套 10 级。

【例 7-5】 创建一个用于密码验证的条件宏 ma2，要求首先设计一个窗体，在窗体中输入用户名和密码，然后单击"确定"按钮开始运行宏。宏用于验证用户名和密码，如果两者都正确，则打开 student 表，否则弹出提示信息窗口，提示"用户名或密码输入错误！"

说明：创建密码输入窗体 f1，如图 7-8 所示，其中两个文本框的名称分别为 txtname 和 txtpwd，用于输入密码的文本框的"输入掩码"属性设置为"密码"。单击"确定"按钮的操作定义为运行宏 ma2。

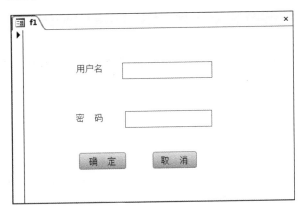

图 7-8 f1 窗体

操作步骤如下：

(1) 打开数据库 xsgl. accdb，打开"宏设计"窗口。

(2) 在"添加新操作"列表框中选择 If 命令，并设置 If 命令参数，如图 7-9 所示。

(3) 在下面一行的"添加新操作"列表框中选择 OpenTable 选项，并按照图 7-9 设置相应内容。单击"添加 Else"，在"添加新操作"列表框中选择 MessageBox 并进行相应的设置。

(4) 运行窗体 f1，输入用户名 admin，密码 12345 时，打开 student 表，如果输入用户名或密码错误，则弹出提示错误对话框。

7.2.6 使用注释和分组块

在宏对象的操作命令中可以加入注释和分组语句，两者都是为了提高宏的可读性，便于记忆和理解，不影响宏的执行结果。

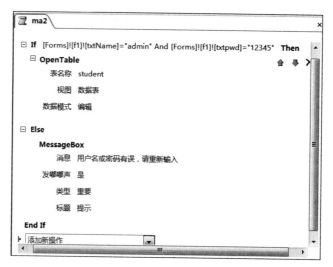

图 7-9　条件宏操作

1. 注释语句

注释语句是 Comment 命令，添加 Comment 命令之后，在编辑框中输入注释信息即可，在宏设计视图中显示为如下形式：

```
/*   <注释内容>  */
```

2. 分组语句

分组语句可以将宏对象的操作命令进行分组，如同文章分成不同段落。分组方法没有限制，一般将完成某个相对完整功能的宏命令集分为一组。

分组语句格式为

```
Group: <组名称>
    <操作块>
End Group
```

设置分组块有两种方式：

（1）如果要分组的操作已在宏中，可以同时选定要分组的操作（先选定第一个命令，再按下 Ctrl 或 Shift 键，选择其他命令），然后单右击，从快捷菜单中选择"生成分组程序块"命令，并在 Group 框中输入分组的名称。

（2）如果操作尚不存在，可以先在宏设计窗格中添加一个 Group 语句，并输入分组的名称，然后在这个分组块中添加新的操作。

将例 7-2 中创建的宏 ma 中的宏命令加入注释并分组，如图 7-10 所示。

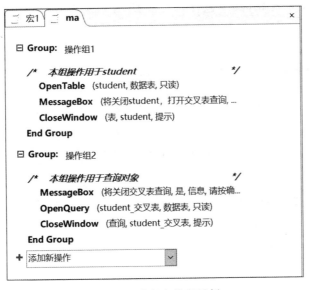

图 7-10 分组与注释示例

7.3 子宏

在 Access 中,为了便于对宏对象进行管理,允许在一个宏对象中定义多个独立宏,其中每个宏称为一个子宏。子宏要以特定格式定义,每个子宏都有一个名字,但导航窗格中仅显示宏对象名,不显示子宏名。子宏的使用方法与独立宏相同,区别在于引用方式。

在宏对象的设计视图中,使用子宏定义语句可定义多个子宏,每个子宏都具有自己的操作块,可完成特定的功能。子宏是宏的一种组织形式,其结构为

```
子宏: <子宏名 1>
      <操作块 1>
End Submacro
子宏: <子宏名 2>
      <操作块 2>
End Submacro
...
```

说明:

(1)<操作块>即子宏的操作集,其中的宏操作可以是 Access 提供的所有宏操作。

(2)一个子宏从子宏名开始,到 End Submacro 结束。

(3)子宏的调用格式为:<宏对象名>.<子宏名>。

(4)Access 中的子宏是一种对宏进行管理的方法,宏对象中的每个子宏逻辑上都是独立的,互不相关。

(5)包含子宏的宏对象通常不用于整体调用执行,如果运行这样的宏对象,只能运行其中的第一个子宏。

【例 7-6】 建立宏对象,其中包含 3 个子宏,分别实现以只读、增加、编辑方式打开 student 表。建立一个窗体,其中包含 3 个按钮,分别调用 3 个子宏。

操作步骤如下:

(1)打开 xsgl 数据库,打开宏设计视图,选择"添加新操作"行,选择"操作目录"窗口的"程序流程"→Submacro。

(2)为第一个子宏输入名称 Sub1,单击"添加新操作",选择 OpenTable 命令,并设置"表名称""视图""数据模式"项目分别为 student"数据表""只读"。

(3)在图 7-11 所示的 End Submacro 下面的"添加新操作"行再次选择"程序流程"组中的 Submacro。

图 7-11　子宏的定义

(4)为第 2 个子宏输入名称 Sub2,设置"表名称""视图""数据模式"项目分别为 student"数据表""增加",如图 7-11 所示。

(5)重复步骤(3)、(4),建立第 3 个子宏 Sub3,"数据模式"设置为"编辑"。

(6)保存宏对象,名称为 magroup。

(7)创建窗体 Studentoper,加入 3 个命令按钮,利用"命令按钮向导",为 3 个命令按钮分别选择运行 3 个子宏,完成窗体 Studentoper 的设计。

(8)窗体运行后,界面如图 7-12 所示。

图 7-12　Studentoper 窗体

7.4 宏的运行与调试

宏有多种运行方式,可以用命令调用运行,也可以由事件触发运行。在宏的设计阶段,运行时如果出现错误或异常情况,则需要对宏进行调试并修改。也可以对已经创建的宏进行功能修改。

7.4.1 运行宏

创建宏之后,运行宏的方式有以下 4 种。

1. 在宏设计视图运行

在宏设计窗口中选择"宏工具"→"设计"→"工具"→"运行"选项,可运行正在设计的宏。

2. 在数据库窗口中运行

在数据库窗口的"导航窗格"中双击所要运行的宏的名称,或右击所要运行的宏,在快捷菜单中选择"运行"命令。

3. 在 Access 主窗口中运行

在 Access 主窗口中选择"数据库工具"→"宏"→"运行宏"选项,打开"执行宏"对话框,如图 7-13 所示,在下拉列表框中选择要执行的宏名称或直接输入宏名,单击"确定"按钮。

图 7-13 "执行宏"对话框

4. 使用命令

宏操作 RunMacro 的功能是运行宏,其参数"宏名"即要运行的宏。

7.4.2 调试宏

宏初步设计完成后,常常会存在一些错误,执行时就会出现异常,发现并改正错误的过程就是调试。

可利用调试工具对宏进行调试,常用的方法是单步执行,即每执行一个操作命令,就停顿一次。单步执行宏时,用户可以观察到宏的执行过程以及每一步的结果,从而发现出错的位置并进行修改。

单步执行宏的操作方法如下:

(1) 打开宏设计视图窗口。

(2) 单击工具栏上的"单步"按钮,再单击"运行"按钮,打开"单步执行宏"对话框,如

图 7-14 所示,开始执行宏 ma1。

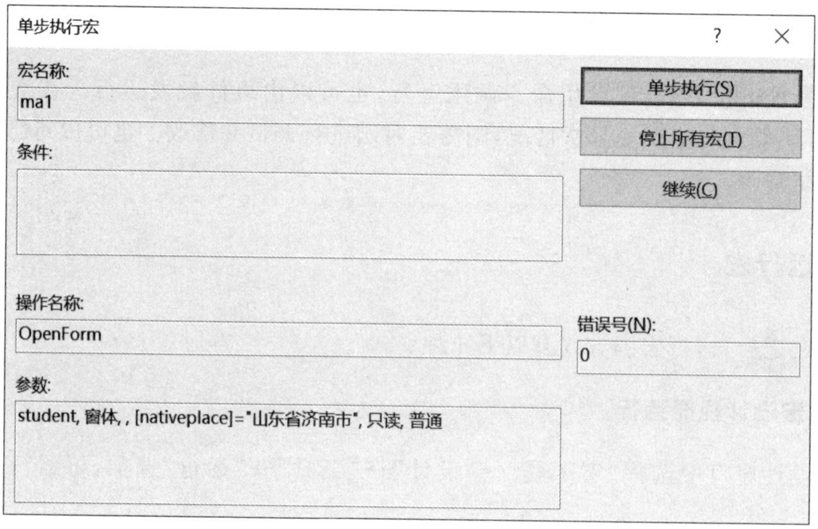

图 7-14　"单步执行宏"对话框

"单步执行宏"对话框中显示了宏名称、条件、操作名称和参数。通过对这些内容进行分析,可以判断宏的执行是否正常。

"单步执行宏"对话框中 3 个按钮的功能如下。

(1) 单步执行:执行对话框中显示的宏操作,如果执行正常,则执行下一个宏操作。

(2) 停止所有宏:停止宏的执行,关闭对话框。

(3) 继续:关闭"单步执行"模式,执行宏中的其余操作。

7.4.3　宏的其他操作

宏的常用操作还包括以下两种。

1. 展开和折叠宏操作或块

当创建新宏时,宏生成器中显示宏操作的所有参数,编辑宏时,根据宏的大小、折叠部分或所有宏操作,可以更容易地了解宏的总体结构,也可以展开某些或所有操作,根据需要对其进行编辑。

单击宏或块名称左侧的"＋"或"－"符号可以折叠或展开块。这个操作也可以通过键盘上的方向键完成,按向上键和向下键选择一个操作或块,按左箭头键或向右箭头键折叠或展开它。

2. 全部展开操作和全部折叠操作

选择"设计"→"折叠/展开"→"展开操作"/"全部展开"选项,可以展开当前宏设计视图中的宏操作。如果单击"折叠操作"/"全部折叠"按钮,则可以折叠视图中打开的宏操作。

习题 7

一、选择题

1. 下列关于宏操作的叙述,错误的是(   )。

    A. 可以使用宏组管理相关的一系列宏

    B. 使用宏可以启动其他应用程序

    C. 所有宏操作都可以转化为相应的模块代码

    D. 宏的关系表达式中不能应用窗体或报表的控件值

2. 用于最大化激活窗口的宏命令是(   )。

    A. Minimize   B. Requery   C. Maximize   D. Restore

3. 在宏的表达式中要引用报表 exam 上控件 Name 的值,可以使用引用式(   )。

    A. Reports!Name   B. Reports!exam!Name

    C. exam!Name   D. Reports exam Name

4. 宏操作 SetValue 可以设置(   )。

    A. 窗体或报表控件的属性   B. 刷新控件数据

    C. 字段的值   D. 当前系统的时间

5. (   )可以一次执行多个操作。

    A. 窗体   B. 菜单   C. 宏   D. 报表

6. 某窗体中有一命令按钮,在窗体视图中单击此命令按钮打开另一个窗体,需要执行的宏操作是(   )。

    A. OpenQuery   B. OpenReport   C. SetWarmings   D. OpenForm

7. 用于打开报表的宏命令是(   )。

    A. OpenForm   B. OpenQuery   C. OpenReport   D. RunSQL

8. 下面能用宏而不需要 VBA 就能完成的操作是(   )。

    A. 事务性或重复性的操作

    B. 数据库的复杂操作和维护

    C. 自定义过程的创建和使用

    D. 一些错误过程

9. 用于显示消息框的宏命令是(   )。

    A. SetWarning   B. SetValue   C. MessageBox   D. Beep

    A. …   B. =   C. ,   D. ;

10. 以下关于宏的说法,不正确的是(   )。

    A. 宏能够一次完成多个操作

    B. 每个宏命令都由动作名和操作参数组成

    C. 宏可以包含很多宏命令

    D. 宏是用编程方法实现的

11. 要限制宏命令的操作范围,可以在创建宏时定义(　　　　)。

    A. 宏操作对象　　　　　　　　　　　B. 宏条件表达式

    C. 窗体或报表控件属性　　　　　　　D. 宏操作目标

12. 查找满足条件的第一条记录的宏操作是(　　　　)。

    A. Requery　　　　　B. FindRecord　　　　C. findNext　　　　D. GoToRecord

13. 在宏的调试中,可配合使用设计器上的工具按钮(　　　　)。

    A. 调试　　　　　　　B. 条件　　　　　　　C. 单步　　　　　　　D. 运行

14. 使用(　　)可以决定某些特定情况下运行宏时,某个操作是否进行。

    A. 函数　　　　　　　B. 表达式　　　　　　C. 条件表达式　　　　D. If…Then 语句

15. 要在宏的表达式中引用报表 test 上控件 txtName 的值,可使用的引用是(　　　　)。

    A. txtName　　　　　　　　　　　　　B. test!txtName

    C. Reports!test!txtName　　　　　　　D. Report!txtName

二、填空题

1. 如果希望按满足指定条件执行宏中的一个或多个操作,这类宏称为_____。

2. 某窗体中有一命令按钮,在窗体视图中单击该命令按钮打开一个查询,需要执行的宏操作是_____。

3. 由多个宏操作组成的宏,是按_____执行的。

4. 在 Access 中,自动运行宏的名称必须是_____。

5. 如果要引用子宏,采用的语法是_____。

6. 如果要建立一个宏,希望执行该宏后,首先打开一个表,然后打开一个窗体,那么在该宏中应该使用 OpenTable 和_____两个操作命令。

7. 在宏的表达式中引用窗体控件的值可以用表达式_____。

8. 在宏的表达式中引用报表控件的值可以用表达式_____。

9. 所有宏操作都可以转换为相应的模块代码,它可以通过_____完成。

10. 有多个操作构成的宏,按_____依次执行。

三、思考题

1. 什么是宏?常见的宏有哪些类型?

2. OpenForm 命令的作用是什么?

3. RunMacro 命令的作用是什么?

4. MessageBox 命令的作用是什么?

5. 如何在宏中设置参数?

实验 7

实验目的

(1) 掌握宏的创建方法,熟练使用常用宏操作命令。
(2) 掌握创建独立宏和嵌入式宏的方法。
(3) 掌握条件宏和子宏的创建方法。
(4) 掌握在窗体或报表中使用宏的方法。

实验内容

说明:本实验使用 cpxsgl.accdb 数据库。

(1) 创建命令序列宏 mac1,要求如下:

① 打开"客户"表,打开表前要发出"嘟嘟"声。
② 用消息框提示关闭操作,提示信息为"将关闭客户表"。
③ 打开"雇员"表。
④ 用消息框提示关闭操作,提示信息为"将关闭雇员表"
⑤ 关闭"雇员"表。

(2) 利用实验 5 的实验内容(1)中创建的"雇员信息"窗体,在其设计视图下创建一个嵌入式宏,当"雇员 ID"字段被修改时,弹出 MessageBox,提示信息为"主键字段不能修改"。

(3) 创建窗体"条件宏应用",如图 7-15 所示,要求如下:

① 在窗体中添加组合框,命名为 comsex,下拉列表中包含"客户"和"雇员"两项。
② 在窗体中增加一个命令按钮,单击按钮时,执行宏 ma_if。
③ 创建条件宏,名称为 ma_if,使其实现当组合框显示"客户"时,以只读方式打开"客户"表;当组合框显示"雇员"时,以只读方式打开"雇员"表。

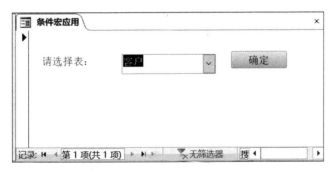

图 7-15 "条件宏应用"窗体

(4) 创建 autokeys 宏。

autokeys 是 Access 系统特殊定义的宏名,用来以子宏的形式定义数据库的快捷键。例如,可以将快捷键 Ctrl+S 定义为打开数据表 student。autokeys 宏定义时,必须将快捷键作为子宏名,如图 7-16 所示(使用符号^表示 Ctrl 键;使用符号+表示 Shift 键)。

图 7-16　创建 autokeys 宏

要求如下:

① 建立宏对象 autokeys,并建立 3 个子宏,定义 3 个快捷键。

② Ctrl+S: 打开 student 表。

③ Ctrl+C: 打开 college 表。

④ Shift+C: 打开 course 表。

第8章 VBA 模块与数据库编程

学习目标

(1) 掌握 VBA 模块的概念,熟练使用 VBE 编程开发环境。

(2) 掌握 VBA 模块和过程的概念。

(3) 掌握顺序、分支、循环 3 种基本程序控制结构。

(4) 了解过程的参数传递方法,DoCmd 对象的基本功能。

(5) 了解程序调试的方法。

8.1 VBA 概述

Access 作为一个成熟的关系数据库产品,具有方便易用、安全高效、功能完备的特点,经过多次升级,功能越来越强大,操作却越来越简单,已经成为最受欢迎的数据库管理系统之一。Access 也是一种面向对象、可视化的数据库应用开发工具,利用 Access 的查询、窗体、报表、宏等对象,无须任何代码,即可高效地开发出具有一定专业水平的数据库应用系统。利用 Access 内嵌的 VBA 开发环境,可以编程完成更复杂的数据管理工作。

8.1.1 VBA 简介

VB(Visual Basic)语言是 Microsoft 公司开发的一种面向对象的、可视化应用开发工具,可以高效生成安全和面向对象的应用程序,其功能强大、简单易学,已得到广泛的应用。

VBA(Visual Basic for Applications)是基于 Visual Basic 发展而来的。VBA 是 VB 的子集,两者具有相似的语言结构,不同之处在于,VB 是通用的开发工具,而 VBA 则是嵌入在 Microsoft Office 系列软件内部的开发工具,主要用于对 Microsoft Office 系列软件进行二次开发,以便自定义和扩展 Microsoft Office 软件的功能,有效提升各种 Office 软件操作的自动化和智能化程度。

具体地说,VBA 的作用在于通过编写自定义过程、函数,实现 Microsoft Office 办公软件中没有提供的功能,提供 Microsoft Office 系列软件的自动化操作,还可以结合创建窗体等对象快速实现数据库应用系统的开发。

8.1.2　VBA 模块概述

1. VBA 模块的定义和分类

模块是 Access 系统的对象之一，用来存储程序代码。Access 模块分为标准模块和类模块。

标准模块是一个存放代码的对象，其中可包含多个公共子程序、函数、公共变量或常量，这些子程序、函数、公共变量或常量通常具有通用性，可以在当前程序的任何位置（其他标准模块、窗体类模块、自定义类模块等）使用。标准模块中不能存储特定对象的事件代码。标准模块中也可以定义仅用于本模块的私有变量和过程、函数。

类模块是一种封装的对象，将一个抽象的事务集中管理，事务中包含属于自身的属性、事件、方法过程、常量等，用于实现事务本身的处理逻辑。类模块是基于独立的、完整的事务处理，它不单独解决一个算法，也不单独提供某个变量或者常量。

Access 的类模块包括窗体类模块、报表类模块和自定义类模块 3 种形式，每当用户创建窗体、报表对象时，系统将自动创建与之相关的类模块，为这些对象编写的事件代码将保存于此。

2. 模块的结构

VBA 的标准模块和类模块都包含两部分内容：

其一是模块的声明部分，说明了模块定义的变量、自定义类型及 Option 声明，其中 Option 声明是有关工作方式的声明。

其二是过程和函数的定义部分。标准模块定义的函数和过程默认为 Public 属性，可供所有模块调用，也可以使用 Private 关键字。以 Private 定义的函数和过程仅能在本模块中使用。类模块中一般只包含事件过程，类模块中定义的变量和过程作用范围只限于所属的窗体或报表，生命周期与对象存在的时间域相同，随着对象打开被创建，对象关闭则被撤销。模块结构示例如图 8-1 所示。

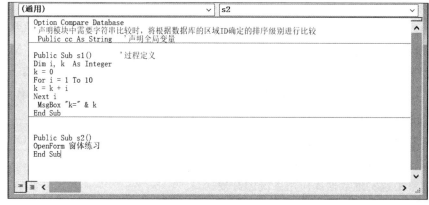

图 8-1　模块结构示例

8.1.3 VBA 编程环境介绍

Access 的 VBA 开发环境也称为 VBE(Visual Basic Editor),可在其中编辑 VBA 的各类代码。

1. 打开 VBE 窗口

打开 VBE 窗口的方法有以下 4 种。

(1)创建模块,如图 8-2 所示,选择"创建"选项卡,依次选择工具栏中的"宏与代码→模块",即可进入 VBE 窗口,输入模块代码。

图 8-2　利用工具栏创建模块

(2)在导航窗格中选择已创建的某个模块,右击并选择"设计视图",或直接双击模块名,进入 VBE 窗口,在此可编辑模块代码。

(3)在窗体或报表的设计视图里,通过为窗体、报表或控件编写事件代码打开 VBE 窗口。具体方式为:打开对象的属性表窗口→选择事件→打开事件代码生成器。

(4)使用 Alt+F11 组合键可实现在 Access 工作界面和 VBE 窗口之间切换。

2. VBE 窗口介绍

VBE 主窗口包括菜单栏、工具栏、工程资源管理器、属性窗口、立即窗口、本地窗口、监视窗口等。这些窗口可以通过"视图"菜单中的相应命令显示或隐藏。

(1)菜单栏:VBE 窗口最重要的组成,包括文件、编辑、视图、插入、格式、调试、运行、工具、外接程序、窗口和帮助等菜单项,使用这些菜单项几乎可以完成编辑器所有的功能。

(2)工具栏:常用的命令按钮,能够更加高效便捷地对程序进行编辑、调试和管理。除默认显示的常用按钮外,还可以通过选择菜单中的"视图"→"工具栏",使编辑、调试等工具栏显示。

(3)工程资源管理器:显示当前应用程序中所有的 VBA 模块,包括标准模块和类模块。选中某个模块,之后单击"查看代码"按钮,打开代码编辑窗口。

(4)属性窗口:工程资源管理器中所选对象的所有属性以及属性的值。用户可以对属性的值进行查询和修改。

(5)立即窗口:主要功能有两个:一是使用 ? 或 print 输出表达式的值,辅助程序测试;二是显示代码中语句 Debug. Print 的输出结果。

(6)本地窗口:用于观察代码调试时在单步运行模式下对象以及变量的变化。

(7)监视窗口:用于显示当前应用程序中定义的监视表达式的值,一旦定义了监视表达式,监视窗口会自动弹出。

8.2　VBA 程序设计基础

VBA 提供了面向对象的程序设计方法和完整的程序设计语言。借助 VBA,可以开发程序实现 Access 标准对象无法实现的功能,使数据库应用人员完成更复杂的数据处理工作。

8.2.1　数据类型

VBA 的基本数据类型见表 8-1。

表 8-1　VBA 的基本数据类型

类　　型	标识符	占用字节数	取　值　范　围
Integer(整数型)	%	2	$-32768\sim32767$
Long(长整数型)	&	4	$-2147483648\sim214748364$
String(字符串型)	$	可变	变长字符串最多可包含约 20 亿个字符,定长字符串可包含 $0\sim65400$ 个字符
Boolean(布尔型)	无	2	True,False
Single(单精度型)	!	4	负数:$-3.402823E38\sim-1.401298E-45$ 正数:$1.401298E-45\sim3.402823E38$
Double(双精度型)	♯	8	负数:$-1.79769313486231E308\sim-4.94065645841247E-324$ 正数:$4.94065645841247E-324\sim1.79769313486231E308$
Date(日期型)	无	8	100 年 1 月 1 日—9999 年 12 月 31 日
Currency(货币型)	@	8	$-922337203685477.5808\sim922337203685477.5807$
Variant(变体型)	无	以上任意类型,可变	
Object(对象型)	无	4	对象引用

关于 VBA 数据类型的几点说明:

(1) 布尔型数据用于表示逻辑值"真"和"假",其中"真"为 True,"假"为 False。布尔值数据常用于条件判断语句。当其他数据类型转换为布尔值时,0 会转成 False,其他值则变成 True。当把布尔值转换成其他数据类型时,False 会转换为 0,True 则转换为-1。

(2) 变体类型数据是一种特殊的数据类型,除定长 string 数据和用户自定义类型外,可以存储任何类型的数据,包括 empty、error、nothing 和 null 等特殊值。当没有显式定义变量的数据类型时,系统默认为 Variant,其数据类型以最后一次赋值为准。尽量避免使用变体类型变量,因为它可能带来混乱。

(3) 对象型变量使用 set 语句赋值,可作为任何对象的引用。

8.2.2 变量与常量

1. 变量的声明

变量用于保存程序运行过程中需要临时保存的数据或对象,每个变量都有变量名并被分配了内存中的一个存储单元,其值在程序运行期间会根据计算需要发生变化。

1)变量命名规则

变量的首字母必须是字母、汉字或下画线,后面是字母、汉字、数字或下画线组合,长度不超过 255 个字符,变量名不能以数字开始,也不能包含空格和字母、汉字、数字或下画线以外的其他字符。变量名不能使用 VBA 的保留字,如 Len、Exit 等,否则将产生错误。VBA 变量名不区分大小写。

使用有意义的变量名称有助于记忆和理解程序,如 studentname。

2)变量的声明

变量声明就是定义变量名和类型,声明语句可以创建变量并被分配存储单元。变量声明有两种方式:显示声明和隐含声明。

显示声明是使用保留字 Dim 声明变量,如下列语句显示声明了两个变量:

```
Dim stuname As String, age As Integer
```

其中,stuname 是字符串类型,age 是整型,上述声明语句也可以写作:

```
Dim stuname$, age%
```

其中“$”“%”是类型标识符。

如果变量没有用 Dim 语句声明,直接在程序中使用,则没被声明的变量会自动分配为 Variant 数据类型,这就是隐含声明。

隐含声明变量虽然方便,但可能带来混乱和程序可读性差的问题。VBA 提供了变量强制声明语句,在模块设计的“通用声明”栏中使用语句 Option Explicit,即可强制要求所有变量必须先声明后使用。

2. 变量的作用域

变量能够合法使用的程序范围称为变量的作用域。变量定义的位置和方式都限定了变量的作用域。按照作用域的不同,VBA 变量可分为全局变量、模块变量和局部变量。

1)全局变量

全局变量必须在标准模块的起始位置以如下方式定义:

```
Public <变量名> As <数据类型>
```

全局变量必须使用 Public 定义,其作用域是整个程序,可在所有类模块和标准模块的子程序、函数中使用。全局变量存续的生命周期与应用程序运行时间相同。

2)模块变量

在某个模块的起始位置(通用说明区)以下列形式定义的变量称为模块变量。

```
Dim <变量名> As <数据类型>
Private <变量名> As <数据类型>
Static <变量名> As <数据类型>
```

模块变量在模块包含的所有子过程和函数中可用,即其作用域是模块范围。

3)局部变量

局部变量是在子过程和函数内部定义的变量,可使用 Dim 和 Static 定义,其作用域仅限于定义它的子过程或函数。

系统对不同方式定义的变量有不同的处理方式,因此各类变量使用方法有所不同。使用 Dim 和 Private 关键字在定义模块变量时作用相同;Public 和 Private 只能用于定义模块级变量;Dim 和 Static 一般在过程或函数内部使用,它们定义的变量都只能在过程和函数内部被访问,区别在于 Dim 定义的是动态变量,过程一旦结束,该变量占有的内存就会被系统回收,而变量存储的数据就会丢失。Static 定义的是静态变量,过程结束后静态变量占有的内存不会被回收,当再次调用该过程时,数据依然存在。

3. 常量

在程序设计过程中常常要用到很多常量,可以定义符号常量代表这个常量,使常量更便于维护并容易理解其含义。符号常量的定义方式如下:

```
Count <符号常量名>=<常量值>
```

例如:

```
Count PI=3.14159
```

上述语句定义了符号常量 PI。不同方式定义的常量也有不同的作用域,如果定义时在 Count 前使用了 Public 或 Global 保留字,则这些符号常量可以在所有模块中使用。

Access 启动时会创建若干常量,它们被称为系统常量,如 True、Yes、Null 等,这些常量在编写代码时可以直接使用。打开模块编辑界面,在"视图"菜单的"对象浏览器"中可以查看当前的系统常量。

8.2.3 数组

数组是具有相同数据类型的多个变量的有序集合,数组中的每个变量称为一个数组元素,每个数组元素被分配了一个序号,称为数组下标。运用数组可以方便地处理大量的同类型数据。

1. 数组定义

定义数组可以使用 Dim 语句,定义数组时通常需要定义数组的大小,即数组元素的个数。数组大小是由定义数组下标的上下限决定的。VBA 默认数组下标从 0 开始,如果在模块的通用声明部分有 Option Base 1 语句,则下标从 1 开始。

使用 Dim 语句定义数组的格式如下：

Dim< 数组名> （[数组下标范围]） As < 数据类型>

例如：

```
Dim testa(3,4) as Interger
```

在没有 Option Base 1 声明的前提下，上述语句定义了一个 4×5 个元素的数组。

数组的其他定义格式举例如下：

```
Dim x(1 to 10) As Single        '定义一个 10 个元素的单精度型数组
Dim y(3,1 to 5) As String       '定义一个 4×5 个元素的字符串型数组
```

如果在定义数组时没有指定数组的大小，则是定义动态数组，例如：

```
Dim z() as Long                 '定义一个长整型动态数组
```

使用动态数组之前，须通过 ReDim 语句设置动态数组的大小，如上述的 z 数组，可通过如下方式设置大小：

```
ReDim z(9,9)                    'z 数组设置为 10×10 个元素的数组
```

2. 数组元素访问

每个数组元素都是一个独立变量，可单独进行赋值及运算。数组元素的访问格式为

<数组名>(<下标>)

下列语句说明了数组元素的访问方法：

```
X(5)=5.19                       '为 X 数组中下标为 5 的元素赋值
Y(2,3)="Access"                 '为 Y 数组中下标分别为 2 和 3 的元素赋值
```

8.2.4 用户自定义数据类型

用户自定义数据类型可包含一个或多个不同数据类型的元素，这与数组不同，数组中的所有元素都具有相同的数据类型。在数据库应用系统中，通过定义用户自定义数据类型并建立这类变量，可以方便地在代码中处理与数据表记录类似的结构化数据。

在 VBA 模块中使用 Type…End Type 语句定义用户自定义数据类型，并且用户自定义数据类型的作用域只能声明为模块级。

1. 用户自定义数据类型的定义方法

下列语句定义了一个用户自定义数据类型 employee：

```
Type employee
    Name As String
    Sex As String
```

```
        Age As Integer
        phone As String
        address As String
        department As String
End Type
```

之后,可以在模块的子过程和函数中定义 employee 类型变量,如下列形式:

```
Dim x As employee
```

2. 用户自定义数据类型变量的访问

用户自定义数据类型的变量成员可以下述方式访问:

<变量名>.<成员名>

例如,使用 Dim x As employee 语句定义变量后可进行下列操作:

```
x.name="黎明"            '为 name 成员赋值
x.phone="13566773322"    '为 phone 成员赋值
```

8.2.5 VBA 常用标准函数

3.2 节中已经介绍了 Access 的部分常用函数,本节再补充一些程序设计中的常用函数。

1. 类型转换函数

(1) 字符串转换为 ASCII 码函数:Asc(<字符串表达式>)

功能:返回字符串表达式中首字符的 ASCII 码值。

举例:Asc("Access")的返回值是 65。

(2) ASCII 码转换为字符函数:Chr(<整数>)

功能:将整数转换成对应的 ASCII 码字符。

举例:Chr(97)返回的字符为 a。

(3) 数值转换为字符串函数:Str(<数值表达式>)

功能:将数值型数据转换成对应的字符串。

举例:Str(-237.56)返回的字符串是"-237.56"。

(4) 字符串转换为数值函数:Val(<字符串表达式>)

功能:将字符串最左边的合法数值字符串转换成数值型数据,若起始字符为非数值字符,则返回 0。

举例:Val("-34.52") 返回数值型数据-34.52;Val("ab34.52") 返回数值型数据 0。

2. 输入框和消息框函数

(1) 输入框函数:inputbox(<提示>,[<标题>][,<默认值>])

功能:显示一个对话框接收并返回用户在对话框中输入的数据。如果函数调用中有默认值选项,此值将预先显示于对话框中。

举例:sx=inputbox("请输入学生学号","学号输入",9),如图 8-3 所示。

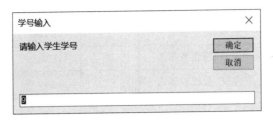

图 8-3   输入框函数对话框

(2) 消息框函数:MsgBox(<输出信息>[,<按钮类型及图标>][,<标题>])

功能:以多样的消息框形式输出信息,并等待用户选择一个按钮,返回用户的选择,也可以不返回任何信息。消息框样式由"按钮类型及图标"参数决定。如果调用消息框时省略括号,则仅输出信息,无返回值。表 8-2 列举了"按钮类型及图标"参数的可选值,选择时可使用"常量"或"数值"。表 8-3 列举了 MsgBox()函数的返回值及含义。

举例:result = MsgBox("你喜欢蓝色吗?",3,"选择一个选项")。

```
result=MsgBox("你喜欢蓝色吗?",VbYesNoCancel,"选择一个选项")
```

上述两个语句效果相同,变量 result 返回用户的选择结果。

```
Msgbox"k= "&k            '输出字符串和 k 的值,无返回值
```

表 8-2   "按钮类型及图标"参数的可选值

常　　数	数值	功 能 描 述
vbOKOnly	0	仅有"确定"按钮
VbOKCancel	1	有"确定"和"取消"按钮
VbAbortRetryIgore	2	有"终止""重试"和"忽略"按钮
VbYesNoCancel	3	有"是""否"和"取消"按钮
VbYesNo	4	有"是"和"否"按钮
VbRetryCancel	5	有"重试"和"取消"按钮
VbCritical	16	"停止"图标
VbQuestion	32	问号图标
VbExclamation	48	惊叹号图标
VbInformation	64	(i)信息图标

表 8-3　MsgBox( )函数的返回值及含义

数值	常　量	含　义	数值	常　量	含　义
1	vbOK	"确定"按钮被单击	5	vbIgnore	"忽略"按钮被单击
2	vbCancel	"取消"按钮被单击	6	vbYes	"是"按钮被单击
3	vbAbort	"中止"按钮被单击	7	vbNo	"否"按钮被单击
4	vbRetry	"重试"按钮被单击			

3. 其他函数

(1) Iif( )函数：Iif(<逻辑表达式 1>,<表达式 2>,<表达式 3>)

功能：执行本函数时先判断"逻辑表达式 1"的值,若值为 True,则返回"表达式 2"的值;否则返回"表达式 3"的值。

举例：IIf(销售日期<♯2018/01/01♯,"保质期内","保质期已过")

(2) 日期间隔函数：Datediff(<时间间隔单位>,<日期 1>,<日期 2>[,W1][,W2])

功能：返回一个数值,表示两个指定日期之间的时间间隔单位数目,时间间隔单位可以是天、月,年等,具体见表 8-4。参数 W1 设定每周第一天为星期几,若未设定,则表示星期天,星期天到星期六分别以数字 1～7 表示。参数 W2 设定一年的第一周,W2 参数取 1 表示从 1 月 1 日那一周开始,取 2 表示从新年至少有四天的一周开始,取 3 表示从新年的第一个整周开始;若 W2 省略,则默认是 1。

若变量 Date1=♯2019/9/1♯,变量 Date2=♯2020/1/1♯,则

```
DateDiff("d",Date1,Date2)返回 122
DateDiff("yyyy",Date1,Date2) 返回 1
DateDiff("q",Date1,Date2) 返回 2
```

时间间隔单位表示见表 8-4。

表 8-4　时间间隔单位表示

符号	间隔单位	符号	间隔单位	符号	间隔单位	符号	间隔单位
yyyy	年	q	季度	m	月	n	分钟
d	天	W	星期	h	小时	s	秒

8.3　VBA 程序语句

程序是计算机能够执行的指令集合。程序设计就是根据问题的要求,按一定的逻辑关系,将一系列指令组合在一起,形成一个指令序列的过程。

程序语句通常包含常量、变量、运算符、函数等。VBA 程序语句根据功能的不同,可分为以下 3 种类型。

（1）声明语句：进行常量、变量的命名和定义数据类型；定义用户自定义数据类型；为过程和函数命名。

（2）赋值语句：计算表达式的值并存入变量的存储单元。

（3）流程控制语句：控制程序语句的执行顺序，包括顺序结构、分支结构、循环结构。

8.3.1 程序流程和书写规则

1. 程序算法和流程

程序设计的关键是设计算法。所谓算法，就是解决问题的方法和步骤。事实上，算法不是程序设计特有的概念，做任何一件事情都要有步骤和方法，也就是要有算法，例如，弹钢琴时，乐谱就是算法，生产流程也是算法。

算法有多种表示方法，常用的有自然语言法和流程图法。自然语言就是人们日常使用的语言，用它描述算法通俗易懂，但它的缺点是烦琐冗长、容易出现歧义、复杂算法描述困难等。流程图法是用图形代表不同性质的操作，这些图形已经被规定为标准符号，主要有以下几种。

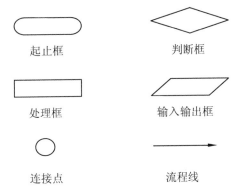

2. 程序书写规则

VBA 程序书写要遵循一定的规则，归纳如下：

- VBA 程序语句中不区分字母大小写，一般系统保留字的首字母大写，以示区分。
- 一行可以书写多条语句，各语句之间以冒号分开。
- 一条语句可以分多行书写，用空格加下画线标识续行。
- 各类标识符应该简洁明了，不造成歧义。
- 程序中往往需要加入注释，便于理解程序和进行调试。

VBA 注释的方法有以下两种：

（1）独立的一行以 Rem 加空格开头，表示本行为注释行，不具有执行的意义。例如：

Rem 此函数用于计算成绩排名

（2）在程序语句的后半段，以单引号标识，单引号后面即注释内容。

【例 8-1】 有两个内存变量 X 和 Y，要求将它们的值互换（即 X 存放原来 Y 的值，Y

存放 X 的值)。

算法设计如下。

步骤 1：先将 X 的值存放到另一个临时变量 T 中。

步骤 2：将 Y 的值存放到 X 中。

步骤 3：将 T 的值存放到 Y 中。

步骤 4：输出 X、Y 的值。

例 8-1 的算法流程如图 8-4 所示。

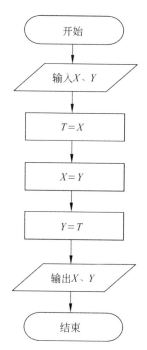

图 8-4　例 8-1 的算法流程图

8.3.2　顺序结构

顺序结构语句是指执行顺序与书写顺序一致的语句。

1. 赋值语句

赋值语句是任何程序设计语言的基本语句，其作用是计算某个表达式的值并存入变量的存储单元。VBA 赋值运算符是"＝"。赋值语句格式如下：

<变量名>=<表达式>

如变量已经定义并确定了数据类型时，表达式数据类型必须与变量数据类型一致，否则出错。如果变量被隐含声明，则具有 Variant 数据类型，可以赋值为任何数据类型。

赋值语句举例：

```
Dim x As String          '定义了字符串类型变量 x
x="computer"             '为 x 赋值
Dim y&, z%               '定义双精度类型变量 y 和整型变量 z
y=123.67543             '为 y 赋值
z=278                    '为 z 赋值
```

2. 打开和关闭对象命令

1) 打开窗体命令

格式：

```
DoCmd.OpenForm FormName,View,FilterName,WhereCondition,DataMode,WindowMode
```

各参数简要说明：

(1) FormName：必需，当前数据库中窗体的有效名称。

(2) View：可选，指定打开窗体的视图，默认值为 0，表示窗体视图打开，1 表示设计视图打开，2 表示预览视图打开，3 表示数据透视图打开。

(3) FilterName：可选，当前数据库中查询的有效名称。

(4) WhereCondition：可选，没有 Where 的有效 SQL Where 子句。

（5）DataMode：可选，指定窗体的数据输入模式，仅适用于在窗体视图或数据表视图中打开的窗体。0 表示可以追加但不能编辑，1 表示可追加和编辑，2 表示只读。

（6）WindowMode：可选，指定窗体打开的窗口模式，默认为 0，表示正常模式，1 表示隐藏模式，2 表示最小化窗口模式，3 表示对话框模式。

例如：

`DoCmd.OpenForm "学生成绩查询",,,2`

上述命令以只读方式打开"学生成绩查询"窗体，可选的参数如省略，其位置上的分隔符不能省略。

2）打开报表命令

格式：

`Docmd.OpenReport ReportName,View,FilterName,WhereCondition`

各参数简要说明：

（1）ReportName：必需，当前数据库中报表的有效名称。

（2）View：可选，指定报表打开视图，默认值为 0，表示打印视图，为 1 表示设计视图，为 2 表示预览视图打开。

（3）FilterName：可选，当前数据库中查询的有效名称。

（4）WhereCondition：可选，没有 Where 的有效 SQL Where 子句。

例如：

`DoCmd.Openreport "学生成绩汇总",2`

上述命令以预览方式打开报表"学生成绩汇总"。同样，可选的参数如省略，其位置上的分隔符不能省略。

3）关闭命令

格式：

`Docmd.Close ObjectType, ObjectName, Save`

各参数简要说明：

（1）ObjectType：可选，表示要关闭的对象的类型。AcObjectType 可以是表 8-5 常量或值之一。

表 8-5　AcObjectType 取值表

常　量	值	常　量	值
acDefault（默认）	−1	acTable	0
acQuery	1	acForm	2
acReport	3	acMacro	4
acModule	5	acServerView	7
acDiagram	8	acFunction	10
acStoredProcedure	9		

（2）ObjectName：可选，表示 ObjectType 参数所选类型的对象的有效名称。

（3）Save：可选，指定是否要将更改保存到对象，默认值为 acSavePrompt。

例如：

```
DoCmd.Close 3, "学生成绩汇总"
```

上述命令关闭了报表"学生成绩汇总"。

8.3.3 分支结构

分支结构能根据条件的当前值在两条或多条程序路径中选择一条执行，使程序能处理多种情况的复杂问题。VBA Access 提供了 4 种格式的分支结构语句。

1. 单分支语句

语句格式：

格式一：

```
If <条件> Then <命令序列>
```

格式二：

```
If <条件> Then
    <语句序列>
End If
```

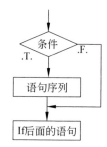

图 8-5　单分支语句的
执行流程

语句功能：条件值为 .T. 时，执行命令序列，然后执行 If 语句后面的语句；条件值为 .F. 时，命令序列不执行，直接执行后面的语句。单分支语句的执行流程如图 8-5 所示。

【例 8-2】　自定义过程 Sub1，实现输入一个实数，计算并输出其绝对值。

```
Sub Sub1()
    Dim x As single
    x=InputBox("请输入一个实数","实数输入")
    If x<0 Then x=-x
  MsgBox    "其绝对值为"&x
End Sub
```

2. 双分支选择语句

语句格式：

```
If <条件>  Then
    <语句序列 1>
Else
    <语句序列 2>
```

```
End If
```

语句功能：根据条件值在<命令序列 1>与<命令序列 2>两条路径中选择一条执行。条件值为.T.时,执行<语句序列 1>；条件值为.F.时,执行<语句序列 2>；然后执行 End If 后的语句。双分支语句的执行流程如图 8-6 所示。

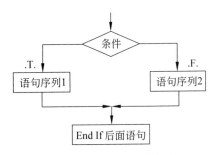

图 8-6　双分支语句的执行流程

【例 8-3】　自定义过程 Sub2,实现判断本月是否是季度末月(能被 3 整除的月份为季度末月),如果是,则输出"请准备好季度报表"；如果不是,则输出"本月不需要上报季度报表"。

```
Sub Sub2()
If Month(Date()) mod 3=0 Then
    MsgBox        "请准备好季度报表"
  Else
    MsgBox        "本月不需要上报季度报表"
  End If
End Sub
```

【例 8-4】　自定义过程 Sub3,实现从键盘输入 3 个整数,输出其中最大的一个。

```
Sub Sub3()
    Dim x%,y%,z%
    x=InputBox("请输入第一个整数","第一个")
    y=InputBox("请输入第二个整数","第二个")
    z=InputBox("请输入第三个整数","第三个")
If x>y  Then
    If x>z  Then
        MsgBox        "最大值为"&x
    Else
        MsgBox        "最大值为" &z
    End If
Else
    If y>z   Then
      MsgBox        "最大值为"&y
    Else
      MsgBox        "最大值为"&z
    End If
  End If
End Sub
```

说明：此程序使用了双分支嵌套。分支嵌套可以构成多向选择。嵌套结构应特别注意 If、Else 和 End If 的匹配关系,书写时使用缩进格式能使程序结构更清晰。

3. 多分支选择语句 If-ElseIf

语句格式：

```
If <条件 1>   Then
     <语句序列 1>
ElseIf<条件 2>   Then
     <语句序列 2>
   …
ElseIf <条件 n>   Then
     <语句序列 n>
[Else
     <语句序列 q>]
End If
```

语句功能：依次判断语句中列出的条件，只要找到某一条件取值为"真"，就执行与之相关的语句序列，余下的条件便不再判断，有关的命令当然也不执行。在没有一个条件取值为"真"时，若有可选项 Else，就执行命令序列 q，否则什么也不做。在所有语句序列中，多分支选择最多只选择执行其中的一个命令序列，也可能一个也不执行。多分支语句的执行流程如图 8-7 所示。

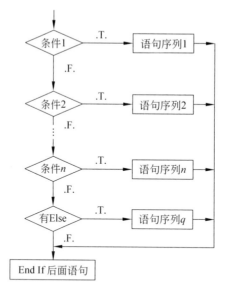

图 8-7　多分支语句的执行流程

【例 8-5】　自定义过程 Sub4，用多分支选择语句实现判断当天是星期几，输出其英文缩写名称，如是星期一，则输出 Mon。

```
Sub sub4()
    If Weekday(Date())=1 Then
    MsgBox "Today: Sun"
```

```
    ElseIf Weekday(Date())=2 Then
    MsgBox " Today: Mon"
    ElseIf Weekday(Date())=3 Then
    MsgBox " Today: Tue"
    ElseIf Weekday(Date())=4 Then
    MsgBox " Today: Wed"
    ElseIf Weekday(Date())=5 Then
    MsgBox " Today: Thu"
    ElseIf Weekday(Date())=6 Then
    MsgBox " Today: Fri"
Else
    MsgBox " Today: Sat"
End If
End Sub
```

4. 多分支选择语句 Select Case

语句格式：

```
Select Case<测试表达式>
    Case <范围 1>
        <语句序列 1>
    Case<范围 2>
    <语句序列 2>
    ...
    Case<范围 n>
        <语句序列 n>
    [ Case Else
        <语句序列 q>]
End Select
```

语句功能：与 If-ElseIf 语句的执行流程相似，首先计算测试表达式的值，依次判断值属于哪个范围，执行与之相关的语句序列，之后执行 End Select 后面的语句。在没有任何条件匹配时，若有可选项 Case Else，就执行命令序列 q，否则什么也不做。如果测试表达式值匹配一个以上的 Case 子句中的范围，则只有第一个匹配后面的语句会被执行。

关于测试表达式值的范围，有以下几种表达方法：

(1) 系列取值：用逗号隔开，如 7,9,15。

(2) 连续取值：界 1 To 界 2，如 1 To 60。

(3) 满足某个条件：用 Is 运算符，如 Is>10。

(4) 以上 3 种形式可以组合使用。

【例 8-6】 自定义过程 Sub5，输入一个学生成绩，用 Select Case 语句判断等级，如果成绩小于 60，则等级为"不及格"；如果成绩在 60 到 75 之间，则等级为"合格"；如果成绩在 76 到 89 之间，则等级为"良好"；如果成绩在 90 到 100 之间，则等级为优秀；如果成绩小于 0 或大于 100，则返回"输入错误"。

```
Sub Sub5()
   x=InputBox("请输入学生成绩")          'x 为无类型变量
   Select Case x
     Case 0 To 59
     MsgBox "不及格"
     Case 60 To 75
     MsgBox "合格"
     Case 76 To 89
     MsgBox "良好"
     Case 90 To 100
     MsgBox "优秀"
     Case Is>100, Is<0
   MsgBox "输入错误"
   End Select
End Sub
```

8.3.4 循环结构

循环结构语句在执行过程中,其某段代码被重复执行若干次,被重复执行的代码段通常称为循环体。Access VBA 中,循环结构语句包括 Do While-Loop 语句、For-Next 语句、Do-Loop Until 语句、Do-Loop While 语句、Do Until-Loop 语句和 While-Wend 语句。

1. Do While-Loop 语句

语句格式:

```
Do While <条件>
     <循环体语句>
[Exit Do]
Loop
```

语句功能:

(1) 计算条件表达式的值。

(2) 若条件值为"真",则执行循环体,执行步骤(3)。若条件值为"假",则退出循环,执行 Loop 后面的命令。

(3) 回到循环入口,执行步骤(1)。

Do While 循环的执行流程如图 8-8 所示。

说明:

(1) 本语句先计算条件表达式的值,再进行循环。循环次数由条件值决定,如开始时条件表达式值为"假",则循环执行 0 次。

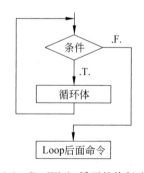

图 8-8 Do While 循环的执行流程

（2）如果循环体内包含带有条件的 Exit Do 语句,只要执行到 Exit Do,则立即结束循环。

（3）循环体中应含有改变条件表达式值的语句,否则将形成死循环。

（4）循环结构可以嵌套,也可以与分支结构的各种形式嵌套。

【例 8-7】 利用 Do While-Loop 循环结构计算并输出 1～1000 中偶数的和。

```
Sub sub6()
    Dim i%, s&          's 变量用来存放偶数和,为避免溢出,将其定义为长整型
      i=0               'i 为计数器,对 i 赋初值 0
      s=0               '对 s 赋初值 0
      Do While i<=1000
        s=s+i
        i=i+2
      Loop
    MsgBox  "1000 之内的偶数和是:" & s
  EndSub
```

2. For-Next 语句

语句格式:

```
For <循环变量> = <初值> To <终值> [Step <步长>]
    <循环体语句>
    [Exit For]
Next [<循环变量>]
```

语句功能:

（1）循环变量赋初值。

（2）比较循环变量是否超出终值,如为“假”,则执行循环体,执行步骤（3）;如为“真”,则结束循环,执行 Next 后面的语句。

（3）循环变量增加一个步长。

（4）执行步骤（2）。

说明:

（1）For-Next 循环语句每执行一次循环体,循环变量增加一个步长,步长值可正可负,步长值缺省时,默认为 1。步长值为负数时,循环进行的条件是循环变量的值小于终值。

（2）循环变量的初值、终值和步长决定了循环的执行次数,因此 For 循环语句通常用于循环次数能完全确定的情况。

（3）通常,For-Next 循环体中不应包含改变循环变量值的命令,否则循环执行的次数也将随之改变。

（4）如果循环体内包含带有条件的 Exit For 语句,只要执行到 Exit For,则立即结束循环。

（5）如果循环次数确定,则使用 For 循环比使用 Do While 循环更方便。

【例 8-8】 利用 For-Next 循环结构计算并输出 1～1000 中偶数的和。

```
Sub Sub7()
    Dim i%, s&              's 变量用来存放偶数和,为避免溢出,将其定义为长整型
      s=0                   '对 s 赋初值 0
For i=0 to 1000 Step 2
        s=s+i
        Next i
        MsgBox   "1000 之内的偶数和是: " &   s
End Sub
```

上述 For 循环也可以改为

```
For i=1000 to 0 Step -2
    s=s+i
Next i
```

3. Do Until-Loop 语句

语句格式:

```
Do Until <条件>
    <循环体语句>
    [Exit Do]
Loop
```

语句功能:

(1) 计算条件表达式的值。

(2) 若条件值为"假",则执行循环体,执行步骤(3);若条件值为"真",则退出循环,执行 Loop 后面的命令。

(3) 回到循环入口,执行步骤(1)。

【例 8-9】 利用 Do Until-Loop 语句,实现输入不定量个正数,计算其平均值,直到输入一个负数结束循环。

```
Sub Sub8()
Dim i%, x!,s!                   's 变量用来存放各个正数的和
    i=0                         'i 为计数器,对 i 赋初值 0
    s=0                         '对 s 赋初值 0
    x=InputBox("请输入一个正整数,输入负数结束")        '输入第一个正数
    Do Until x<0
        s=s+x
        i=i+1
        x=InputBox("请输入一个正整数,输入负数结束")
    loop
    x=s/i                                           '计算平均值并存放在 x 变量中
    MsgBox I &"个正数的平均值是: "& Round(x,2)        '输出结果保留 2 位小数
```

```
End Sub
```

4. Do-Loop While 语句

语句格式：

```
Do
    <循环体语句>
    [Exit Do]
Loop While <条件>
```

语句功能：

(1) 执行循环体。

(2) 计算条件表达式的值。

(3) 若条件值为"真"，则执行步骤(1)；若条件值为"假"，则退出循环，执行 Loop 后面的命令。

说明：

(1) For 循环、Do Until-Loop、Do While-Loop 同属于先判断后执行，循环体可能执行 0 次，Do-Loop While 是先执行后判断，因此循环体至少被执行一次。

(2) Do-Loop While 是条件值为"真"时执行的循环体。

5. Do-Loop Until 语句

语句格式：

```
Do
    <循环体语句>
    [Exit Do]
Loop Until <条件>
```

语句功能：

(1) 执行循环体。

(2) 计算条件表达式的值。

(3) 若条件值为"假"，则执行步骤(1)；若条件值为"真"，则退出循环，执行 Loop 后面的命令。

说明：

(1) Do-Loop Until 是先执行后判断，因此循环体至少被执行一次。

(2) Do-Loop Until 是条件为"真"时退出循环。

【例 8-10】 使用 Do-Loop Until 语句从键盘输入 10 个实数，输出其中的最大值和最小值。

```
Sub Sub9()
    Dim i%, x!,ms!,ml!
        'x变量用来接收输入的值,ml存放较大的数,ms存放较小的数
```

```
    i=1                              'i 为计数器,对 i 赋初值 1
    x=InputBox("请输入第一个数")        '输入第一个数
    ms=x                             '将 x 赋值给 ms
    ml=x                             '将 x 赋值给 ml
    Do
        x=InputBox("请输入下一个数")
        If x>ml Then ml=x
        If x<ms Then ms=x
        i=i+1
    Loop Until i>=10
    MsgBox "最大数是:"&ml &""&"最小数是:"&ms
End Sub
```

6. While-Wend 语句

语句格式:

```
While <条件>
    <循环体>
Wend
```

语句功能:此语句与 Do While-Loop 语句的使用方法完全一致。

8.3.5　标号和 GoTo 语句

Goto 语句可以在程序执行时无条件跳转到某一个程序语句,执行效率很高,但是会使程序结构混乱、控制和调试难度加大,因此不提倡使用。

Goto 语句需要使用语句标号,才能实现跳转。语句标号的格式如下:

```
<标号>:语句
```

Goto 语句的格式为

```
Goto  <标号>
```

【例 8-11】　计算并输出 1～100 的和。

```
Sub Sub9()
    Dim i%, s&                      's 变量用来存放和,为避免溢出,将其定义为长整型
    i=1                             'i 为计数器,对 i 赋初值 1
    s=0                             '对 s 赋初值 0
    Do While true                   '永真循环,通过 Goto 语句跳出循环
        s=s+i
        i=i+1
        If i>100 Then Goto La        'La 是标号
    Loop
```

```
        La: MsgBox  "1~100 的和是: "& s
End Sub
```

8.4 VBA 过程和函数

过程是组成 VBA 模块的主要结构,是实现某个相对完整功能的一段程序代码。

通常,一个完整的应用系统具有复杂多样的功能,开发者需要将应用系统的功能分解为相对简单的多个小任务,过程就是完成特定任务的代码段,多个过程整合在一起,最终实现应用系统的开发。

VBA 模块是过程的组织形式,它可以将同一应用程序的多个过程组织在一起,便于管理和维护。VBA 过程有两种形式:过程和函数。

8.4.1 过程

1. 过程定义

过程也叫 Sub 过程或子过程,其定义格式如下:

```
[Public|Private][Static] Sub<过程名>([<参数声明表>])
    <语句系列>
[Exit Sub]
    …
End Sub
```

说明:

(1) 过程名必须符合标识符命名规则,同一模块中过程名不能重复。

(2) 参数是过程处理需要的数据,其声明方法与变量声明相同。带参数的过程被调用时要为其传递实际参数。

(3) 过程可以没有参数,但过程名后面的括号是必须有的。

(4) 过程可以被其他过程调用。

(5) 过程通常没有返回值。

2. 过程调用

对象的事件过程是通过触发对象事件调用的,标准模块中定义的过程需要通过过程调用语句完成。过程调用有两种格式。

格式一:

```
Call <过程名> ([实际参数表])
```

格式二:

```
<过程名>[实际参数表]
```

【例 8-12】 编写 Sub 过程计算并输出圆的面积,半径作为子过程的参数。

```
Sub Sub10(r!)              'r参数是圆半径
    Dim s!
    s=3.14 * r * r
MsgBox  "圆的面积是: " &  s
End Sub
```

说明:此过程放在一个模块对象中,在立即窗口使用命令 Call sub10(5) 或 Sub10(5) 调用,则会输出半径为 5 的圆的面积。

8.4.2 函数

函数是具有返回值的过程,可以像调用标准函数那样调用自定义函数。函数和过程的定义及调用方式几乎相同。

1. 函数定义

函数定义的格式如下:

```
[Public|Private][Static] Function 函数名(<参数声明表>)[ As 数据类型]
    <函数语句>
    函数名=<表达式>
[Exit Function]
    …
End Function
```

说明:

(1) 函数一般都有参数,参数是用于函数运算的自变量,VBA 也允许无参函数。

(2) 函数必须包含赋值语句,形式如:函数名=<表达式>,函数返回此表达式的值。

(3) 函数名后面的数据类型是函数返回值的类型,如果省略此类型说明,系统会为函数选择一个最合适的数据类型。

(4) 如果执行到 Exit Function 语句,则中断函数执行。

2. 函数调用

函数调用有两种格式。

格式一:

```
Call <函数名> ([实际参数表])
```

格式二:

```
<函数名> ([实际参数表])
```

函数可以在表达式中直接调用,格式二就是在表达式中的调用方式。

【例 8-13】 编写函数计算阶乘的值,参数是一个正整数。

```
Function fact(n as integer) As Long          '函数用来计算阶乘
    Dim i%,y&
    y=1
    If n>=0 Then
        For i=1 to n
            y=y * i
        Next i
    End If
    fact=y                                    '为各函数赋值
End Function
```

说明:此函数放在一个模块对象中,在立即窗口使用命令 MsgBox fact(8),可以输出 8 的阶乘值。

8.4.3 过程的参数传递

在子过程或函数定义时使用的参数称为形式参数,调用过程和函数时使用的参数称为实际参数,实际参数将数据传递给形式参数,用于过程和函数运行时的计算和处理。

在 VBA 中,实际参数向形式参数传递数据主要有两种形式:传值调用和传址调用。

(1) 传值调用:实际参数直接把数据传递给形式参数,之后形式参数进行运算时,不再和实际参数发生任何联系。

(2) 传址调用:把实际参数的内存地址传递给形参,之后形式参数的任何操作均会引起实际参数的相同变化,因此传址调用时使用的实际参数必须是变量,不能是常量。

子过程或函数的每个形式参数定义的完整格式为

[Optional][ByVal|ByRef][ParamArray]<形式参数名>[()][As type][=<默认值>]

说明:

(1) Optional 表示此参数在调用过程时可以没有实际参数;若有<默认值>项,在无实参的情况下,<默认值>即实参值。

(2) Optional 项的适用范围是其后定义的全部参数,所以必须传递实参的参数,要放在具有 Optional 特性的参数之前定义。

(3) 选项 ByVal 和 ByRef 中,ByVal 表示此参数为传值参数,ByRef 表示此参数为传址参数,VBA 中默认使用 ByRef。

(4) ParamArray 表示此参数是一个具有 Variant 类型元素的数组,使用 ParamArray 可以提供不定数目、不定类型的参数给过程。ParamArray 不能与 ByVal、ByRef 或

Optional 一起使用，且 ParamArray 只能列在形式参数表的最后。

（5）如果参数是数组，只能使用传址方式，传递的是数组第一个元素的地址。

形式参数定义举例，仅列出子过程首部：

```
Sub test1(i1 As Integer, Optional i2 As Integer=13, Optional i3 As Integer)
Sub test2(i1 As Integer, ParamArray arr())
```

【例 8-14】 计算并输出二项式系数：$C_n^r = \dfrac{r!}{n!+(n-r)!}$，$n$、$r$ 是正整数且 $n>r$。

说明：设计阶乘计算子过程，并利用传址参数实现计算二项式系数。

```
Sub fact(Byval m as Integer,Byref y As Long)
Rem      'y用来存放阶乘计算结果
    Dim i%
    y=1
    If m>=0   Then
        For i=1 to m
          y=y * i
        Next i
    End If
End Sub
Sub bin()
    Dim z!,n%,r%,x1&,x2&,x3&
    Rem      'x1等3个变量用来作为子过程调用的实参,并返回3个阶乘值
n=InputBox("请输入第一个整数n: ")
r=InputBox("请输入第二个整数r: ")
If n>=0 and r>=0 and n>r Then
    Call fact(r,x1)
Rem   '调用子过程计算r的阶乘值,结果由x1返回
    Call fact(n-r,x2)
Rem   '调用子过程计算n-r的阶乘值,结果由x2返回
    Call fact(n,x3)
Rem   '调用子过程计算n的阶乘值,结果由x3返回
    z=x1/x2/x3                 '计算二项式系数
    Debug.Print   "Z=",z       '在立即窗口输出z的值
    End If
End Sub
```

8.5 面向对象程序设计

结构化和面向对象程序设计方法是当前主流的软件开发方法。结构化方法与面向对象方法都基于相应的程序设计思想和语言。

结构化方法用系统科学的思想方法分析和解决问题，遵循抽象原则、分解原则和模块

化原则,以数据和功能为中心,以模块为基本单位,以算法为程序核心,强调逐步求精和信息隐藏。

面向对象方法的思想是模拟客观世界的事物以及事物之间的联系。面向对象以类取代模块为基本单位;通过封装、继承和多态的机制,表征对象的数据和功能、联系和通信;通过对对象的管理和对象间的通信完成信息处理和管理,实现软件功能。

结构化方法中,模块由函数实现,完成对输入数据的加工和计算,数据和功能是分离的;而面向对象方法把数据和功能封装在对象中,形成一个整体。两种方法在数据和功能上的不同处理是其思想上的本质差别。

结构化程序设计语言的典型代表是 C 语言,当前广泛应用的面向对象的程序设计语言包括 Java、C++、C# 等。

8.5.1 类和对象

1. 对象

对象是描述客观事物的一个实体,在面向对象软件系统中,它是构成系统的一个基本单位。对象由一组属性和对这组属性进行操作的一组服务组成。

例如,职工、图书馆、图书、电视等都是对象,每个对象都有其自身的属性。例如,职工对象有性别、年龄和所属部门等属性,对象的属性值可以因施加于该对象上的行为动作而变更,例如,根据职工的表现可改变职工的奖金属性值。

2. 类

类是具有相同属性和行为的一组对象的集合,是对这组对象的抽象。类也是一种数据类型,是对象类的类型。

类具有属性,它是对象的静态特征的抽象,用数据结构描述类的属性。

类具有操作,它是对象行为的抽象,用操作名和实现该操作的方法描述。

类还具有事件,事件是对象能够识别的、外界施加的操作,每个类都有自己的事件集,通过对事件编写代码就可以使对象响应用户的操作。

类是一种抽象的数据类型,类的具体化就是对象,或者说类的实例就是对象。类与对象的关系可以理解为建筑图纸与建筑物的关系。类是对象的模板,是静态的;对象是动态的,可以在程序中随时基于类而创建或被撤销。例如,学生信息管理系统中,"学生"是一个类,而具体的学生"王跃"是一个对象,也是"学生"类中的一个实例。

当某个类被定义之后,依据这个类所声明的所有对象都具有相同的属性集、方法和事件集。

Access 的对象类包括窗体、报表、各种控件等,如图 8-9 所示。VBE 窗口中的对象浏览器窗口展示了各种系统定义的标准类。

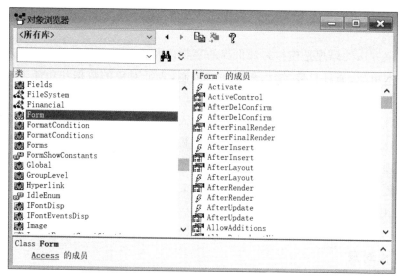

图 8-9　"对象浏览器"窗口

8.5.2　对象的属性、方法和事件

Access 的对象的属性和方法设置有两种方式：一种是在各类对象的属性方法窗口中以交互方式设置；另一种是在 VBA 代码中设置。通过代码设置属性或引用方法的方式如下：

<对象名>.<属性名>
<对象名>.<方法名>[<实参 1>,<实参 2>…]

1. 对象属性

例如，如果窗体 Form1 中有一个命令按钮 Command1，命令按钮的文字属性为 Caption，则下列代码可以改变按钮文字：Form1.Command1.Caption＝"取消"。

以窗体对象为例，其主要属性如下。

- Name 属性：窗体的名称，字符串类型。
- Caption 属性：窗体标题栏中的文本，当窗体被最小化时，该文本将显示在 Windows 任务栏中相应窗体的图标上。
- ControlBox、MaxButton 和 MinButton 属性：窗体是否有控制菜单和最大化、最小化按钮，逻辑型，默认值均为 True。
- RecordSource 属性：窗体的数据源，字符串类型，可以是表、查询的名称，也可以是一条 SQL 命令。

【例 8-15】　基于 xsgl 数据库，用窗体向导设计一个课程成绩查询窗体 Form1，如图 8-10 所示，是主子窗体，初始时主窗体数据源是查询：

```
SELECT score.ID, score.c_code, course.C_name, score.score
FROM course INNER JOIN score ON course.C_code=score.c_code;
```

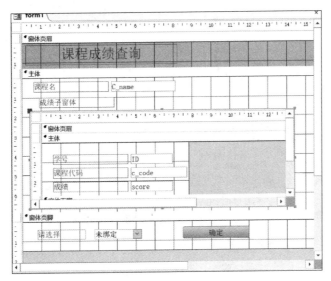

图 8-10　窗体 Form1 设计视图

在窗体页脚设置组合框 combo1、命令按钮 command1,组合框显示所有课程名。

窗体运行时,当在组合框内选定一个课程名后,单击"命令"按钮,则显示本课程的学生成绩情况。

分析:本题需要在按钮 Command1 的单击事件中编写代码,改变窗体的数据源,代码如下:

```
Private Sub Command1_Click()
    Forms!Form1.RecordSource="Select * From  课程成绩查询  Where c_name=" & "'"
& Forms!Form1.Combo1 & "'"
End Sub
```

例 8-15 运行结果如图 8-11 所示。

2. 对象方法

对象方式的调用格式为:<对象名>.<方法名()>。

仍以窗体为例,说明对象方法的使用。

- Show()方法:显示窗体,调用格式为:<窗体名>.Show()。
- Hide()方法:隐藏窗体,但不关闭窗体,不释放资源,可使用 Show()方法重新显示窗体。
- Close()方法:关闭窗体。
- Refresh()方法:刷新窗体,使之显示最新状态。
- Setfocus()方法:使对象获得焦点,只有当对象可见,并且 enabled 属性为 True 时才能获得焦点。

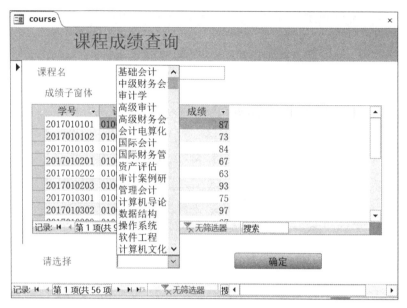

图 8-11　例 8-15 运行结果

3. 对象事件及事件过程

事件是对象能够识别的外部操作。面向对象程序设计是一种以对象为基础、以事件驱动并对事件进行处理的程序设计技术。事件过程就是对象事件中输入的代码,当事件被外在条件激活时,将执行这部分代码。事件代码与对象方法的区别在于,事件代码大多数情况下是被动执行的,而方法代码是主动调用执行的。

窗体的事件很多,这里介绍与窗体行为和操作有关的常用事件。

- Load 事件:窗体首次启动,加载到内存时触发该事件,即在第一次显示窗体前发生。
- FormClosing 事件:窗体关闭时触发该事件。
- FormClosed 事件:窗体关闭后触发该事件。
- Click 事件:单击窗体时触发该事件。
- DoubleClick 事件:双击窗体时触发该事件。
- Resize 事件:改变窗体时触发该事件。
- Paint 事件:重绘窗体时触发该事件。
- Activated 事件:窗体得到焦点后,即窗体激活时触发该事件。
- Deactivate 事件:窗体失去焦点成为不活动窗体时触发该事件。
- SizeChanged 事件:窗体大小被改变时将触发该事件。
- Timer 事件:Timer 事件按窗体的 TimerInterval 属性指定的时间间隔定期发生。窗体的 TimerInterval 属性设置以毫秒为单位指定时间间隔,间隔的取值范围为 0～2147483647ms。TimerInterval 属性设置为 0 时,不触发计时器事件。

【例 8-16】 设计一个登录窗口,如图 8-12 所示。窗体功能如下。

图 8-12　密码输入窗体

(1) 用户输入密码,单击"确定"按钮。

(2) 判断密码是否正确,如正确,则打开"学生成绩管理"窗体。

(3) 否则重新输入密码,最多允许输入 5 次密码,若超过 5 次则关闭"密码输入"窗体。

在窗体的 Load 事件和按钮的 Click 事件中编写代码,如图 8-13 所示。

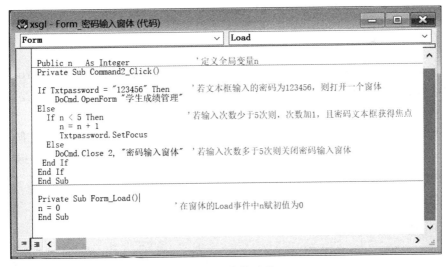

图 8-13　事件过程

说明:变量 n 存放用户输入的密码次数,由于按钮的 Click 事件代码多次执行,n 的值要累加,故不能定义为局部变量。

8.6　VBA 数据库访问

在数据库应用系统中,需要在程序中访问后台或本地数据库,微软公司提供了多种数据库访问接口技术,以实现在 VBA 代码中操作数据库。这些接口技术各有特点,简介如下。

1. ODBC

ODBC(Open Database Connectivity)是为解决异构数据库间的数据共享而产生的,允许应用程序以 SQL 为数据存取标准,存取不同 DBMS 管理的数据。用 ODBC 可以访问各类计算机上的数据库文件,甚至访问如 Excel 表和 ASCII 数据文件这类非数据库对象。也就是说,ODBC 提供了一个公共数据访问层,以统一的方式处理几乎所有的关系型数据库,所有数据库操作都由对应的 DBMS 的 ODBC 驱动程序完成,不论是 Access,还是 Oracle 数据库,均可用 ODBCAPI 访问。

2. DAO

DAO(Data Access Object)最初是 Access 开发人员专用的数据库访问工具,它提供一个访问数据库的对象模型,利用其定义的一系列数据访问对象,如 Database、QueryDef、RecordSet 等,可以实现各类数据库操作。

DAO 适用于数据库是 Access 且是本地使用的情况,其内部已经对数据库的访问进行了优化加速处理,使用起来非常便捷。

3. OLE DB

OLE DB(Object Linking and Embedding,DataBase)是访问数据库的 Microsoft 系统级编程接口。它定义了一组组件接口规范,封装了各种数据库管理系统服务,是 ADO 的基本技术和 ADO. NET 的数据源。

与 ODBC 相比,ODBC 是基于 API 的实现,而 OLE DB 则是基于 COM 标准。ODBC 仅支持访问关系数据库,但随着技术的发展,应用系统经常需要处理异构的数据,要访问不能使用 SQL 的非关系行或层次结构数据,如邮件系统数据、Web 数据等形式,OLE DB 可以实现此类操作,具有比 ODBC 更大的灵活性。

4. ADO

ADO(ActiveX Data Object)是基于组件的数据库编程接口。ADO 访问数据库是通过访问 OLEDB 数据提供程序进行的,它是面向对象的 OLE DB 技术。ADO 技术简化了 OLE DB 的操作,将一般通用的数据访问细节进行了封装,所以 ADO 属于数据库访问的高层接口。

ADO 是 DAO 的后继产物,它扩展了 DAO 使用的层次对象模型,用较少的对象、更多的方法和事件处理各种操作,简单易用,是 Access 数据库开发的主流技术。因此,本节主要介绍基于 ADO 的数据库编程。

8.6.1 ADO 数据访问接口

1. ADO 的功能

ADO 最常用的功能是查询关系数据库并显示查询结果,通过编程 ADO 还可执行其他任务,列举如下:

(1) 使用 SQL 查询数据库并显示结果,修改数据库数据,执行存储过程。

(2) 动态创建称作 Recordset 的数据集,以便浏览、排序、筛选和操作数据。创建远程的、断开连接的 Recordset。

(3) 执行事务型数据库操作,创建并使用参数化的数据库命令。

(4) 通过 Internet 访问文件信息,操作电子邮件系统中的消息和文件夹,将数据库的数据保存在 XML 文件中。

2. ADO 对象模型

ADO 是一个组件对象模型,模型中包括用于连接和操作数据的 9 个对象,即 Connection、Command、Recordset、Record、Field、Error、Property、Parameter 和 Stream。其中大多数对象在程序中都可以直接创建对象变量,通过对象变量访问对象方法及属性,实现对数据库的各类操作。

ADO 常用的有 Connection、Command、Recordset、Field、Error 对象,很多情况下,只需要这几个对象即可完成数据的读取和操作。

- Connection 对象:用于建立与数据库的连接。建立连接后,应用程序可以访问数据库,并保存连接字符串、指针类型、查询超时、连接超时等信息。
- Command 对象:在连接数据库后用来定义针对数据源操作的具体命令,如 SQL 查询,数据库记录的增、删、改操作。
- Recordset 对象:表示从某个数据表或 Command 对象执行结果得到的记录集合,Recordset 对象由记录和字段组成。
- Field 对象:表示 Recordset 对象中的字段数据。
- Error 对象:表示出错信息。

ADO 主要对象模型关系如图 8-14 所示。

在 VBA 代码中使用 ADO 对象,对象变量要通过声明类的类型创建对象实例,对象声明格式为:

```
Dim <对象变量> As New ADODB.Connection
```

ADODB. Connection 是 ADO 中的一个 Connection 对象类型,该类型是在 Microsoft ActiveX Data Objects 2.1 Library 库中定义的。使用它必须先将此库添加到 VBA 编程环境,方法是:在 VBE 环境中使用菜单命令"工具"→"引用"打开对话框,如图 8-15 所示,选中 Microsoft ActiveX Data Objects 2.1 Library 项即可。

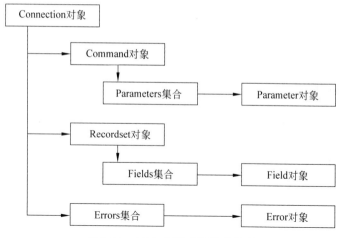

图 8-14　ADO 主要对象模型关系

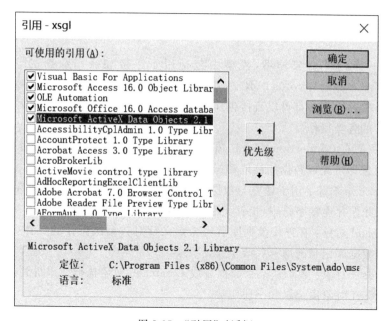

图 8-15　"引用"对话框

8.6.2　ADO 应用

1. 连接数据源

Connection 对象用于连接数据源的主要属性和方法如下。

- ConnectionString 属性：指定连接数据源的基本信息。
- Open()方法：打开数据源连接。
- Close()方法：关闭数据源。

连接数据源的语法：

```
Dim cn As new ADODB.Connection
Rem 创建 Connection 对象实例
Cn.Open[ConnectionString][, UserID ][,Password][,OpenOptions]
Rem 连接数据源
```

参数说明如下：

- ConnectionString：可选，类型为字符串，包含连接信息，如果之前设置了 ConnectionString 属性，则该参数可以不设置。
- UserID：可选，字符串，包含建立连接时使用的用户名，如果没有用户名，可以不设置。
- Password：可选，字符串，包含建立时使用的密码，如果没有密码，可以不设置。
- OpenOptions：可选，决定该方法是在连接建立之后（异步），还是在连接建立之前（同步）返回，该值可以是如下两个常量之一：adConnectUnsepecified（默认值，同步）和 adAsyncConnect（异步）。

2. 打开 Recordset 对象执行查询

Recordset 对象代表一个表的记录集合，也可能是一个 SQL 命令或存储过程执行结果。记录集实际上缓存了从数据库获得的记录，应用程序可以从记录集中获得每条记录的字段数据。

Recordset 对象的常用属性和方法如下。

- RecordCount 属性：返回 Recordset 对象中记录的当前数目。
- Open()方法：打开记录集对象。
- AbsolutePosition 属性：指定 Recordset 对象当前记录的序号位置。
- ActiveConnection 属性：该属性指定 Recordset 当前所属的 Connection 对象。
- MoveFirst()方法：将记录集的记录指针指向第一条记录。
- MoveLast()方法：将记录集的记录指针指向最后一条记录。
- MoveNext()方法：将记录集的记录指针向后移动一条记录。
- MovePrevious()方法：将记录集的记录指针向前移动一条记录。
- BOF 属性：判断当前记录指针是否在 Recordset 对象顶部。BOF 为 True 时表示当前记录指针在第一条记录之前，否则 BOF 值为 False。如果打开没有记录的 Recordset 对象，则 BOF 为 True。
- EOF 属性：判断当前记录指针是否在 Recordset 对象底部。EOF 为 True 时表示当前记录指针在最后一条记录之后，否则 EOF 值为 False。如果打开没有记录的 Recordset 对象，则 EOF 为 True。

Recordset 对象的 Open()方法如下：

```
Dim rs As new ADODB.Recordset          '创建 Recordset 对象实例
```

调用格式：

Rs.Open[Source],[ActiveConnection],[CursorType],[LockType],[Options]

参数说明：

- Source：可选，变体型，指定打开的数据源，可以是 SQL 语句、表名、存储过程调用或保存记录集的文件名。
- ActiveConnection：可选，变体型，已经打开的 Connection 对象变量名或包含 ConnectionString 参数的字符串。
- CursorType：可选，确定打开 Recordset 时应该使用的游标类型，可以是下列值或常量取值之一。

值	常量	说明
0	AdOpenForwardOnly	默认值，打开仅向前类型游标
1	AdOpenKeyset	打开键集类型游标
2	AdOpenDynamic	打开动态类型游标
3	AdOpenStatic	打开静态类型游标

- LockType：可选，确定打开 Recordset 时应该使用的锁定并发类型的 LockTypeEnum 值，可以是下列值或常量取值之一。

值	常量	说明
1	AdLockReadOnly	默认值，只读
2	AdLockPessimistic	保守式锁定，完成确保成功编辑记录所需的工作，通常在编辑之前锁定数据源的记录
3	AdLockOptimistic	开放式锁定，逐个锁定，只在调用 Update()方法时才锁定记录
4	AdLockBatchOptimistic	开放式批更新，用于批更新模式

- Options：参数标明用来打开记录集的命令字符串的类型。告诉 ADO 被执行的字符串内容的有关信息，有助于高效地执行该命令字符串。

值	常量	说明
1	adCMDText	被执行的字符串包含一个表的名字
2	adCMDTable	被执行的字符串包含一个命令文本
4	adCMDStoredProc	被执行的字符串包含一个存储过程名
8	adCMDUnknown	不指定字符串的内容，默认值

3. ADO 应用示例

在 VBA 中利用 ADO 对象访问数据库的一般过程和步骤为：

- 定义并创建 ADO 对象实例变量。
- 设置参数并打开连接。
- 设置命令参数并执行命令。
- 设置查询参数并打开记录集。
- 操作记录集（如查询、增、删、改等）。

【**例 8-17**】 在 xsgl 数据库中利用 ADO 对象查询所有选修了英语课程的学生的姓名、成绩信息。

过程清单如下：

```
Sub query()
    Dim cn As New ADODB.Connection          '创建 Connection 对象实例
    Dim rs As New ADODB.Recordset           '创建 Recordset 对象实例
    Dim fs1 As ADODB.Field                  '创建 Field 对象实例
    Dim fs2 As ADODB.Field                  '创建 Field 对象实例
    Dim strc    As String                   '定义存放连接信息的字符串
    Dim strsql As String                    '定义存放 SQL 命令的字符串
    strc="Provider=microsoft.ace.OLEDB.12.0; data source=D:\xsgl.accdb"
Rem 设置连接参数
strsql="select student.id, name,c_name,score from student,course,score " _
    & "where student.id=score.id and score.c_code=course.c_code and c_name='英语'"
Rem 设置查询参数
    cn.Open strc                            '打开连接
    rs.Open strsql, cn, adOpenDynamic       '打开记录集
    Set fs1=rs.Fields("name")               '引用记录集字段
    Set fs2=rs.Fields("score")
    Do While Not rs.EOF                      '遍历记录集,输出姓名和分数字段信息
        MsgBox fs1 & fs2
        rs.MoveNext
    Loop
    rs.Close                                '关闭记录集
    cn.Close                                '关闭连接
    Set rs=Nothing
    Set cn=Nothing
End Sub
```

8.7 VBA 程序的调试

8.7.1 程序调试概念

程序调试是指查找和改正程序中的错误的过程。程序错误通常有 3 种,语法错误、逻辑错误和运行错误。

语法错误在 VBE 环境下可以自动检查并定位错误点,还有错误信息提示,帮助用户改正错误。

逻辑错误是由于算法设计错误,导致程序运行无法得到预期结果,这类错误需要借助系统提供的调试工具,通过分析找出错误并改正。

运行错误是指程序运行时出现的、导致程序无法继续运行的错误,如要打开的对象不存在等,这类错误产生时,程序会中断运行,弹出错误信息窗口。

8.7.2 程序调试方法

1. 使用 Debug. Print 语句

在程序的相应位置加入 Debug. Print 语句,可在立即窗口输出表达式的值,以追踪表达式在程序运行过程中的变化情况。命令格式如下:

```
Debug.Print<表达式>
```

2. 设置断点

在某个程序语句处设置断点,可使程序运行在此处停顿,之后可以查看运行状态,也可以在立即窗口里查看变量或表达式的值,通过选择菜单命令"运行"→"继续",可以继续运行程序。

断点的设置方法为:在 VBE 代码窗口中单击某个语句的最左边区域,即可设置此句为断点,再次单击则取消断点。

3. 本地窗口

选择菜单命令"视图"→"本地窗口"即可打开本地窗口(见图 8-16)。本地窗口中显示了当前运行程序所用到的所有变量,与断点配合,即可查看变量在程序运行过程中的变化情况。

本地窗口		
xsgl. 模块2. query		...
表达式	值	类型
⊞ 模块2		模块2/模块2
⊞ cn		Connection/Connec
⊞ rs		Recordset/Records
⊞ fs1		Field/Field
⊞ fs2		Field/Field

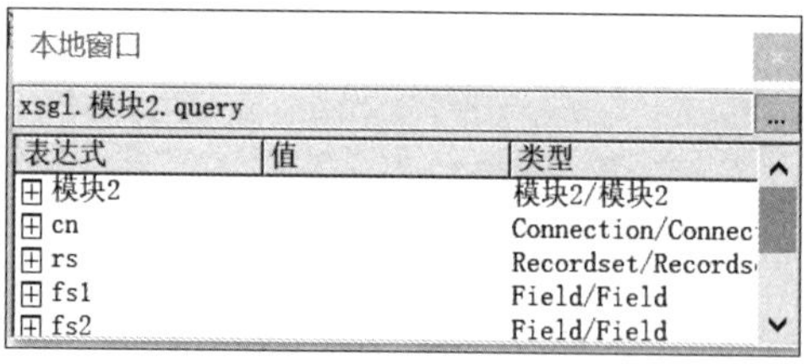

图 8-16 本地窗口

4. 监视窗口

选择菜单命令"调试"→"添加监视",或者从"调试"工具栏中选择"添加监视",均可以打开"编辑监视"对话框,输入相应的表达式。程序开始调试前,选择菜单命令"调试"→"监视窗口"即可打开监视窗口,监视窗口会在程序运行期间显示这些表达式的值,特别是与断点结合,即可查看表达式在程序运行过程中的变化情况。

5. 单步运行

如果选择菜单命令"调试"→"逐语句"方式运行程序,每执行一条语句停顿一次,通过选择菜单命令"运行"→"继续",可以继续运行下一条语句。

选择菜单命令"调试"→"逐过程"方式运行程序,每执行一个过程停顿一次,通过选择菜单命令"运行"→"继续",可以继续运行。

类似地,选择菜单命令"调试"→"运行到光标处"方式运行程序,程序执行到光标处停顿。

选择菜单命令"调试"→"跳出",程序执行完当前过程后跳出过程,在下一条要执行的语句处停顿。

习题 8

一、选择题

1. 在 VBA 中,下列变量名中不合法的是( )。
   A. Hello   B. HelloWorld   C. 3hello   D. Hello World

2. 下列关于标准函数的说法,正确的是( )。
   A. Rnd 函数用来获得 0~9 的双精度随机数
   B. 若 Int 函数和 Fix 函数的参数相同,则返回值相同
   C. Str 函数用来把纯数字型的字符串转换为数值型
   D. Chr 函数返回 ASCII 码对应的字符

3. VBA 表达式 3 * 3\3/3 的输出结果是( )。
   A. 0   B. 1   C. 3   D. 9

4. 在 VBA 中如果没有显式声明或用符号定义变量的数据类型,变量的默认数据类型为( )。
   A. Variant   B. Int   C. Boolean   D. String

5. 语句 Dim NewArray(10) As Integer 的含义是( )。
   A. 定义了一个整型变量且初值为 10
   B. 定义了 10 个整数构成的数组
   C. 定义了 11 个整数构成的数组
   D. 将数组的第 10 元素设置为整型

6. VBA 代码调试过程中,能够动态了解变量和表达式变化情况的是( )。
   A. 本地窗口   B. 立即窗口   C. 监视窗口   D. 代码窗口

7. VBA 程序流程控制的方式是( )。
   A. 顺序控制和分支控制   B. 顺序控制和循环控制
   C. 分支控制和循环控制   D. 顺序控制、分支控制和循环控制

8. 要想改变一个窗体的标题内容,应该设置的属性是( )。
   A. Name   B. Fontname   C. Caption   D. Text

9. 下列程序段运行结束后,变量 x 的值是( )。

x=2

```
y=2
Do
    x=x*y
    y=y+1
    Loop While y<4
```

    A. 4　　　　　　　　B. 12　　　　　　　C. 48　　　　　　　D. 192

10. 如果加载一个窗体,最先触发的事件是(　　　)。

    A. Load 事件　　　　B. Open 事件　　　C. Click 事件　　　　D. DbClick 事件

11. 有 VBA 语句:If x＝1 then y＝1,下列叙述中正确的是(　　　)。

    A. x＝1 和 y＝1 均为赋值语句

    B. x＝l 和 y＝1 均为关系表达式

    C. x＝1 为关系表达式,y＝1 为赋值语句

    D. x＝1 为赋值语句,y＝1 为关系表达式

12. 执行下列程序段后,变量 x 的值是(　　　)。

```
k=0
Do Until k>=3
    x=x+2
    k=k+1
Loop
```

    A. 2　　　　　　　　B. 4　　　　　　　　C. 6　　　　　　　　D. 8

13. 对象可以识别和响应的某些行为称为(　　　)。

    A. 属性　　　　　　　B. 方法　　　　　　C. 继承　　　　　　　D. 事件

14. VBA 的数组下标可取的变量类型是(　　　)。

    A. 日期型　　　　　　B. 字符型　　　　　C. 数值型　　　　　　D. 可变型

15. 执行下列程序段后,变量 a 和 b 的值分别是(　　　)。

```
a=100 : b=50
If a>b Then
  a=a-b
Else
  b=b+a
End If
```

    A. 50 和 50　　　　　B. 100 和 50　　　　C. 100 和 150　　　　D. 150 和 100

16. 下列程序的功能是输出 100～200 间不能被 3 整除的数,程序空白处应填写的语句是(　　　)。

```
Private Sub Commmand1_Click()
Dim x As Integer
    x=100
    Do Until x (    )
```

```
If x Mod 3<>0 Then
    Debug.Print x
End If
x=x+1
Loop
End Sub
```

    A. ＞200   B. ＞100   C. ＜100   D. ＜200

17. 设执行以下程序段时依次输入：1、3、5,执行结果为(　　　)。

```
Dim a(4) As Integer
Dim b(4) As Integer
For K=0 To 2
    a(K+1)=Val(InputBox("请输入数据："))
    b(3-K)=a(K+1)
Next K
Debug.Print b(K)
```

    A. 1   B. 3   C. 5   D. 0

18. VBA 表达式 17 Mod 3 的运算结果是(　　　)。

    A. 0.5   B. 1   C. 1.5   D. 2

19. VBA 中用实际参数 m 和 n 调用过程 f(a,b)的正确形式是(　　　)。

    A. fa,b   B. Call f(a,b)   C. Call f(m,n)   D. Call fm,n

20. VBA 支持的循环语句结构不包括(　　　)。

    A. Do…Loop   B. While…Wend   C. For…Next   D. Do…While

二、填空题

1. 模块分为_____和_____两类,

2. Access 的 VBA 开发环境也称为_____,可在其中编辑 VBA 的各类代码。

3. 在窗体上放置两个文本框和一个命令按钮,然后在命令按钮的代码窗口中编写如下事件过程：

```
Private Sub Command1_Click()
    text1="vb programming"
    text2=text1
text1="abcd"
End sub
```

程序运行后,单击“命令”按钮,文本框 text2 中显示的内容为_____。

4. 执行下面的程序段后,s 的值为_____。

```
s=5
For i=2.6 to 4.9 step 0.6
s=s+1
```

```
    Next i
```

5. 已知程序段:

```
s = 0
For i = 1 To 10 Step 2
s = s + 1
i = i * 2
Next I
```

当循环节结束后,变量 i 的值为_____,变量 s 的值为_____。

6. 当其他数据类型转换为布尔值时,0 会变成_____,其他值会变成_____。当把布尔值转换成其他数据类型时,False 会转换为_____,True 则是_____。

7. 全局变量必须使用_____定义,其作用域是整个程序,可在所有类模块和标准模块的子程序、函数中使用。

8. 实际参数向形式参数传递数据主要有两种形式:_____和_____。

三、思考题

1. VB、VBA、VBE 分别是什么? 它们之间有什么联系?
2. 什么是面向对象技术中的对象、属性、方法和事件?
3. Access 中进入 VBE 的方法有哪几种?
4. Sub 过程和 Function 过程的区别是什么?

实验 8

实验目的

(1) 掌握 VBE 环境程序设计和运行的方法、创建模块的方法。
(2) 掌握使用顺序结构、分支结构、循环结构语句进行程序设计的方法。
(3) 掌握 VBA 过程及函数的定义和应用。
(4) 了解使用 ADO 对象操作数据库的方法。

实验内容

(1) 编写过程,实现从键盘输入一个整数,判断输出是奇数,还是偶数。
(2) 创建一个窗体,如图 8-17 所示,用户在前 3 个文本框中输入数字,单击"确定"按钮,在第 4 个文本框中显示输入的 3 个数中最大的数。
(3) 编写过程,计算并输出 1～100 能被 3 整除的数之和。
(4) 定义一个有 10 个元素的整型数组,利用随机函数产生 10 个 1000 以内的整数,将数组元素排序,按照升序重新存储在数组内。(可参考冒泡排序法实现)

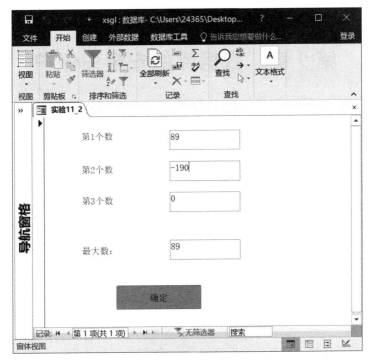

图 8-17 实验内容创建窗体

第9章 数据库的安全与保护

学习目标

（1）了解 Access 数据库的安全机制。

（2）了解 Access 数据库密码设置、备份、加密的方法。

数据库安全是指保护数据库，以防止非法用户访问数据库，造成数据泄露、更改或破坏。数据库系统集中存放了大量数据，并为许多用户直接共享，数据库的安全性较其他系统更为重要。实现数据库的安全性是数据库管理系统的重要目标之一。本节简要介绍 Access 的数据安全机制。

9.1 数据库的安全管理

Access 提供了多种措施保护数据库的安全，按照由高到低的安全级别划分为：加密/解密、在"数据库"窗口显示或隐藏对象、使用启动选项、使用密码、使用用户级安全机制等。

用户标识（identification）和鉴别（authentication）是数据库系统提供的最外层安全保护措施。其方法是由系统提供一定的方式让用户标识自己的身份，每次用户要求进入系统时，通过鉴别后才提供系统使用权。在 Access 中，通过设置数据库密码对用户进行标识与鉴别。

完成对用户的鉴别后，还可以设置用户访问数据库的权限。数据库安全最重要的一点是确保只有授权用户才能访问数据库，同时令所有未被授权的人员无法接近数据，这主要通过数据库系统的存取控制机制实现。在 Access 中，可以通过设置账户权限实现存取控制。

9.1.1 设置数据库密码

1. 设置打开数据库密码

设置打开数据库密码是保护数据库的一种简单方法，设置步骤为：

（1）启动 Access，不打开要设置密码的数据库（如已打开，将其关闭），并确认网上没有其他用户正使用该数据库。

（2）单击页面底端的"打开其他文件"按钮，如图 9-1 所示。弹出对话框，如图 9-2 所示。

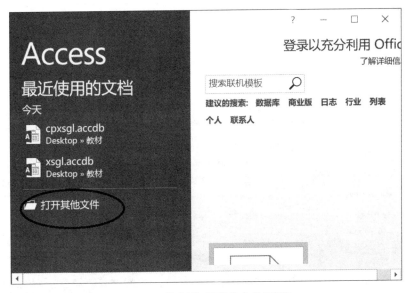

图 9-1　单击"打开其他文件"按钮

图 9-2　单击"打开"→"浏览"按钮

（3）单击图 9-2 中的"浏览"按钮，找到要加密的数据库文件，如图 9-3 所示。

（4）单击图 9-3 中对话框右下角"打开"按钮右侧的箭头，弹出菜单，如图 9-4 所示。在菜单中选择"以独占方式打开"，打开该数据库文件。

（5）选择"文件"选项卡，在左侧窗格单击"信息"命令，在右侧窗格中单击"用密码进行加密"按钮，如图 9-5 所示。

（6）在打开的"设置数据库密码"对话框中输入密码并验证之后单击"确定"按钮，如图 9-6 所示。

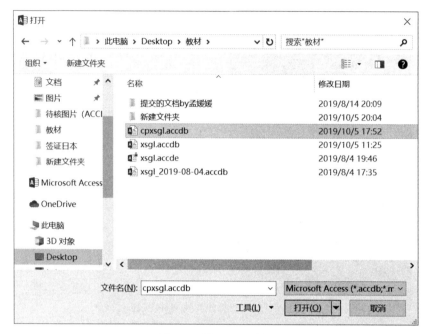

图 9-3 "打开"对话框

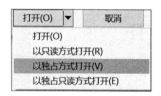

图 9-4 选择打开文件的方式

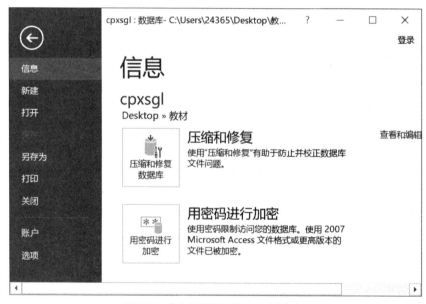

图 9-5 单击"用密码进行加密"按钮

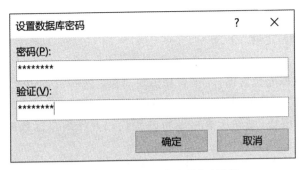

图 9-6 "设置数据库密码"对话框

由此完成密码的设置。下次打开该数据库时,就会出现"要求输入密码"对话框,如图 9-7 所示。

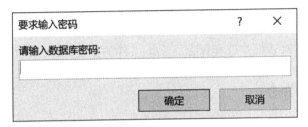

图 9-7 "要求输入密码"对话框

说明:

* 仅允许当前用户"以独占方式打开"数据库时,才能设置密码。
* 密码区分大小写。
* 数据库密码与数据库文件存储在一起,如果丢失或遗忘了密码,就无法打开数据库,所以要把数据库密码记在安全可靠的地方。

2. 撤销数据库密码

可以撤销对数据库设置的密码,方法是:"以独占方式打开"该数据库,在图 9-8 中单击"解密数据库"按钮,输入原密码即可。

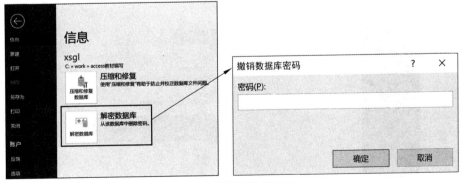

图 9-8 撤销数据库密码

9.1.2　生成 Accde 文件

通常,Access 数据库包含窗体、报表和模块对象,这些对象包含有多种数据库操作。Access 系统提供了将数据库文件.accdb 转换保存为.accde 文件格式的功能,这种转换可编译所有 VBA 代码模块、删除所有可编辑的源代码并压缩目标数据库,VBA 代码保留其功能,但无法查看或编辑代码。

Accde 格式的数据库可以正常工作,可以更新数据表并运行原有的报表、窗体,但是无法在.accde 文件中执行修改或创建窗体、报表、模块,也不能查看或修改 VBA 代码。

创建.accde 文件的步骤如下:

(1) 打开数据库,然后选择"文件"→"另存为"→"数据库另存为"选项。

(2) 在"数据库另存为"区域选择"生成 ACCDE"选项,然后单击"另存为"按钮,打开"另存为"对话框。

(3) 在"另存为"对话框中选择保存.accde 文件的位置、文件名,单击"保存"按钮。

9.2　数据库的保护

对数据库定期进行备份,可以避免数据库由于某些原因丢失数据而造成损失。当出现数据库损坏情况时,Access 系统提供了数据修复工具,备份数据库可以用来进行数据修复,以便最大限度地减少损失。

9.2.1　备份数据库

备份数据库可使用"另存为"命令,操作步骤如下:

(1) 打开要备份的数据库。

(2) 选择"文件"→"另存为"命令,弹出"另存为"对话框,如图 9-9 所示。

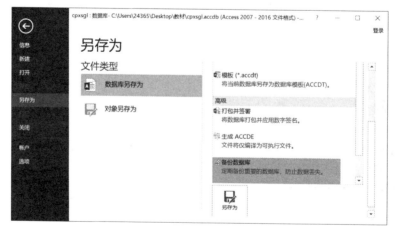

图 9-9　"另存为"对话框

（3）在右边窗格中选中"备份数据库"选项，单击"另存为"按钮，在弹出的对话框中，Access 已给出了默认的副本的名称：数据库名称＋当前日期，如图 9-10 所示，单击"保存"按钮即可完成备份数据库文件。

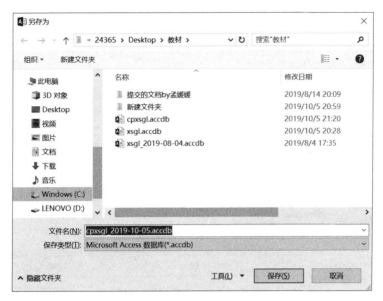

图 9-10　备份数据库文件

9.2.2　压缩和修复数据库

使用数据库就是不断添加、删除、修改数据和各种对象的过程。由于 Access 系统文件自身结构的特点，删除操作会使数据库文件变得碎片化。当删除一条记录或一个对象时，Access 并不能自动把该记录或该对象占用的硬盘空间释放出来，这样既造成了数据库文件大小的不断增长，又导致磁盘的利用率降低、数据库的访问性能变差，甚至还会出现打不开数据库的严重问题。

对 Access 数据库进行压缩，可以避免这样的情况发生。压缩数据库文件实际上是复制该文件，并重新组织文件在磁盘上的存储方式。因此，文件的存储空间大为减少，读取效率大大提高，从而优化了数据库的性能。压缩数据库有两种方式：自动压缩方式和手动压缩方式。

1. 关闭时自动压缩数据库

Access 提供了数据库关闭时自动压缩数据库文件的功能，具体做法如下：

（1）打开要压缩的数据库文件。

（2）选择"文件"→"选项"命令，打开"Access 选项"对话框。

（3）在对话框左边窗格中选中"当前数据库"选项，然后在右边窗格中勾选"关闭时压缩"前面的复选框，如图 9-11 所示，即可设置每次关闭数据库时自动压缩数据库文件。

图 9-11 "Access 选项"对话框

2. 手动压缩和修复 Access 数据库

Access 数据库中,压缩和修复是同时进行的,修复数据库是为了解决数据库文件出现损坏的情况。手动压缩数据库可以同时修复 Access 数据库的错误,具体做法如下:

(1) 打开要备份的数据库。

(2) 选择"文件"→"信息",在右边的窗格中单击"压缩和修复"按钮,如图 9-12 所示,即可完成压缩和修复数据库。

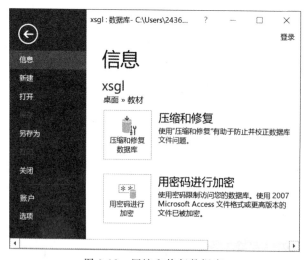

图 9-12 压缩和修复数据库

习题 9

一、填空题

1. 在 Access 中设置数据库密码时,要以＿＿＿＿＿＿方式打开数据库。

2. 在建立、删除用户以及更改用户权限时,要使用＿＿＿＿＿＿账户进入数据库。

3. 对数据库定期进行＿＿＿＿＿＿,可以在数据库由于某些原因而损坏时,用它的副本进行恢复。

4. 数据库安全最重要的一点是确保只有＿＿＿＿＿＿用户才能访问数据库。

5. Access 数据库中,压缩和＿＿＿＿＿＿是同时进行的。

二、思考题

1. Access 提供了哪些数据安全保护机制?

2. 在 Access 中如何设置和撤销数据库密码?

3. 为什么要定期对数据库进行备份?

第 10 章　大数据技术及应用基础

学习目标

(1) 了解大数据的概念、特征、意义及大数据的应用场景。
(2) 了解云计算的概念及与大数据的关系。
(3) 了解大数据的架构和处理流程。
(4) 了解大数据分析挖掘的主要方法。

　　信息技术的迅猛发展及与经济社会的交汇融合,引发了数据的爆炸式增长,从智能移动终端、社交网络到工业控制系统、各类卫星,每天源源不断地产生海量数据。以大数据为基础的新经济模式、社会治理模式正在被深入研究并应用。

　　在大数据时代,特别是万物互联的时代,人类获得数据的能力、对数据的处理能力及处理速度都在高速发展。数据本身并不具有意义,只有对其加以分析和洞察,将其转化为信息和知识,再用来指导行为和决策,才能产生价值。大数据技术提供了前所未有的对海量数据的处理和分析能力,促使数据成为社会的基础资源和创新生产要素。大数据让市场变得更加聪明,也使计划和预判成为可能,运用大数据推动经济发展、完善社会治理、提升政府服务和监管能力正在成为现实。

10.1　大数据的概念

10.1.1　大数据的定义

1. 大数据概念的起源

　　任何新概念和理论的产生都离不开经济和社会环境,人类在历史的发展过程中积累了大量的数据,但并没有被称为大数据,因为单纯的数据量增长并没有形成巨大的社会影响力。大数据概念是当代数据量的迅猛增长与现代信息技术环境结合的结果。

　　2011 年,著名的咨询公司麦肯锡在题为《海量数据、创新、竞争和提高生产率的下一个新领域》的研究报告中提出了"大数据时代已经到来"的论断。报告指出:数据已经渗透到每个行业和业务职能领域,逐渐成为重要的生产因素,而人们对海量数据的运用将预示着新一波生产率增长和消费者盈余浪潮的到来。麦肯锡公司的报告首先得到了金融界的高度重视,之后逐渐受到各行各业的关注。

　　目前,大数据及相关技术已经广泛应用于企业运营和管理、宏观经济调控、社会公共卫生安全、预防犯罪、基因治疗、智慧交通、应急管理等不同领域,取得了丰富的成果。大数据还为人工智能(AI)技术的发展提供了新的思路和方法。

2. 大数据的定义

不同机构和组织对大数据给出了不同的表述,比较权威的有以下两种。

(1) 著名咨询公司 Gartner 给出的定义是:大数据是需要新的处理模式,才能具有更强的决策力、洞察发现力和流程优化能力来适应海量、高增长率和多样化的信息资产。

(2) 麦肯锡全球研究所给出的定义是:一种规模大到在获取、存储、管理、分析方面大大超出传统数据库软件工具能力范围的数据集合,具有海量的数据规模、快速的数据流转、多样的数据类型和价值密度低四大特征。

两种定义都强调了巨大的规模是大数据的主要特征,此外,无论是信息资产,还是数据集合,两种定义都包含了 3 个内涵:第一,符合大数据标准的原型随着时间的推移和技术的进步会发生变化;第二,符合大数据标准的原型因不同的应用而彼此不同;第三,持续增加的数据规模和通过传统数据库技术不能有效管理是大数据的两个关键特征。

10.1.2　大数据的特点

当前,大数据领域通常用 4 个 V(Volume、Variety、Value、Velocity)概括大数据的特征。虽然不同学者、不同研究机构对大数据的定义不尽相同,但都广泛提及了这 4 个基本特征。

1. 规模大

大数据相较于传统数据的最大区别在于巨大的数据规模,单一数据集至少 PB(1024TB)数量级,进而达到 EB(1024PB)或 ZB(1024EB)数量级。这种规模在获取、存储、管理、分析等方面都大大超出了传统数据库软件的处理能力。SQL Server、Oracle 等传统关系数据库只能处理 TB 级别的数据量,对于 PB、EB、ZB 级的数据量无能为力。

数据规模大是大数据具有价值的前提,当数据量不够大时,它们只是离散的"碎片",很难展示出其背后的真实含义。随着数据量的不断增加,达到并超过某个临界值后,这些"碎片"才会在整体上呈现出规律性,并在一定程度上反映出数据背后的事物本质,即数据量大是数据具有价值的前提,大数据才具有大价值。

2. 价值

有价值是大数据的核心特征。传统社会产生的大量数据中,有价值的数据所占比例较小。大数据技术能够通过对大量来源复杂的、结构迥异的数据进行分析,挖掘推断出事物未来的演化趋势,发现新规律和新知识,从而释放出前所未有的价值。

价值密度低也是大数据的特点。价值密度的高低与数据总量的大小成反比。在庞大的数据规模下,必然存在大量无效、冗余甚至错误的数据,如何设计强大的机器算法,高效地完成数据的提纯,是目前大数据技术亟待解决的问题之一。

3. 多样

大数据种类繁多,在编码方式、文件格式和应用特征等各个方面都存在差异,因此大数据有一个重要特点,就是"多源异构",即来自多个信息源、构造方式多种多样,不仅包括传统的结构化数据,还包括半结构化和非结构化数据。典型的非结构化数据包括网络日志、音频、视频、图片、地理位置信息等。

4. 快速

大数据要求处理速度快,即使在数据量非常庞大的情况下,也能够做到数据的实时处理。要求处理速度快是大数据区别于传统数据挖掘的显著特征。大数据是一种以实时数据处理、实时结果导向为特征的解决方案。

大数据的快速有两层含义:其一是数据产生得快,有些数据是爆发式产生,如欧洲核子研究中心的大型强子对撞机在工作状态下每秒产生 PB 级的数据;有些数据是涓涓细流式产生,但是由于用户众多,短时间内产生的数据量依然非常庞大,如单击流、日志、射频识别数据、全球定位系统位置信息等。其二是数据处理得快。像其他商品一样,数据的价值也有时效性,等量数据在不同时间点价值不等。

10.1.3 大数据与思维变革

"万物皆数"是毕达格拉斯学派 2000 多年前的一句名言。在过去的 2000 多年里,人们一直尝试用数字量化客观世界,并以此为基础探索并认知世界。随着计算机的出现和信息化迅猛发展,特别是互联网、移动互联网、物联网的深度普及和广泛应用,"万物皆数"正在成为现实,人类一切行动甚至思想都直接或间接地被全面、实时地记录,成为数字化的信息,"万物皆数"成为大数据时代的第一个显著特征。牛津大学维克托·迈尔-舍恩伯格教授是最早洞见大数据发展和应用趋势的数据科学家之一,他也被誉为大数据时代的预言家。舍恩伯格教授在 2012 年出版的《大数据时代》一书中指出,大数据使人们对待数据的思维方式发生了 3 个方面的变革,其主要观点如下。

1. 全量思维

社会科学研究社会现象的总体特征,以往一直是以采样为主要数据获取手段,这是人类在无法获得总体数据信息条件下的无奈选择。在大数据时代,可以获取和分析更多的数据,甚至是与之相关的所有数据,而不再依赖于采样,从而可以带来更全面的认识,可以更清楚地发现有限样本无法揭示的细节信息。

正如舍恩伯格教授所言:"我们总是习惯把统计抽样看作文明得以建立的牢固基石,就如同几何学定理和万有引力定律一样。但是,统计抽样其实只是为了在技术受限的特定时期,解决当时存在的一些特定问题而产生的,其历史不足 100 年。如今,技术环境已经有了很大的改善。在大数据时代进行抽样分析就像是在汽车时代骑马一样。在某些特定情况下,我们依然可以使用样本分析法,但这不再是我们分析数据的主要方式。"

也就是说,在大数据时代,随着数据收集、存储、分析技术的突破性发展,人们可以更加方便、快捷、动态地获得研究对象有关的所有数据,而不再因诸多限制不得不采用样本研究方法,相应地,思维方式也应该从样本思维转向总体思维,从而能够更加全面、立体、系统地认识总体状况。

2. 容错思维

在小数据时代,由于收集的样本信息量比较少,所以必须确保记录下的数据尽量结构化、精确化,否则分析得出的结论在推及总体时就会出现"南辕北辙"的现象,因此必须十分注重精确思维。然而,在大数据时代,得益于大数据技术的突破,大量非结构化、异构化的数据能够得到存储和分析,这一方面提升了从数据中获取知识和洞见的能力,另一方面也对传统的精确思维提出了挑战。

舍恩伯格教授指出,"执迷于精确性是信息缺乏时代和模拟时代的产物。只有 5% 的数据是结构化且能适用于传统数据库的。如果不接受混乱,剩下 95% 的非结构化数据都无法利用,只有接受不精确性,才能打开一扇从未涉足的世界的窗户"。

在大数据时代,思维方式要从精确思维转向容错思维,当拥有海量即时数据时,绝对的精准不再是追求的主要目标,适当忽略微观层面上的精确度,容许一定程度的错误与混杂,反而可以在宏观层面拥有更好的知识和洞察力。

3. 相关思维

在小数据世界中,人们往往执着于现象背后的因果关系,试图通过有限样本数据剖析其中的内在机理。小数据的另一个缺陷就是有限的样本数据无法反映出事物之间的普遍性的相关关系。而在大数据时代,人们可以通过大数据技术挖掘出事物之间隐蔽的相关关系,获得更多的认知与洞见,运用这些认知与洞见就可以捕捉现在和预测未来,建立在相关关系分析基础上的预测正是大数据的核心价值。

通过关注线性的相关关系,以及复杂的非线性相关关系,可以帮助人们看到很多以前不曾注意的联系,还可以掌握以前无法理解的复杂规律,相关关系甚至可以超越因果关系,成为我们了解这个世界的更好视角。舍恩伯格指出,大数据的出现让人们放弃了对因果关系的渴求,转而关注相关关系,人们只需知道"是什么",不用知道"为什么"。我们不必非得知道事物或现象背后的复杂深层原因,只需要通过大数据分析获知"是什么"就意义非凡,这会给我们提供非常新颖且有价值的观点、信息和知识。也就是说,在大数据时代,思维方式要从因果思维转向相关思维,努力颠覆千百年来人类形成的传统思维模式和固有偏见,才能更好地分享大数据带来的深刻洞见。

综上所述,大数据时代将带来深刻的思维转变,大数据不仅将改变每个人的日常生活和工作方式,改变商业组织和社会组织的运行方式,而且将从根本上奠定国家和社会治理的基础数据,彻底改变长期以来国家与社会诸多领域存在的"不可治理"状况,使得国家和社会治理更加透明、有效和智慧。

10.2　大数据的应用场景

10.2.1　大数据的价值

1. 大数据的商业价值

在大数据时代,数据像企业的固定资产和人力资源一样,成为生产的基本要素。和其他生产要素相比,数据无疑有其独特之处。例如,工业生产过程中的原材料一般都具有排他性,但数据很容易实现共享;数据也不像机器、厂房一样会随着使用次数的增多而贬值,相反,重复使用可能使它增值;此外,数据之间进行整合可能会产生新的知识和信息,同时大幅增值。

对于企业而言,数据是一种重要的战略资产,它就像新型石油一样,极富开采价值。例如,图片、声音、文字以及这背后用户的习惯和活动轨迹构成了互联网上的数据资源,用户的消费习惯、兴趣爱好、关系网络都隐藏在互联网的数据海洋里,在这些社会化媒体基础上的大数据挖掘和分析会衍生很多应用,数据背后潜藏着巨大的商业知识和市场机会。大数据可能是未来竞争的关键性因素,并成为下一波生产率提高、创新和为消费者创造价值的关键要素。信息时代的竞争可能不仅是劳动生产率的竞争,更重要的是知识生产率的竞争。

根据 IDC 和麦肯锡的大数据研究总结,大数据主要能在以下 4 个方面挖掘出巨大的商业价值。

（1）对顾客群体细分,然后对每个群体量体裁衣般地采取独特的行动。

（2）运用大数据模拟实境,发掘新的需求和提高投入的回报率。

（3）提高大数据成果在各相关部门的分享程度,提高整个管理链条和产业链条的投入回报率。

（4）进行商业模式、产品和服务的创新。

2. 大数据的社会价值

大数据使社会的"数据鸿沟""信息孤岛"逐渐破除,政府可以更加有效地运用大数据推进社会治理现代化。大数据为政府社会治理现代化、高效化提供了技术基础。

虽然中国已经是世界第二大经济体,但经济的多年高速发展与社会发展不平衡之间的矛盾长期存在,社会治理涉及利益关系调整、社会资源整合、社会矛盾化解、社会诉求回应、社会结构优化等方面,引入大数据可以提高治理效能,促进民主治理、开放治理、预见性治理。

运用大数据能够使社会公众更好地对政府进行过程监督和量化评价,从而推动社会治理过程精细化。大数据使政府能够准确把握和区分不同地区和不同社会阶层的特点和需求,通过多种数据分析方法,为精准、高效、多样化的基本公共服务供给提供决策依据。因此,通过运用大数据可以推动政府公共服务的"供给侧改革",以公众需求为导向,对公共服务的机制、标准进行流程再造,对公众需求进行多维度和多层次的细分,提高政府供给和公众需求的契合度。另外,通过对多元数据的挖掘和分析,可以厘清公众的服务体验,进而优化服务资源配置,改进服务方式,调整服务种类,让公共服务更具个性化和精准化。

大数据还可以对社会风险进行精准预测,及时了解并掌握社会问题的发展趋势和社会心态变化,随时调整相关政策,提高社会发展的预测能力和社会风险的预测预警能力。

10.2.2 大数据在金融行业的应用

金融行业是高度信息化的行业,长期以来积累了丰富的数据,并且数据维度多、质量高,可以设计出很多应用场景。金融机构内部数据包括业务订单数据、用户属性数据、用户收入数据、客户查询数据、理财产品交易数据、用户行为等数据,如果再引入外部数据,如社交数据、电商交易数据、移动大数据、运营商数据、工商司法数据、公安数据、教育数据、银联交易数据等,这样一种全景式数据集,利用新一代大数据分析技术,可以极大提升金融企业竞争力,加快数据价值的变现。

目前大数据在金融行业的应用主要为以下4个方面。

1. 精准营销

基于整合的数据,建立用户标签体系,在此基础之上结合风险偏好数据,客户职业、爱好、消费方式等数据,利用大数据分析算法对客户进行分类,并利用已有数据标签和外部数据标签对用户进行画像,进而针对不同类型的客户提供不同的产品和服务策略,这样可以提高客户渗透力、客户转化率和产品转化率。也就是说,通过大数据应用,金融机构可以逐渐实现完全个性化客户服务的目标。

2. 风险管控

风险分析主要包括信用风险、市场风险、操作风险和流动性风险,这些都是巴塞尔协议特别强调的几类风险。另外,法律、合规风险和国家风险也要考虑,尤其是对于有国际业务的金融机构。对于这些风险的风险管理,大数据技术都是非常重要的手段和工具。风险数据集市和数据模型已经成为银行的标配,也是监管部门的要求。巴塞尔协议中对于每种风险的计算方法都有明确的规定,但是数据是基础和核心,大数据技术的应用是关键。信用风险对于数学模型的使用也是最早和最广泛的,如初滤模型、审批模型、行为模型、催收模型、违约概率模型、破产概率模型、偿债能力模型、财务诚信度模型等。所有这些都离不开大数据的计算和分析方法,其中算法的选择和变量的转换是提升模型准确度的关键,也是判断模型建设者创造力的关键。

大数据还用于实时欺诈交易识别和反洗钱分析。银行可以利用持卡人基本信息、卡基本信息、交易历史、客户历史行为模式、正在发生行为模式(如转账)等,结合智能规则引擎(如从一个不经常出现的国家为一个特有用户转账或从一个不熟悉的位置进行在线交易)进行实时的交易反欺诈分析。

3. 产品管理

通过大数据分析平台,金融机构能够获取客户的反馈信息,及时了解、获取和把握客户的需求,通过对数据进行深入分析,可以对产品进行更加合理的设置。通过大数据,金融机构可以快速高效地分析产品的功能特征和喜欢的状态,产品的价值,客户的喜好原因,产品的生命周期,产品的利润,产品的客户群等。如果处理得好,可以做到把适当的产品送到需要该产品的客户手上,这是客户关系管理中一个重要的环节。

4. 流程优化

大数据能够增强企业内部的透明度,使企业上下级之间信息流通更加通畅和便捷。同时,通过大数据技术的应用优化企业内部流程,提高企业运作效率。大数据的应用能够推进企业跨业务、跨部门、跨层级的信息交换和共享,从而洞察和揭示业务流程中存在的缺陷,并制定出符合其业务战略目标的资源和资本配置方案,并减少管理成本。

大数据在金融行业应用已经有很多成功案例,如花旗银行利用 IBM 沃森计算机为财富管理客户推荐产品;招商银行对客户刷卡、存取款、电子银行转账、微信评论等行为数据进行分析,为客户发送针对性的广告信息;IBM 金融犯罪管理解决方案帮助银行利用大数据有效地预防与管理金融犯罪;摩根大通银行则利用大数据技术追踪盗取客户账号或侵入自动柜员机(ATM)系统的罪犯。

10.2.3 大数据在健康医疗领域的应用

在大数据时代,医学正在成为一门高度信息化的科学。以往,大多数医疗相关数据都以纸张化的形式存在,而非电子数据化存储,如官方的病历记录、收费记录、处方药记录、X 光片记录、CT 影像记录等。随着强大的数据存储、计算平台及移动互联网的发展,医疗数据实现了大量爆发及快速的数字化,移动互联网、大数据、人工智能等多领域技术与医疗领域跨界融合,共同服务于医学诊断和治疗等领域,使医疗技术、就医模式都呈现重大变化。仅在临床操作方面,就有多个场景的大数据应用。麦肯锡公司预言,如果这些应用被充分采用,仅是美国国家医疗健康开支一年就将减少 165 亿美元。

1. 预测建模

医药公司在新药物的研发阶段,可以通过数据建模和分析,确定最有效率的投入产出比,从而配备最佳资源组合。模型基于药物临床试验阶段之前的数据集及早期临床阶段的数据集,尽可能及时地预测临床结果,评价因素包括产品的安全性、有效性、潜在的副作用和整体的试验结果。通过预测建模可以降低医药产品公司的研发成本,在通过数据建模和分析预测药物临床结果后,可以暂缓研究次优的药物,或者停止在次优药物上的昂贵的临床试验。

除了研发成本,医药公司还可以通过数据建模和分析,将药物更快地推向市场,生产更有针对性的药物,有更高潜在市场回报和治疗成功率的药物。原来,一般的新药从研发到推向市场的时间大约为 13 年,使用预测模型可以帮助医药企业提早 3～5 年将新药推向市场。

2. 优化临床试验数据分析方法

使用统计工具和算法,可以提高临床试验设计水平,并在临床试验阶段更容易地招募到患者。通过挖掘病人数据,评估招募患者是否符合试验条件,从而加快临床试验进程,提出更有效的临床试验设计建议,并能找出最合适的临床试验基地。例如,那些拥有大量潜在符合条件的临床试验患者的试验基地可能是更理想的,或者在试验患者群体的规模和特征二者之间找到平衡。

分析临床试验数据和病人记录还可以确定药品更多的适应征和发现副作用。在对临床试验数据和病人记录进行分析后,可以对药物进行重新定位,或者实现针对其他适应征的营销。实时或者近乎实时地收集不良反应报告可以促进药物警戒(药物警戒是上市药品的安全保障体系,对药物不良反应进行监测、评价和预防)。在一些情况下,临床实验显示出了一些情况但没有足够的统计数据去证明,现在基于临床试验大数据的分析可以给出证据。

3. 个性化治疗方案

另一种在研发领域有前途的大数据创新是通过对大型数据集,如基因组数据的分析发展个性化治疗。这一应用考察遗传变异、对特定疾病的易感性和对特殊药物的反应的关系,然后在药物研发和用药过程中考虑个人的遗传变异因素。

个性化医学可以改善医疗保健效果,如在患者发生疾病症状前,就提供早期的检测和诊断。很多情况下,病人用同样的诊疗方案,但是疗效却不一样,部分原因是遗传变异。针对不同的患者采取不同的诊疗方案,或者根据患者的实际情况调整药物剂量,可以减少副作用。

苹果公司的传奇总裁乔布斯在与癌症斗争的过程中采用了基因治疗方式,成为世界上第一个对自身所有 DNA 和肿瘤 DNA 进行排序的人,他得到了自己整个基因密码的数据文档。乔布斯的医生们能够基于乔布斯的特定基因组成,按所需效果用药,如果癌症病变导致药物失效,医生可以及时更换另一种药,乔布斯曾开玩笑说:"我要么是第一个通过这种方式战胜癌症的人,要么就是最后一个因为这种方式死于癌症的人。"虽然他的愿望都没有实现,但是这种获得所有数据而不仅是样本的方法仍然将他的生命延长了好几年。

4. 传染病监测

在公共卫生领域,大数据的使用可以改善公众健康监控。公共卫生部门可以通过覆盖全国的患者电子病历数据库,快速检测传染病,进行全面的疫情监测,并通过集成疾病监测和响应程序,快速进行响应。这将带来很多好处,包括医疗索赔支出减少、传染病感染率降低,卫生部门可以更快地检测出新的传染病和疫情。通过提供准确和及时的公众健康咨询,将会大幅提高公众健康风险意识,同时也将降低传染病感染风险。所有这些都将帮助人们创造更好的生活和工作。

10.2.4 大数据在社会管理方面的应用

1. 大数据工商管理中的应用

工商部门的职责是对企业异常行为监测预警。依托大数据资源,可以建设市场主体分类监管平台,将市场主体精确定位到电子地图的监管网格上,并集成基本信息、监管信息和信用信息。利用大数据技术评定市场主体的监管等级,提示监管人员采取分类监管措施,可有效提升监管的科学性。

政府也可以利用大数据技术为企业提供产业动态、供需情报、行业龙头、投资情报、专利情报、海关情报、招投标情报、行业数据等基础性情报信息等,并且根据企业的不同需求提供消费者情报、竞争者情报、销售类情报等个性化制定情报,为企业的全面提升竞争力提供数据信息支持。

2. 大数据交通管理中的应用

交通作为人类行为的重要组成和必要条件之一,对于大数据的需求也是最迫切的。目前,交通的大数据应用主要在两个方面:一方面,可以利用大数据传感器数据了解车辆通行密度,合理进行道路规划;另一方面,可以利用大数据实现即时信号灯调度,提高已有线路的运行能力。科学地安排信号灯是一个复杂的系统工程,必须利用大数据计算平台才能计算出一个较为合理的方案。科学的信号灯安排将会提高30%左右已有道路的通行能力。在美国,政府依据某一路段的交通事故信息增设信号灯,降低了50%以上的交通事故率。机场的航班起降依靠大数据将会提高航班管理的效率,航空公司利用大数据可以提高上座率,降低运行成本。铁路利用大数据可以有效安排客运和货运列车,提高效率,降低成本。

3. 大数据在食品安全方面的应用

食品安全问题一直是国家的重点关注问题,关系着人们的身体健康和国家安全。随着民众生活水平提高,对食品安全的要求也越来越高。从不断出现的食品安全问题看,食品监管成为食品安全的难题。

在食品安全监控方面,在数据驱动下,采集人们在互联网上提供的举报信息,国家可以掌握部分乡村和城市的死角信息,挖出不法加工点,提高执法透明度,降低执法成本。国家也可以参考医院提供的就诊信息分析出涉及食品安全的信息,及时进行监督检查,第一时间进行处理,降低已有不安全食品的危害。卫生部门参考个体在互联网的搜索信息,可掌握流行疾病在某些区域和季节的爆发趋势,及时进行干预,降低其流行危害。政府可以提供不安全食品厂商信息、不安全食品信息,帮助人们提高食品安全意识。

由于食品安全涉及从田头到餐桌的多个环节,可以利用多种监控和数据采集技术,实现覆盖食品生产全过程的动态监测来保障食品安全。以稻米生产为例,产地、品种、土壤、水质、病虫害发生、农药种类与数量、化肥、收获、储藏、加工、运输、销售等环节,无一不影响稻米的安全状况,通过收集、分析各环节的大数据,可以预测某产地将收获的稻谷或生产的稻米是否存在安全隐患。

4. 大数据用于舆情监控

将大数据技术用于舆情监控,可以随时收集到各类新闻媒体、社交媒体数据,除用于了解民众诉求、及时回馈民意外,还可以用于犯罪管理。大量的社会行为正逐步走向互联网,人们更愿意借助互联网平台表述自己的想法和宣泄情绪。社交媒体和朋友圈正成为追踪民众社会行为的平台,国家可以利用社交媒体分享的图片和交流信息收集个体情绪信息,预防个体犯罪行为和反社会行为。例如,美国密歇根大学研究人员就设计出一种利用"超级计算机以及大量数据"帮助警方定位那些最易受到不法分子侵扰片区的方法,具体做法是,研究人员通过大量多类型数据(从人口统计数据、毒品犯罪数据到各区域出售酒的种类、治安状况、流动人口数据等)绘制一张波士顿犯罪高发地区热点图。同时,还将相邻片区等各种因素加入数据模型中,根据历史犯罪记录和地点统计并不断修正得出的预测数据。

10.3　大数据架构

越来越多的行业和技术领域都需要大数据分析系统,大数据对数据处理技术提出了很高的要求,支撑大数据应用场景需求的系统面临的技术挑战主要有下列 3 项。

(1)业务分析的数据范围横跨实时数据和历史数据,既需要低延迟的实时数据分析,也需要对 PB 级的历史数据进行探索性的数据分析。

(2)可靠性和可扩展性问题,用户可能会存储海量的历史数据,同时数据规模有持续增长的趋势,需要引入分布式存储系统满足可靠性和可扩展性需求,同时保证成本可控。

(3)涉及多层面的技术,需要组合流式组件、存储系统、计算组件等。

传统的处理和分析技术在这些需求面前遭遇到瓶颈,而云计算的出现不仅提供了一种挖掘大数据价值使其得以凸显的工具,也使大数据的应用具有了更多的可能性。

云计算是将计算任务分布在大量计算机构成的资源池上,使用户能够按需获取计算力、存储空间和信息服务。云计算及其技术提供了廉价获取巨量计算和存储资源的能力,云计算的分布式架构能够很好地支持大数据存储和处理需求,这样的低成本硬件＋低成本软件＋低成本运维更加经济、实用,使得大数据处理和利用成为可能。如果说数据是财富,那么大数据就是宝藏,而云计算就是挖掘和利用宝藏的利器。

大数据架构是用于获取和处理大数据并达成业务目标的技术框架,它针对组织的业务目标进行设计,是基于组织业务需求的大数据解决方案的蓝图。

目前比较流行的几种大数据架构分别是:批处理框架 Apache Hadoop;流处理框架 Apache Storm 和 Apache Samza;混合框架 Apache Apark 和 Apach Flink。其中 Apache Hadoop 是由 Apache 软件基金会研发的一种开源、高可靠、伸缩性强的分布式计算系统,已成为大数据技术领域的事实标准。

10.3.1 云计算

1. 云计算的概念与特点

云是指网络或互联网。云计算的定义有多种,比较普遍被接受的是美国国家标准与技术研究院(NTSI)的定义:云计算是一种按使用量付费的模式,这种模式提供可用的、便捷的、按需的网络访问,进入可配置的计算资源共享池(资源包括网络、服务器、存储,应用软件、服务),这些资源能够被快速提供,只需要投入很少的管理工作或与服务供应商进行很少的交互。

根据维基百科的定义,云计算(cloud computing)即通过网络按需提供可动态伸缩的廉价计算服务。

云计算的功能举例来说,以前一家公司要建立信息系统支撑自身业务,需要自己建机房、买服务器、搭系统、开发出各类应用程序、设专人维护等,这对公司的财力、物力都是很大的考验,云计算的出现可以很好地解决这类问题。云计算首先提供了一种按需租用的业务模式,客户通过互联网向云服务商(如阿里云、腾讯云)租用一切需要的计算资源即可,并可以按照需求的变化随时扩展、按使用量付费,这种特性经常被称为像使用水电一样使用 IT 基础设施。

云计算的特征:

(1) 弹性服务。服务的规模可快速伸缩,以自动适应业务负载的动态变化。用户使用的资源同业务的需求一致,避免了因为服务器性能过载或冗余而导致的服务质量下降或资源浪费。

(2) 资源池化。各种计算资源以共享资源池的方式统一管理。利用虚拟化技术,将资源分享给不同用户,资源的配置、管理与分配策略对用户透明。

(3) 按需服务。以服务的形式为用户提供应用程序、数据存储、基础设施等资源,并可以根据用户需求自动分配资源,而不需要系统管理员干预。

(4) 服务可计量。监控用户的资源使用量,并根据资源的使用情况对服务计费。

(5) 泛在接入。用户可以利用各种终端设备,如 PC、智能手机等,随时随地通过互联网访问云计算服务。

2. 云计算的服务

云供应商提供多类型、多层次的云服务,以帮助用户实现业务目标。服务类型分为 3 层,如图 10-1 所示。

(1) 基础设施即服务(Infrastructure as a Service,IaaS):位于底层,通过虚拟化技术将计算、存储和网络带宽等资源打包,以应用接口的形式提供给用户。用户通过 Internet 可以在云上运行软件、存储数据和发布程序。

图 10-1　云平台架构

（2）平台即服务（Platform as a Service，PaaS）：构建在 IaaS 之上，在基础架构外提供了业务软件的运行环境和存储接口，并将其作为一种服务提供给用户。企业用户不用担心程序运行时所需的资源，可以快速开发应用，第三方软件提供商也可以快速开发出适合企业的定制化应用。如 Salesforce 公司的 force.com 平台、个人网站常用的"虚拟主机"服务实际就属于 PaaS 的范畴。

（3）软件即服务（Software as a Service，SaaS）：用户无须购买软件，而是向云服务提供商租用基于 Web 的软件，按需向云端请求服务，完成相应的业务活动，如 Salesforce 的 CRM、微软的在线办公平台等。

3. 云计算的类型

云的部署形式有 3 种：公有云、私有云、混合云。

（1）公有云是为多个客户共享一个服务提供商提供的计算资源，客户按照自己的实际需要，通过租赁的方式获取这些资源。

（2）私有云是计算资源由一家企业专用并由该企业掌握的云。私有云一般部署在企业的数据中心，由企业的内部人员管理，实力雄厚的大公司趋向于构建自己的私有云。

（3）混合云即公有云与私有云的混合。混合云的策略是在私有云部分保持那些相对隐私的操作，在公有云部分部署相对开放的运算。混合云可以兼顾两种云的优点。

10.3.2　大数据架构介绍

大数据的特征是规模大、数据来源广泛，既有历史数据，也有实时数据。不同来源的数据具有不同的特征，其数据格式、更新频率、数据量、真实性等方面差异巨大。不同业务场景应用大数据的任务目标不同，分析方法也不同，选择一种架构并构建合适的大数据解决方案极具挑战,因为需要考虑非常多的因素。

尽管目前并没有权威的大数据架构标准,但大数据解决方案通常由以下逻辑层组成,如图 10-2 所示。

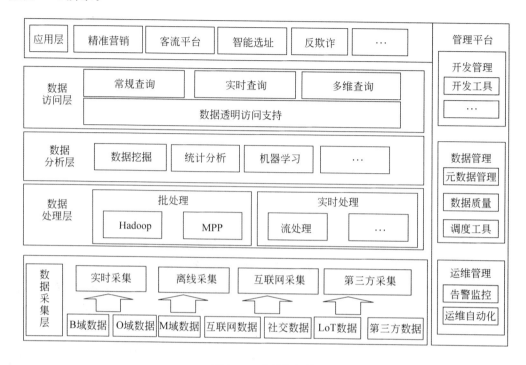

图 10-2　大数据架构

(1) 数据采集层。数据采集层也就是大数据的来源层,包括电信行业的 B 域、O 域、M 域数据,还包括智能终端和传感器数据(LoT 数据)、互联网数据、第三方数据等。B 域数据包括企业用户数据和业务数据,如用户的消费习惯、终端信息、业务信息等;O 域数据为网络运营数据,如信令、告警、故障、网络资源等;M 域数据是位置信息,如人群流动轨迹、地图信息等。其获取方式可能既有传统的 ETL(数据仓库数据)离线采集,也有实时采集、互联网爬虫(crawler)解析等。

(2) 数据处理层。根据数据处理场景要求的不同,即数据是执行实时分析,还是批量分析,可以划分为 Hadoop、MPP(大规模并行处理)、流处理等。

(3) 数据分析层。数据分析层主要包含分析引擎,业务需求决定了使用的分析方法和工具,如数据挖掘、机器学习、深度学习等。

(4) 数据访问层。数据访问层主要是实现读写分离,将偏向应用的查询等能力与计算能力剥离,适用于实时查询、多维查询、常规查询等应用场景。

(5) 应用层。根据企业特点的不同划分不同类别的应用,如针对运营商,对内有精准营销、客服投诉等,对外有基于位置的客流、基于标签的广告应用等。

纵向的数据管理层主要实现数据的管理和运维,它横跨多层,实现统一管理。

10.3.3 Hadoop 体系架构

1. Hadoop 的功能特点

Hadoop 项目最初是雅虎公司在 2005 年为解决网页搜索问题创立的,其设计思想起源于 Google,因其技术的高效性,被 Apache 软件基金会引入并成为开源应用。Hadoop 本身不是一个产品,而是由多个软件产品组成的一个生态系统,是用 Java 语言开发的一个开源分布式计算平台,能实现在大量计算机组成的集群中对海量数据进行分布式计算,是适合大数据的分布式存储和计算的平台。从技术角度看,Hadoop 由两项关键服务构成,其一是采用 Hadoop 分布式文件系统(HDFS)的可靠数据存储服务,其二是实现了一种被称为 MapReduce 技术的高性能并行数据处理服务。Hadoop 框架的核心设计就是 HDFS 和 MapReduce,HDFS 为海量的数据提供了存储能力,而 MapReduce 为海量的数据提供了计算能力。Hadoop 的数据来源可以是任何形式,在处理半结构化和非结构化数据方面比关系型数据库有更好的性能和更灵活的处理能力。

Hadoop 具有四大特性。

(1) 扩容能力:Hadoop 是在可用的计算机集群间分配数据并完成计算任务的,这些集群可方便地扩展到数以千计的节点中。

(2) 成本低:Hadoop 通过普通廉价的计算机组成服务器集群来分发及处理数据,所以成本很低。

(3) 高效率:Hadoop 能够在节点之间动态地移动数据,并保证各个节点动态平衡,因此处理速度非常快。

(4) 可靠性:能自动维护数据的多份复制,并且在任务失败后能自动重新部署计算任务,所以 Hadoop 的按位存储和处理数据的能力值得信赖。

2. Hadoop 生态圈

随着大数据应用的持续普及和被重视,Hadoop 生态圈也在不断扩大和升级,各类组件包括数据存储、数据集成、数据处理和其他进行数据分析的专门工具。当前,Hadoop 有两大版本:Hadoop 1.0 和 Hadoop 2.0。

图 10-3 展示了 Hadoop 的生态系统,主要由 HDFS、MapReduce、HBase、Zookeeper、Pig、Hive 等核心组件构成,另外还包括 Sqoop、Flume 等框架,用来与其他企业系统融合,还增加了 Mahout、Ambari 等内容,以提供更新功能。

Hadoop 系统的两大核心是 HDFS 和 MapReduce,其他组件简介如下。

(1) HBase:一个可扩展的分布式数据库,支持大表的结构化数据存储,是一个建立在 HDFS 之上的、面向列的 NoSQL 数据库,用于快速读写大量数据。

(2) Hive:建立在 Hadoop 上的数据仓库基础架构。它提供了一系列工具;可用来进行数据提取转化加载,是一种可以存储、查询和分析存储在 Hadoop 中的大规模数据的机制。Hive 定义了简单的类 SQL,称为 HQL,它允许不熟悉 MapReduce 的开发人员也能

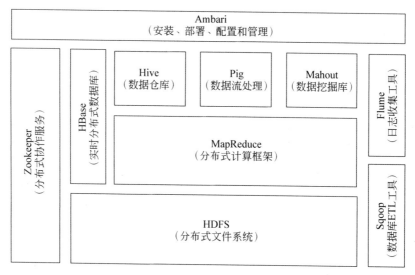

图 10-3 Hadoop 的生态系统

编写数据查询语句,然后这些语句被翻译为 Hadoop 上面的 MapReduce 任务。

(3) Mahout:可扩展的机器学习和数据挖掘库。它提供的 MapReduce 包含很多实现方法,包括聚类算法、回归测试、统计建模等。

(4) Pig:支持并行计算的高级数据流语言和执行框架。它是 MapReduce 编程复杂性的抽象。Pig 平台包括运行环境和用于分析 Hadoop 数据集的脚本语言 PigLatin。其编译器将 PigLatin 翻译成 MapReduce 程序序列。

(5) Zookeeper:应用于分布式应用的高性能的协调服务,是为分布式应用提供一致性服务的软件,提供的功能包括配置维护、域名服务、分布式同步、组服务等。

(6) Sqoop:一个连接工具,用于在关系数据库、数据仓库和 Hadoop 之间转移数据。Sqoop 利用数据库技术描述架构,进行数据的导入导出;利用 MapReduce 实现并行化运行和容错技术。

(7) Flume:提供了分布式、可靠、高效的服务,用于收集、汇总大数据,并将单台计算机的大量数据转移到 HDFS。它基于一个简单而灵活的架构,并提供了数据流的流。它利用简单的、可扩展的数据模型,将企业中多台计算机上的数据转移到 Hadoop。

(8) Ambari:提供了一个可视的仪表盘查看集群的健康状态,并且能够使用户可视化地查看 MapReduce、Pig 和 Hive 应用诊断其性能特征。

3. 主流的分布式计算系统

当前,Hadoop、Spark、Storm 是主流的三大分布式计算系统,它们各有强项功能,可用于不同的业务场景。

(1) Spark 对比 Hadoop:Hadoop 使用硬盘存储数据,而 Spark 是将数据存在内存中的,因此 Spark 可以提供超过 Hadoop 100 倍的计算速度。内存断电后会丢失,所以 Spark 不适用于需要长期保存的数据。

（2）Storm 对比 Hadoop：Storm 在 Hadoop 基础上提供了实时运算的特性，可以实时处理大数据流。不同于 Hadoop 和 Spark，Storm 不进行数据的搜集和存储工作，直接通过网络接受并实时处理数据，然后直接通过网络实时传回结果。

所以，三者适用的应用场景分别为：Hadoop 常用于离线的、复杂的大数据处理；Spark 常用于离线的、快速的大数据处理；Storm 常用于在线、实时的大数据处理。

10.4　大数据分析

大数据价值的实现在于分析，拥有大数据不是目的，如何有效处理和分析大数据，进行数据的去冗存精，从大数据中挖掘出有用的信息、挖掘新的知识、产生行动决策的智慧，才是大数据技术的关键。大数据分析技术是大数据创造经济和社会价值的基础。

10.4.1　大数据分析的概念

传统数据分析是指用适当的统计分析方法对收集来的大量数据进行分析，提取有用信息和形成结论而对数据加以详细研究和概括总结的过程。现实中，数据分析可以辅助决策，以便采取适当的行动。

大数据赋予数据分析新的含义，从认识层面来说，大数据分析是信息时代的产物及显著特征，并构成了信息时代复杂性的基础。知识本质上不再是传统意义上生产和生活经验的总结，网络本身成为知识的本体，因此，知识发现的方式和科学研究不再仅是预设和检验某种假设，可以是直接通过数据对复杂事务的动态变化的法则进行分析和处理。

从技术方法看，大数据分析即根据数据生成机制，广泛采集、存储并清洗数据，以大数据分析模型为依据，在大数据分析平台的支撑下运用云计算技术调度计算分析资源，最终挖掘出隐藏在大数据背后的模式或规律的数据分析过程。大数据分析可应用于社会治理、科学研究和经济领域等，用于发现各领域的规律，使决策者可以在数据形成的证据基础上推进决策的科学性，使决策更具权威性和准确性。

在一个典型的大数据分析与应用流程中，数据经过预处理后，采用以大数据统计为代表的共性模型和算法与大数据挖掘技术进行计算分析，再结合高度智能灵活的可视分析，最后支持复杂场景下的智能决策。分析的结果将进一步反馈到数据处理，并再次进入分析过程，进一步提供基于数据的洞见能力和决策支持。在大数据分析与应用中，大数据预处理与质量控制技术、大数据分析支撑理论与算法、大数据挖掘技术、大数据可视分析技术、大数据智能知识管理与决策支持技术构成了大数据分析与应用的五大关键技术。

10.4.2　大数据处理流程

大数据处理流程主要包括数据采集、数据导入/预处理、数据分析、数据展示/数据可视化等环节，其中数据质量管理贯穿于整个大数据流程，每一个数据处理环节都会对大数据质量产生影响作用。通常好的大数据产品要有大的数据规模、快速的数据处理、精确的数据分析与预测、优秀的可视化图表以及简练易懂的结果解释,本节将基于以上环节对大数据处理流程概要介绍。

1. 数据采集

大数据来源广泛,涉及的数据采集方法和技术众多,举例如下:

(1) ETL:传统数据仓库的数据采集方法,包括数据的提取(Extract)、转换(Transform)和加载(Load)。在转换过程中,需要针对具体的业务场景对数据进行治理,例如进行非法数据监测与过滤、格式转换与数据规范化、数据替换、保证数据完整性等。

(2) 实时采集:主要用在考虑流处理的业务场景,如用于记录数据源的执行的各种操作活动,典型场景如网络监控的流量管理、金融应用的股票记账和 Web 服务器记录的用户访问行为,可用工具如 Flume/Kafka。

(3) 互联网采集:可使用 Crawler、DPI 等工具自动抓取来自互联网的信息,它支持图片、音频、视频等文件或附件等信息类型,Crawler、DPI 也称为网页蜘蛛或网络机器人。

(4) 其他数据采集方法:对于企业生产经营数据、财务数据等保密性要求较高的数据,可以通过与数据技术服务商合作,使用特定系统接口等相关方式采集数据。

2. 数据导入/预处理

要对海量数据进行有效分析,需要将来自前端的数据导入到一个集中的大型分布式数据库,或者分布式存储集群,并且在导入基础上做预处理工作。

对数据做预处理是因为现实世界的数据是脏的(不完整、含噪声、不一致),而没有高质量的数据,就没有高质量的分析结果。

数据预处理的方法主要包括:

(1) 数据清洗:即去噪声和无关数据。

(2) 数据集成:将多个数据源中的数据结合起来存放在一个一致的数据存储中。

(3) 数据变换:将原始数据转换成为适合数据挖掘的形式。

(4) 数据规约:主要方法包括数据立方体聚集、维度归约、数据压缩、数值归约、离散化和概念分层等。

3. 数据分析

大数据分析主要包括数据的统计分析和数据挖掘。统计分析主要完成常规统计、回归分析、相关分析、差异分析等,以满足大多数常见的分析需求。大数据分析中利用数据挖掘技术和深度学习技术,如聚类与分类、关联分析、深度学习等,可挖掘大数据集合中的数据关联性,形成对事物的描述模式或属性规则,可通过构建机器学习模型和海量训练数据提升数据分析与预测的准确性。

数据分析是大数据处理与应用的关键环节,它决定了大数据集合的价值性和可用性以及分析预测结果的准确性。在数据分析环节,应根据大数据应用情境与决策需求选择合适的数据分析技术,提高大数据分析结果的应用价值。

4. 数据展示/数据可视化

数据可视化是指将大数据分析与预测结果以计算机图形或图像的直观方式显示给用户的过程。数据可视化可大大提高大数据分析结果的直观性，便于用户理解与使用。

数据可视化工具可将数据分析结果以图、表的方式呈现，如饼状图、曲线图、热图、直方图、雷达/蜘蛛图都是可视化方法，这些方法可以简单地表示数据并展示特点和趋势。

10.4.3　大数据分析方法介绍

1. 大数据分析技术

大数据分析技术主要包括统计分析、数据挖掘、机器学习和可视化分析。

1) 统计分析

统计分析即应用统计学理论对数据进行分析。统计分析技术可分为描述性统计和推断性统计。描述性统计是指运用制表和分类、图形以及计算概括性数据描述数据特征的各项活动，包括数据的频数分析、集中趋势分析、离散程度分析、分布等。推断性统计是以概率论和数理统计为依据，研究如何利用样本数据推断总体特征的统计方法。常规统计分析方法包括方差、回归、因子、聚类、分类、时间序列等数据分析方法。一般的数据分析可以通过工具软件 Excel 完成，主流的专业分析软件和数据分析工具包括 SPSS/SAS/R/MATLAB 等，可以进行专业的统计分析、数据建模等。

2) 数据挖掘

数据挖掘是指从大量的数据中通过算法搜索隐藏于其中信息的过程。其主要目的是从多样的数据来源中提取需要的信息，并发掘内在关系。数据挖掘与传统的数据分析的区别在于，数据挖掘可以在没有明确假设的前提下挖掘信息、发现知识。数据挖掘是一种决策支持过程，它主要基于人工智能、机器学习、模式识别、统计学、数据库、可视化等技术，高度自动化地分析企业的数据，做出归纳性的推理，从中挖掘出潜在的模式。数据挖掘的对象有关系数据库、面向对象数据库、数据仓库、文本数据源、多媒体数据集、空间数据库以及 Internet 等。

3) 机器学习

机器学习是专门研究计算机如何模拟或实现人类的学习行为，以获取新的知识或技能，重新组织已有的知识结构使之不断改善自身的性能。机器学习是一门多领域交叉学科，涉及概率论、统计学、逼近论、凸分析、算法理论等多门学科。机器学习是人工智能的核心，是使计算机具有智能的主要技术，其应用遍及人工智能的各个领域，它主要使用归纳、综合，而不是演绎。机器学习关注的是"如何构建能够根据经验自动改进的计算机程序"。例如，给予机器学习系统一个关于交易时间、商家、地点、价格及交易是否正当等信用卡交易信息数据库，系统就会学习到可用来预测的信用卡欺诈的模式。

机器学习的应用范围非常广泛，针对那些产生庞大数据的活动，它几乎拥有改进一切性能的潜力。机器学习已经成为认知技术中的热点研究领域之一。

深度学习是机器学习的一个分支,其目的是建立可以模拟人脑进行分析学习的模型,它起源于模仿人的大脑结构的人工神经网络算法。因为之前的机器学习方法都是浅层学习,传统的神经网络只包含 1~3 个隐藏层,而深度神经网络通常多于 3 层,甚至达到数十层,所以被称为"深度学习"。深度学习被应用在图像处理与计算机视觉、自然语言处理以及语音识别等领域,学术界和工业界合作在深度学习方面的研究与应用在以上领域取得了突破性的进展。目前使用的 Android 手机中 Google 的语音识别、百度识图、Google 的图片搜索等都已经使用了深度学习技术。大数据时代,结合深度学习的发展未来对人类生活的影响无法估量,保守而言,很多目前人类从事的活动都将因为深度学习和相关技术的发展被机器取代,如自动汽车驾驶、无人飞机及更加智能的机器人等。深度学习的发展第一次呈现出接近人工智能的终极目标的希望。

4) 可视化分析

在大数据分析的应用过程中,可视化通过交互式视觉表现的方式帮助人们探索和理解复杂的数据。可视化与可视分析能够迅速和有效地简化与提炼数据流,帮助用户交互筛选大量的数据,有助于使用者更快、更好地从复杂数据中得到新的发现,成为用户了解复杂数据、开展深入分析不可或缺的手段。

可视分析技术是当前热点技术之一,其目标是使数据分析过程透明化,它结合了可视化、人机交互和自动分析技术。在一个典型的可视分析流程中,自动分析的结果通过可视化展示给用户,用户通过人机交互技术评价、修改和改进自动分析模型,从而得到新的自动分析结果。通过这种方式,可视分析技术将人的经验智慧与机器的运算能力紧密地结合在一起。

2. 大数据分析挖掘的常用方法

1) 分类算法

分类是数据挖掘、机器学习和模式识别中一个重要的研究领域。解决分类问题的方法很多,单一的分类方法主要包括决策树、贝叶斯、人工神经网络、k-近邻、支持向量机和基于关联规则的分类等。具有代表性的分类算法简介如下。

(1) 决策树。决策树是用于分类和预测的主要技术之一。决策树学习是以实例为基础的归纳学习算法,它着眼于从一组无次序、无规则的实例中推理出以决策树表示的分类规则。构造决策树的目的是找出属性和类别间的关系,用它预测将来未知类别的记录的类别。

(2) 人工神经网络。人工神经网络(Artificial Neural Networks,ANN)是一种应用类似于大脑神经突触连接的结构进行信息处理的数学模型。在这种模型中,大量的结点(或称"神经元")之间相互连接构成网络,以达到处理信息的目的。神经网络通常需要进行训练,训练的过程就是神经网络进行学习的过程。训练改变了神经网络结点连接权的值,使其具有分类功能,经过训练的神经网络可用于对象的识别。目前,神经网络已有上百种不同的模型,常见的有 BP 网络、径向基 RBF 网络、Hopfield 网络、随机神经网络(Boltzmann 机)、竞争神经网络(Hamming 网络,自组织映射网络)等。

(3) 支持向量机。支持向量机(Support Vector Machine,SVM)是 Vapnik 根据统计

学习理论提出的一种学习方法,它的最大特点是根据结构风险最小化准则,以最大化分类间隔构造最优分类超平面来提高学习机的泛化能力,较好地解决了非线性、高维数、局部极小点等问题。对于分类问题,支持向量机算法根据区域中的样本计算该区域的决策曲面,由此确定该区域中未知样本的类别。

(4) 贝叶斯。贝叶斯(Bayes)分类算法是一类利用概率统计知识进行分类的算法,如朴素贝叶斯(Naive Bayes)算法。这些算法主要利用 Bayes 定理预测一个未知类别的样本属于各个类别的可能性,选择其中可能性最大的一个类别作为该样本的最终类别。

(5) k-近邻。k-近邻(k-Nearest Neighbors,kNN)算法是一种基于实例的分类方法。该方法就是找出与未知样本 x 距离最近的 k 个训练样本,看这 k 个样本中多数属于哪一类,就把 x 归为那一类。

2) 聚类算法

聚类分析指将对象集合分成由类似的对象组成的多个簇的分析过程。聚类是将数据分类到不同的类或者簇的过程,所以同一个簇中的对象有很大的相似性,而不同簇间的对象有很大的相异性。聚类分析是一种探索性的分析,在分类过程中,人们不必事先给出一个分类的标准,聚类分析能够从样本数据出发,自动进行分类,使同一类对象的相似度尽可能大,不同类对象之间的相似度尽可能小。常见的聚类算法有 k-means、层次聚类和 GMM 高斯混合模型等。

(1) k-means 算法是使用最普遍:最重要的聚类算法之一。其原理简单说明为:k-means 算法以 k 为参数,把 n 个对象分成 k 个簇,使簇内具有较高的相似度,而簇间的相似度较低。

k-means 算法的处理过程如下:首先,随机选择 k 个对象,每个对象初始代表了一个簇的平均值或中心,即选择 k 个初始质心;对剩余的每个对象,根据其与各簇中心的距离,将它赋给最近的簇;然后重新计算每个簇的平均值。这个过程不断重复,直到准则函数收敛,质心不发生明显的变化。

(2) 层次法(hierarchical methods):先计算样本之间的距离。每次将距离最近的点合并到同一个类,然后再计算类与类之间的距离,将距离最近的类合并为一个大类。不停地合并,直到合成一个类。其中,类与类的距离的计算方法有:最短距离法、最长距离法、中间距离法、类平均法等。

(3) 基于密度的方法(density-based methods):k-means 解决不了不规则形状的聚类,于是就有了 density-based methods 来系统解决这个问题。基于密度聚类的基本思想为:定一个距离半径,最少有多少个点,然后把可以到达的点都连起来,判定为同类。

3) 回归分析

回归分析(regression analysis)是确定两种或两种以上变量间相互依赖的定量关系的一种统计分析方法。回归分析按照涉及的变量的多少,分为一元回归分析和多元回归分析;按照因变量的多少,可分为简单回归分析和多重回归分析;按照自变量和因变量之间的关系类型,可分为线性回归分析和非线性回归分析。在大数据分析中,回归分析是一种预测性的建模技术,它研究的是因变量(目标)和自变量(预测器)之间的关系。这种技术通常用于预测分析、时间序列模型以及发现变量之间的因果关系。

回归分析在市场营销领域有广泛的应用,如销售预测、产品生命周期、客户流失预警等。

4) 关联分析

关联分析是发现存在于大量数据集中的关联性或相关性,从而描述一个事物中某些属性同时出现的规律和模式。关联分析是用于发现关联规则,这些规则展示属性－值频繁地在给定的数据集中一起出现的条件。衡量关联规则的两个基本指标是支持度(support)和置信度(confidence)。支持度表示项目集在数据集内的出现频率,置信度用来度量规则中后项事务对前项事务的依赖程度。置信度和支持度的值都在 0 到 1 之间,关联规则只有满足最小支持度阈值和最小置信度阈值,这条规则才能认为是有趣的。关联规则生成通常分成两个独立的步骤:

(1) 利用最小支持度阈值从数据库中找出所有的频繁项集。

(2) 利用最小置信度阈值从这些频繁项集中生成规则。

关联分析是数据挖掘中一项基础又重要的技术,关联规则挖掘广泛用于购物篮数据分析中。

习题 10

思考题

1. 什么是大数据?大数据的主要特征是什么?

2. 大数据有哪些应用?请列举一个你身边大数据应用的例子。

3. 什么是云计算?简述云计算的特点。

4. Hadoop 的技术特点是什么?

5. 简述数据处理流程。

6. 数据挖掘的常用算法有哪几类?

附录 A   Access 常用函数

类型	函 数 名	函 数 格 式	说　　明
算术函数	绝对值	Abs(<数值表达式>)	返回<数值表达式>的绝对值
	取整	Int(<数值表达式>)	返回<数值表达式>的整数部分值,参数为负值时返回大于或等于参数值的第一个负数
		Fix(<数值表达式>)	返回<数值表达式>的整数部分值,参数为负值时返回小于或等于参数值的第一个负数
		Round(<数值表达式 1>[,<表达式 2>])	返回按照指定的小数位数进行四舍五入运算的结果。[<表达式 2>]是保留小数点位数
	平方根	Sqr(<数值表达式>)	返回<数值表达式>的平方根值
	符号	Sgn(<数值表达式>)	返回<数值表达式>值的符号值。<数值表达式>值大于 0 时,返回 1;<数值表达式>值等于 0 时,返回 0;<数值表达式>值小于 0 时,返回 -1
	随机数	Rnd(<数值表达式>)	产生一个 0~1 的随机数,为单精度类型。如果<数值表达式>值小于 0,每次产生相同的随机数;如果<数值表达式>值大于 0,每次产生新的随机数;如果<数值表达式>值等于 0,产生最近生成的随机数,且生成的随机数序列相同;如果省略<数值表达式>,则默认参数值大于 0
	正弦函数	Sin(<数值表达式>)	返回<数值表达式>的正弦值
	余弦函数	Cos(<数值表达式>)	返回<数值表达式>的余弦值
	正切函数	Tan(<数值表达式>)	返回<数值表达式>的正切值
	自然指数	Exp(<数值表达式>)	计算 e 的 N 次方,返回一个双精度数
	自然对数	Log(<数值表达式>)	计算以 e 为底的<数值表达式>的对数
字符串函数	空格串	Space(<数值表达式>)	返回由<数值表达式>的数值确定的空格字符串
	字符重复	String(<数值表达式>,<字符表达式>)	返回一个由<字符表达式>的第 1 个字符重复组成的、长度为<数值表达式>值的字符串
	字符串截取	Left(<字符表达式>,<数值表达式>)	返回从<字符表达式>左侧第 1 个字符开始,截取的<数值表达式>值的若干字符
		Right(<字符表达式>,<数值表达式>)	返回从<字符表达式>右侧第 1 个字符开始,截取的<数值表达式>值的若干字符
		Mid(<字符表达式>,<数值表达式 1>[,<数值表达式 2>])	返回从<字符表达式>最左端<数值表达式 1>位置字符开始,截取<数值表达式 2>为止的若干个字符。若省略了<数值表达式 2>,则截取到最后一个字符为止

类型	函 数 名	函 数 格 式	说 明
字符串函数	字符串长度	Len(＜字符表达式＞)	返回＜字符表达式＞的字符个数,当＜字符表达式＞是 Null 值时,返回 Null 值
	删除空格	Ltrim(＜字符表达式＞)	返回去掉＜字符表达式＞左端空格的字符串
		Rtrim(＜字符表达式＞)	返回去掉＜字符表达式＞尾部空格的字符串
		Trim(＜字符表达式＞)	返回去掉＜字符表达式＞开始和尾部空格的字符串
	字符串检索	Instr([＜数值表达式＞],＜字符串＞,＜子字符串＞[,＜比较方法＞])	返回检索子字符串在字符串中最早出现的位置。其中,＜数值表达式＞为可选项,是检索的起始位置,若省略,则从第一个字符开始检索。＜比较方法＞为可选项,指定字符串比较方法。值可以为 1,2 或 0,值为 0(默认)做二进制比较,值为 1 做不区分大小写的文本比较,值为 2 做基于数据库中包含信息的比较。若指定比较方法,则必须指定＜数值表达式＞值
	字符串比较	StrComp(＜字符表达式1＞,＜字符表达式2＞)	比较两个字符串是否相等
	字符串反转	Strreverse(＜字符串＞)	返回顺序反转的字符串
	大小写转换	Ucase(＜字符表达式＞)	将＜字符表达式＞中的小写字母转换成大写字母返回
		Lcase(＜字符表达式＞)	将＜字符表达式＞中的大写字母转换成小写字母返回
SQL聚合函数	总计	Sum(＜数值表达式＞)	返回数值型表达式的总计。＜数值表达式＞可以是字段名或含字段名的表达式
	平均值	Avg(＜数值表达式＞)	返回数值型表达式的平均值。＜数值表达式＞可以是字段名或含字段名的表达式
	计数	Count(＜表达式＞)	返回表达式不为空的记录计数。表达式可以是字段名或"＊"
	最大值	Max(＜表达式＞)	返回表达式值的最大值
	最小值	Min(＜表达式＞)	返回＜字符表达式＞值的最小值
	第一个值	First(＜表达式＞)	返回查询返回的结果集中的第一个记录的表达式值
	最后一个值	Last(＜表达式＞)	返回查询返回的结果集中的最后一个记录的表达式值

类型	函 数 名	函 数 格 式	说 明
域聚合函数	聚合平均值	DAvg(<数值表达式>,域[,<条件表达式>])	计算指定域(由表、查询或 SQL 表达式定义的记录集)中的值集的平均值
	域聚合计数	DCount(<表达式>,域[,<条件表达式>])	计算指定域中的记录数
	第一个	DFirst(<表达式>,域[,<条件表达式>])	计算指定域中查询返回的结果集中的第一个记录的表达式值
	最后一个	DLast(<表达式>,域[,<条件表达式>])	计算指定域中查询返回的结果集中的最后一个记录的表达式值
	域聚合查找	DLookup(<表达式>,域[,<条件表达式>])	从指定域获取特定字段的值
	域聚合最大值	DMax(<表达式>,域[,<条件表达式>])	计算指定域中<表达式>的最大值
	域聚合最小值	DMin(<表达式>,域[,<条件表达式>])	计算指定域中<表达式>的最小值
	域聚合标准偏差	DStDev(<表达式>,域[,<条件表达式>]) DStDevP(<表达式>,域[,<条件表达式>])	用于估算指定域中值集的标准偏差。DStDevP()函数用于计算总体样本,DStDev()函数用于计算总体样本抽样
	域聚合求和	DSum(<表达式>,域[,<条件表达式>])	计算指定域中值集的总和
	域聚合方差	DVar(<表达式>,域[,<条件表达式>]) DVarP(<表达式>,域[,<条件表达式>])	计算指定域中的值集的方差。使用 DVarP()函数计算总体样本的方差,使用 DVar()函数计算总体样本抽样的方差
日期/时间函数	截取时间分量	Year(<日期表达式>)	返回<日期表达式>中表示年份的整数
		Month(<日期表达式>)	返回<日期表达式>中表示月份的整数
		Day(<日期表达式>)	返回<日期表达式>中表示日期的整数
		Weekday(<日期表达式>)	返回 1~7 的整数,分别表示星期日到星期六
		Hour(<时间表达式>)	返回时间表达式的小时数(0~23)
		Minute(<时间表达式>)	返回时间表达式的分钟数(0~59)
		Second(<时间表达式>)	返回时间表达式的秒数(0~59)
	获取系统日期时间	Date()	返回当前系统日期
		Time()	返回当前系统时间
		Now()	返回当前系统日期和时间

类型	函 数 名	函 数 格 式	说 明
日期/时间函数	日期名称转换	MonthName(＜数值表达式＞)	返回一个指示指定月份的字符串
		MonthName(＜数值表达式＞)	返回一个数字对应的星期几的字符串
	时间间隔	DateAdd(＜间隔类型＞,＜间隔值＞,＜表达式＞)	返回表达式表示的日期,按照间隔类型加上或减去指定的时间间隔值。 间隔类型有 yyyy(年)、q(季度)、m(月)、y(一年中的某一天)、d(日)、w(Weekday)、ww(周)、h(小时)
		DateDiff(＜间隔类型＞,＜日期1＞,＜日期2＞[,W1][,W2])	返回＜日期1＞和＜日期2＞之间按照间隔类型指定的时间间隔数目 W1 指定一周的哪一天是第一天,如果未指定,则假定为星期日 W2 指定一年的第一周,如果未指定,则第一周假定为1月1日所在的一周
转换函数	字符串/数字转换	Asc(＜字符表达式＞)	返回＜字符表达式＞首字符的 ASCII 值
		Chr(＜字符代码＞)	返回与字符代码对应的字符
		Str(＜数值表达式＞)	将＜数值表达式＞转换成字符串
		Val(字符表达式)	将数值字符串转换成数值型数字
		Nz(＜表达式＞)[,规定值]	如果表达式为 Null,则返回规定值。无规定值时,表达值为 Null 时,数值型返回0,字符型返回空串""
	选择	Choose(＜表达式＞,＜值1＞[,＜值2＞…[,＜值n＞]])	根据＜表达式＞的值返回值列表中的某个值。表达式值为1时,返回＜值1＞;＜表达式＞的值为2时,返回＜值2＞,以此类推。当＜表达式＞的值小于1或大于列出值的数目时,则返回 Null
程序流程函数	条件	Iif(条件表达式,表达式1,表达式2)	根据＜条件表达式＞的值决定函数的返回值,当条件表达式的值为"真"时,函数返回＜表达式1＞的值;当＜条件表达式＞值为"假"时,函数返回＜表达式2＞的值
	开关	Switch(＜条件表达式1＞,＜表达式1＞[,＜条件表达式2＞,＜表达式2＞…[,＜条件表达式n＞,＜表达式n＞]])	计算每个条件表达式,返回列表中第一个条件表达式为 True 时与其关联的表达式的值
	输入函数	InputBox(提示[,标题][,默认])	在对话框中显示提示信息,并返回文本框中输入的内容(string 型)
消息函数	输出函数	MsgBox(提示[,按钮、图标和默认按钮][,标题])	在对话框中显示信息,等待用户单击按钮,并返回一个 Integer 型数值,告诉用户单击的是哪一个按钮

附录 B　窗体属性及事件

属　　性	名　　称	说　　明
标题	Caption	设置窗体标题,若为空,则显示窗体的名称
名称	Name	设置窗体对象的名称
默认视图	DefaultView	设置窗体的类型。默认为"单个窗体","单个窗体"是每页显示一个记录,"连续窗体"与"数据表"是可显示多条记录。若作为子窗体,通常设置为"连续窗体"或"数据表"
允许窗体视图	AllowFormView	设置此窗体允许切换的视图形式,可选"是"或"否"
允许数据表视图	AllowDatasheetView	
允许布局视图	AllowLayoutView	
滚动条	ScrollBars	指定窗体是否显示滚动条
记录选择器	RecordSelectors	设置是否在窗体视图中显示记录选择器设置
导航按钮	NavigationButtons	设置是否在窗体上显示导航按钮和记录编号框
分隔线	DividingLines	设置窗体视图中是否在记录间显示分隔线
自动调整	AutoResize	设置窗体窗口打开时是否自动调整大小,以显示整条记录
自动居中	AutoCenter	设置打开该窗体时,是否在应用程序窗口中将窗体自动居中
边框样式	BorderStyle	设置窗体的边框
控制框	ControlBox	设置窗体是否显示控制菜单
最大最小化按钮	MinMaxButtons	设置窗体是否显示最大化按钮和最小化按钮
关闭按钮	CloseButton	设置是否启用窗体上的关闭按钮。
宽度	Width	设置整个窗体的宽度。只能设置窗体宽度,不能设置高度,窗体高度的设置划分到各节的属性中
图片	Picture	以指定的位图或其他类型的图形作为窗体背景图片
图片类型	PictureType	设置图片是链接、嵌入,还是共享方式
图片缩放模式	PictureSizeMode	设置图片的显示模式
图片对齐方式	PictureAlignment	
图片平铺	PictureTiling	
可移动的	Moveable	设置窗体运行时是否可以移动

属 性	名 称	说 明
网格线 X 坐标	GridX	在窗体设计视图中设置对齐网格的水平和垂直分隔的密度
网格线 Y 坐标	GridY	
记录源	RecordSource	指定窗体的数据来源,可以是表、查询或 SQL 语句
排序依据	OrderBy	指定窗体显示记录的顺序
筛选	Filter	设置窗体显示数据的筛选条件
允许筛选	AllowFilters	设置为"是",筛选条件才有效
允许添加	AllowAdditions	设置此窗体是否可添加记录。前提是窗体已绑定记录源
允许删除	AllowDeletions	设置此窗体是否可删除记录。前提是窗体已绑定记录源
允许编辑	AllowEdits	设置此窗体是否可更改数据。前提是窗体已绑定记录源
数据输入	DataEntry	用于指定是否打开绑定窗体,以允许数据输入。该属性不能确定是否可以添加记录,只决定是否显示已有记录
记录锁定	RecordLocks	设置在多用户数据库中的数据进行更新时,如何锁定基础表或基础查询中的记录
弹出方式	PopUp	设置窗体是否作为弹出式窗体打开。如设置为"是",则此窗体停留在其他所有 Access 窗口的上面
模式	Modal	设置窗口是否作为模式窗口打开。当窗体作为模式窗口打开时,Access 的其他窗口被禁用
工具栏	ToolBar	设置为窗体显示的自定义工具栏
菜单栏	MenuBar	设置为窗体显示的自定义菜单
快捷菜单	ShortcutMenu	设置右击窗体上的对象时是否显示快捷菜单
快捷菜单栏	ShortcutMenuBar	设置窗体专用的右键快捷菜单。窗体的快捷菜单,优先级低于特定控件指定的快捷菜单
成为当前	OnCurrent	设置当一个记录为当前记录时触发的事件,可以是宏或代码
更新前	BeforeUpdate	设置窗体数据更新前触发的事件
更新后	AfterUpdate	设置窗体数据更新后触发的事件
删除	OnDelete	设置在记录删除时触发的事件
确认删除前	BeforeDelConfirm	确认删除前触发的事件
确认删除后	AfterDelConfirm	确认删除后触发的事件
打开	OnOpen	在窗体打开前触发的事件
加载	OnLoad	在窗体加载时触发的事件,时间上晚于打开事件
调整大小	OnResize	改变窗体显示尺寸时触发的事件

续表

属　　性	名　　称	说　　明
卸载	OnUnload	在窗体卸载时触发的事件,时间上早于关闭事件
关闭	OnClose	在窗体关闭时触发的事件
激活	OnActivate	激活窗体时触发的事件
停用	OnDeactivate	窗体间切换时,当窗体失去激活状态时触发的事件
获得焦点	OnGotFocus	窗体获得焦点时触发的事件
失去焦点	OnLostFocus	窗体失去焦点时触发的事件
单击	OnClick	单击窗体时触发的事件
双击	OnDblClick	双击窗体时触发的事件

附录 C 控件的常用属性及事件

属　性	名　称	功　能
标题	Caption	对不同视图中对象的标题进行设置，是一个最多包含 2048 个字符的字符串表达式。窗体和报表上超过标题栏所能显示内容的标题部分将被截掉
小数位数	DecimalPlaces	设置自定义数字显示的小数点位数
格式	Format	自定义数字、日期、时间和文本的显示方式。可以使用预定义的格式，也可以使用格式符号创建自定义格式
可见性	Visible	显示或隐藏窗体、报表、窗体或报表的节或控件
边框样式	BorderStyle	指定控件边框的显示方式
边框宽度	BorderWidth	指定控件的边框宽度
左边距	Left	指定对象在窗体或报表中的位置。控件的位置是指从它的左边框到包含该控件的节的左边缘的距离
背景样式	BackStyle	设置控件背景是否透明
特殊效果	SpecialEffect	指定是否将特殊格式应用于控件
字体名称	FontName	设置控件内文本使用的字体名称
字号	FontSize	设置控件内文本的字号
字体粗细	FontWeight	设置控件内文本的线条粗细
倾斜字体	FontItalic	设置控件内的文本是否为斜体
背景色	ForeColor	设置控件内文本的颜色
前景色	BackColor	包含一个数值表达式，该表达式与用于填充控件或节内部的颜色对应，默认值为 1677721550
控件来源	ControlSource	设置在控件中显示的数据。可以显示和编辑绑定到表、查询或 SQL 语句中的数据，还可以显示表达式的结果
输入掩码	InputMask	使数据输入更容易，可以控制用户在控件中输入的值
默认值	DefaultValue	设置在新建记录时自动输入到控件的值
有效性规则	ValidationRule	设置输入到记录、字段或控件中的数据的限制条件
有效性文本	ValidationText	当输入的数据违反了"有效性规则"的设置时，可以使用该属性指定显示给用户的消息
是否锁定	Locked	设置是否可以在窗体视图中编辑控件数据
可用	Enabled	是否在窗体视图中启用控件

属 性	名 称	功 能
单击	Click	单击控件时触发的事件
获得焦点	OnGotFocus	控件获得焦点时触发的事件
鼠标按下	OnMouseDown	控件内鼠标按下时触发的事件
鼠标移动	OnMouseMove	将鼠标移动到控件区域时触发的事件
名称	Name	设置字符串表达式,用于标识对象的名称。对于未绑定型控件,默认名称是控件的类型加上一个唯一的整数。对于绑定型控件,默认名称是控件来源关联的字段名称
状态栏文字	StatusBarText	设置当控件被选定时,显示在状态栏上的文本。该属性只应用于窗体上的控件,不应用于报表上的控件
允许自动更正	AllowAutoCorrect	设置是否自动更正文本框或组合框控件中用户输入的内容
自动 Tab 键	AutoTab	设置在当前控件中输入最后一个掩码允许字符后,是否自动跳到下一个对象
Tab 键索引	TabIndex	设置窗体上的控件在 Tab 键次序中的位置,属性值的起始值为 0。该属性仅适用于窗体上的控件,不适用于报表上的控件
控件提示文本	ControlTipText	设置当鼠标指针悬停在控件上时,在屏幕提示中显示的文本
垂直显示	Vertical	设置垂直显示和编辑的窗体控件,或设置垂直显示和打印的报表控件

附录 D 常用的宏操作命令

命　　令	功　能　描　述
AddMenu	为窗体或报表将菜单添加到自定义菜单栏
ApplyFilter	在表、窗体或报表中应用筛选、查询或 SQL Where 子句可限制或排序来自表的记录,或来自窗体、报表的基本表或查询中的记录
Beep	使计算机发出嘟嘟声
BrowseTo	更改当前查看的窗体或报表到其他对象
CancelEvent	取消导致该宏(包含该操作)运行的 Microsoft Office Access 事件
ClearMacroError	清除 MacroError 对象的上一个错误
CloseDatabase	关闭当前的数据库
CloseWindow	用于指定的窗口,如果没有指定的窗口,则关闭激活的窗口
DeleteObject	删除 Access 桌面数据库中指定的数据库对象
DisplayHourglassPointer	当宏执行时,将正常光标变为沙漏状(或指定的其他图标),同时运行宏,宏完成后恢复正常光标
Echo	用于指定是否回显打开 Access 桌面数据库
EMailDatabaseObject	将指定的数据库对象包含在指定的电子邮件信息中,对象在其中可以查看和转发
ExportWithFormatting	将指定数据库对象中的数据输出为 Excel 等形式
FindNextRecord	查找符合给定 FindRecord 操作或者在查找对话框中设置的条件的下一条记录
FindRecord	查找符合指定条件的第一条或下一条记录
GoToControl	将焦点移到激活数据表或窗体上指定的字段或控件上
GoToPage	将焦点移到激活窗体指定的第一个控件
GoToRecord	在表、窗体、查询结果集中的指定记录成为当前记录
ImportExportData	导入或导出当前的 Access 数据库或项目的数据
ImportSharePointList	在 Access 桌面数据库从 SharePoint 网站中导入或链接数据
LockNavigationPane	锁定或解除锁定导航窗格
MaximizeWindow	最大化激活窗口
MessageBox	显示含有警告或提示信息的消息框
MinimizeWindow	最小化激活窗口

命　　　令	功　能　描　述
MoveAndSizeWindow	移动并调整激活窗口的大小
NavigateTo	定位到指定的导航窗格的组合类别
OnError	定义错误处理行为
OpenForm	在"窗体""设计""打印预览"或"数据表"视图中打开窗体
OpenQuery	打开选择查询或交叉表查询,或者执行动作查询
OpenReport	在"设计"或"打印预览"视图中打开报表或立即打印该报表
OpenTable	在"设计""打印预览"或"数据表"视图中打开表
OpenVisualBasicModule	打开指定的 Visual Basic for Applications（VBA）模块在指定的过程
PrintObject	Microsoft Access 菜单命令,作为 RunMenuCommand 的参数
PrintOut	Microsoft Access 菜单命令,作为 RunMenuCommand 的参数
QuitAccess	退出 Microsoft Access
Redo	Microsoft Access 菜单命令,作为 RunMenuCommand 的参数
Refresh	Microsoft Access 菜单命令,作为 RunMenuCommand 的参数
RefreshRecord	刷新当前记录
RemoveAllTempVars	删除所有临时变量
RemoveTempVar	删除单个临时变量
RemoveFilterSort	Microsoft Access 菜单命令,作为 RunMenuCommand 的参数
RenameObject	重命名 Access 桌面数据库中指定的数据库对象
RepaintObject	在指定对象上完成所有未完成的屏幕更新或控件的重新计算;如果未指定对象,则在激活的对象上完成这些操作
Requery	在激活的对象上实施指定控件的重新查询;如果未指定控件,则实施对象的重新查询
RestoreWindow	将最大化或最小化窗口还原为原来的大小
RunCode	调用 Visual Basic for Applications（VBA）的 Function 过程
RunDataMacro	运行数据宏
RunMacro	执行一个宏
RunMenuCommand	执行 Microsoft Aceess 菜单命令
SaveAsOutlookContact	Microsoft Aceess 菜单命令,作为 RunMenuCommand 的参数
SaveObject	Microsoft Aceess 菜单命令,作为 RunMenuCommand 的参数
SearchForRecord	基于某个条件在对象中搜索记录
SelectObject	选择指定的数据库对象,然后对此对象进行某些操作

续表

命　　令	功　能　描　述
SendKeys	处理其收到的击键
SetDisplayedCategories	指定要在导航窗格中显示的类别
SetFilter	在表、窗体或报表应用筛选、查询或 SQL Where 子句可限制或排序来自表中的记录，或来自窗体、报表的基本表或查询中的记录
SetLocalVar	将本地变量设置为给定值
SetMenuItem	为激活窗口设置自定义菜单（包括全局菜单）上菜单项的状态
SetOrderBy	应用按条件的排序
SetProperty	设置控件属性
SetTempVar	将临时变量设置为给定值
SetValue	在窗体、窗体数据表或报表中设置访问字段、控件或属性的值
SetWarnings	停止宏模式警告和消息框
ShowAllRecords	从激活的表、查询或窗体中删除所有已应用的筛选。可显示表或结果集中的所有记录，或显示窗体的基本表或查询中的所有记录
ShowToolbar	显示或隐藏组中的加载项选项卡上的命令
SingleStep	暂停宏的执行并打开"单步执行宏"对话框
StopAllMacros	终止所有正在运行的宏
StopMacro	终止正在运行的宏
UndoRecords	Microsoft Aceess 菜单命令，作为 RunMenuCommand 的参数
WordMailMerge	Microsoft Aceess 菜单命令，作为 RunMenuCommand 的参数

习题及实验部分参考答案

第1章

一、选择题

ADCBA　BCABA　CDDBB　DBDAB

二、填空题

1. 人工管理　文件系统　数据库系统　　　2. 数据　应用程序（或交换）

3. 数据结构　数据操作　数据完整性约束　　4. 实体　菱形

5. 关系模型　　6. 实体完整性约束　域完整性约束　参照完整性约束

7. 层次模型　　8. 自然连接　　9. 关系

10. 唯一性　　11. 相互引用　　12. 概念模型

13. 实体完整性　　14. 数据操纵　存储管理　数据控制和维护

15. 主键

第2章

一、选择题

DADAC　ADAAC　DDBDA　BDADA

二、填空题

1. 64　　　　　2. 000000000　　　　　3. 255

4. 字段　记录　　5. 短文本　长文本（或备注）

6. 共同字段　　7. 输入　显示　　8. 自动编号

9. 2　　　　　10. 同一个表　自动更新

11. 多　　　　12. 下列列表

13. 7 字节　整性　长整性

14. 索引　　　15. 1　多

第3章

一、选择题

CBBAC　DADBA DCBBA BCABB

二、填空题

1. 表　　　　　　　　　2. weekday( )

3. 更新查询　生成表查询　4. Month( )

5. [出生日期]＜♯1985/01/01♯ or year([出生日期])＜1985

6. 姓王并且住址是北京　7. Count( )

8. 追加查询　　　　　9. Between ♯1988-01-01♯ And ♯1988-12-31♯

10. int( )   11. 交叉表查询   12. &   +

13. Is Null   14. Now( )

15. 算术运算符   连接运算符   关系运算符   逻辑运算符

实验 3-1   部分题目参考答案提示

（5）

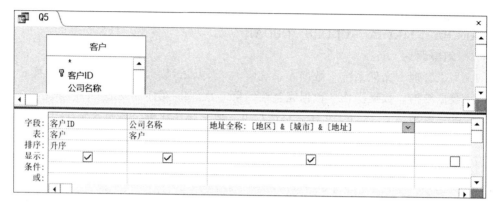

（6）

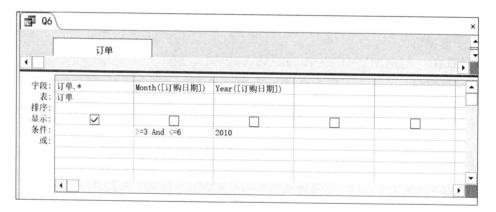

（8）

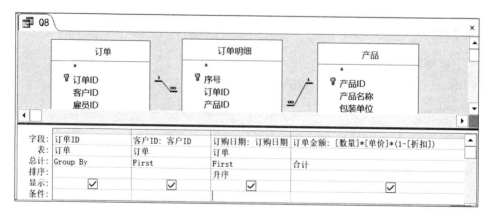

（9）

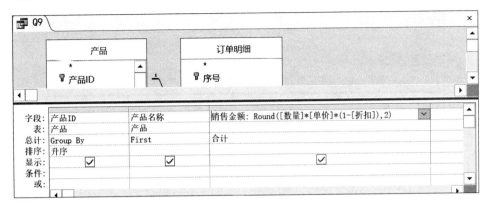

（10）

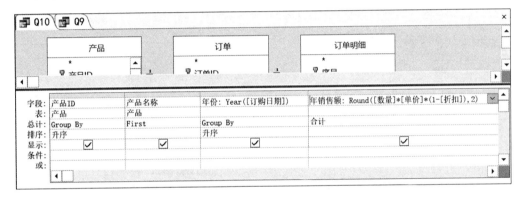

（11）

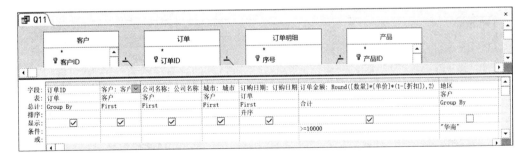

（12）

（13）

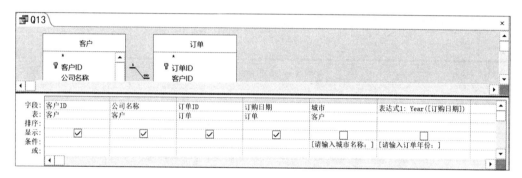

（15）

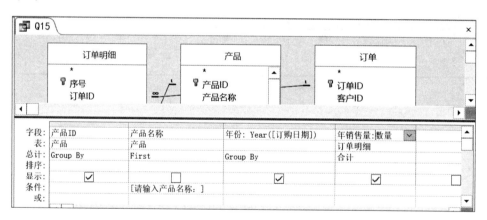

实验 3-2　部分题目参考答案提示

（1）

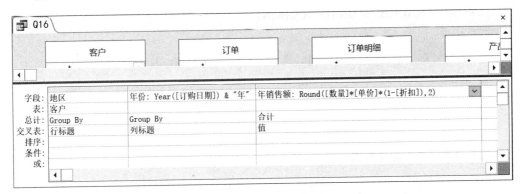

（2）

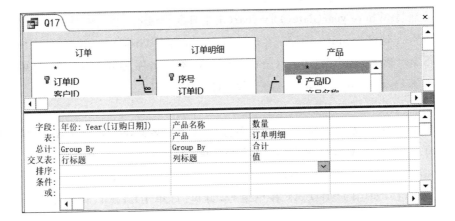

（7）

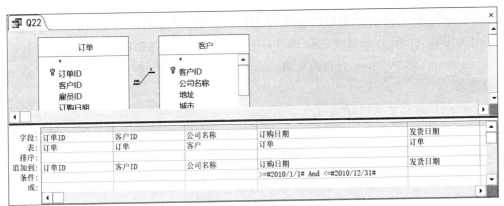

第 4 章

一、选择题

BDDBD　　AACCB　　ABBAD　　CCBCA

二、填空

1. 结构化查询语言　　　　2. 选择　　　　　　3. grade＜60

4. union　　　　　　　　　5. ＊　　　　　　　6. Group By

7. Order By　　　　　　　 8. Group By　　　　9. primary key　　reference

10. Is Null

实验 4-1　部分参考答案

（4）Select 姓名,year(date())－year(出生日期)as 年龄,

year(date())－year(雇佣日期) as 工龄

From 雇员 Where year(date())－year(出生日期)＞45

（5）Select 地区,count(＊) As 客户数量 From 客户 Group By 地区

（6）Select 客户.客户 ID,First(公司名称) As 客户名称,count(＊) As 订单数量

From 客户,订单 Where 客户.客户 ID＝订单.客户 ID

Group By 客户.客户 ID

（7）Select 客户.客户 ID,First(公司名称) As 客户名称,count(＊) As 订单数量

From 客户,订单 Where 客户.客户 ID＝订单.客户 ID

Group By 客户.客户 IDhaving count(＊)＞3

（8）Select first(客户 ID) As 客户编号,订单.订单 ID,First(订购日期) As 订单日期,

sum(单价＊数量＊(1－折扣)) As 订单金额 From 订单,订单明细,产品

where 订单.订单 ID＝订单明细.订单 ID and 产品.产品 ID＝订单明细.产品 ID

Group By 订单.订单 ID Order By first(客户 ID),first(订购日期) Desc

（9）Select 客户 ID,year(订购日期) As 年份,sum(单价＊数量＊(1－折扣)) As 订单总金额

From 订单,订单明细,产品

Where 订单.订单 ID＝订单明细.订单 ID And 产品.产品 ID＝订单明细.产品 ID

Group By 客户 ID,year(订购日期)Order By 客户 ID,year(订购日期)

（10）Select 雇员 ID,year(订购日期) As 年份,sum(单价＊数量＊(1－折扣)) As 年订单金额

From 订单,订单明细,产品

Where 订单.订单 ID＝订单明细.订单 ID And 产品.产品 ID＝订单明细.产品 ID

Group By 雇员 ID,year(订购日期) Order By 雇员 ID,year(订购日期)

（11）Select 产品.产品 ID,first(产品名称）As 产品名,year(订购日期）As 年份,

sum(单价＊数量＊(1－折扣))As 年订单金额

From 订单,订单明细,产品

Where 订单.订单 ID＝订单明细.订单 ID And 产品.产品 ID＝订单明细.产品 ID

And 产品名称 Like "＊汁"

Group By 产品.产品 ID,year(订购日期) Order By 产品.产品 ID,year(订购日期)

（12）Select 客户 ID,公司名称

From 客户 Where 客户 ID not in

(Select 客户 ID From 订单 Where 订购日期 Between ♯2012/01/01♯ And ♯2012/

12/31♯)

（13）Select 雇员 ID,姓名

From 雇员 Where 雇员 ID Not In

(Select 雇员 ID From 订单 Where 订购日期 Between ♯2012/01/01♯ And ♯2012/

12/31♯)

（14）Select 客户 ID,公司名称

From 客户

Where 客户 ID In (Select 客户 ID From 订单 Where year(订购日期)＝2010) And

客户 ID In (Select 客户 ID From 订单 Where year(订购日期)＝2011) And

客户 ID In (Select 客户 ID From 订单 Where year(订购日期)＝2012)

（15）Select 产品.产品 ID,First(产品名称）As 产品名,

sum(单价＊数量＊(1－折扣))As 销售金额

From 订单明细,产品 Where 产品.产品 ID＝订单明细.产品 ID

Group By 产品.产品 ID Order By sum(单价＊数量＊(1－折扣))Desc

实验 4-2　略

第 5 章

一、选择题

ACDBA　DBADC　BABCA　CDABC

二、填空题

1. 节　　2. 一对多　　3. 绑定型控件　非绑定型控件　计算型控件　4. ＝

5. 名称　　6. 布局

实验 5

（6）客户的"订单总金额"计算方法：

DLookUp("sum(订单金额)","Q8","客户 ID=[Forms]![客户主窗体 2]![客户 ID]")

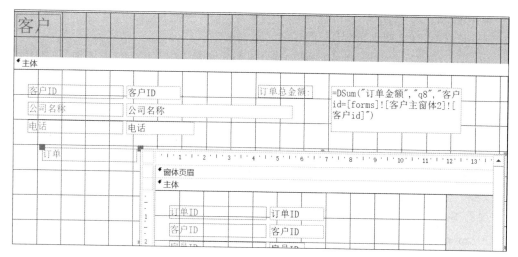

（7）查询 qq1 的设计视图

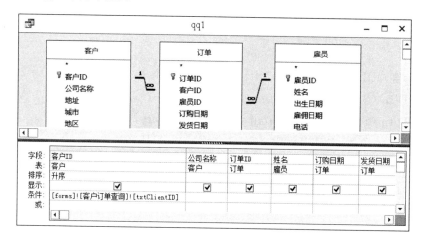

习题 6

一、选择题

BDBDB ADDDC BBBCD DAAAB

二、填空题

1. 最后

2. =[page]&'/'&[pages]

3. 设计

4. =max([单价])

5. 页面页眉 主体 页面页脚

6. 分页符

7. 列

8. 文本框

9. =min([数学])

10. 表格式

实验 6

（3）

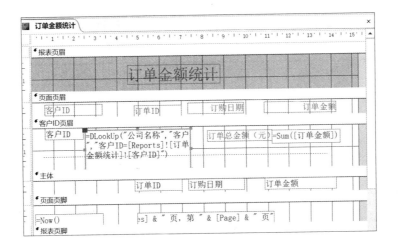

习题 7

一、选择题

DCBAC　DCACD　BBCDC

二、填空题

1. 条件宏　　　　　2. openquery　　　　3. 按先后顺序依次

4. Autoexec　　　　5. 宏名.子宏名　　　6. OpenForm

7. Form!窗体名!控件名　　8. Form!报表名!控件名

9. 另存为模块的方式　　　10. 排列次序

实验 7

（3）

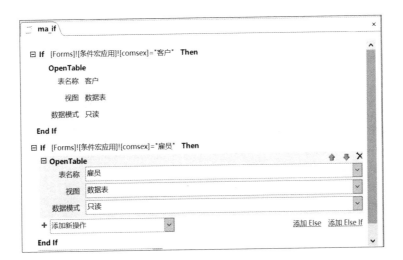

（4）报表的数据源查询对象"产品销售查询"，设计视图如下。

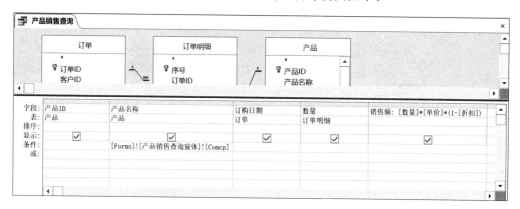

习题 8

一、选择题

CDDAC　CDCBA　CCDCA　AADCD

二、填空题

1. 类模块　标准模块　　　　2. VBE　　　　　　　　3. "vb programming"

4. 9　　　　　　　　　　　　5. 22　3 6. False　True　0　−1

7. Public　　　　　　　　　　8. 传值调用　传址调用

实验 8

（2）

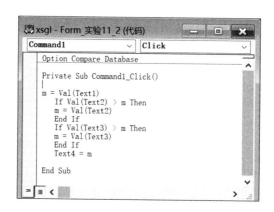

（3）Sub shi_4()

```
    Dim i As Integer

    Dim s As Long

    s=0: i=1

    Do While i<=100

    If i Mod 3=0 Then

      s=s+i
```

```
        End If
        i=i+1
    Loop
    MsgBox "和是：" & s
End Sub
```

习题 9

一、填空

1. 独占　　2. 管理员　　3. 备份　　4. 授权　　5. 压缩

图书资源支持

感谢您一直以来对清华版图书的支持和爱护。为了配合本书的使用,本书提供配套的资源,有需求的读者请扫描下方的"书圈"微信公众号二维码,在图书专区下载,也可以拨打电话或发送电子邮件咨询。

如果您在使用本书的过程中遇到了什么问题,或者有相关图书出版计划,也请您发邮件告诉我们,以便我们更好地为您服务。

我们的联系方式:

地　　址:北京市海淀区双清路学研大厦 A 座 714

邮　　编:100084

电　　话:010-83470236　010-83470237

客服邮箱:2301891038@qq.com

QQ:2301891038(请写明您的单位和姓名)

- -

资源下载:关注公众号"书圈"下载配套资源。

资源下载、样书申请

书　圈

获取最新书目

观看课程直播